MATLAB/Simulink による
制御工学入門

川田 昌克 著

森北出版株式会社

まえがき

　今から 20 年近く前の 2001 年 2 月に，森北出版から「MATLAB/Simulink によるわかりやすい制御工学」を出版させていただいた．この本は，共著者の西岡勝博先生と森北出版の吉松啓視氏の先見性のおかげで，これまでに 19 刷を発行させていただくことができた．当時，MATLAB だけでなく Simulink も利用して「制御理論」の有用性を確認することを指南した書籍はなく，多くの好意的なご意見をいただいた．また，「制御理論」の説明を必要最小限としていたことが，永らく読者にご愛読いただいた理由ではないかと考えている．

　本書は，もともとは前書の改訂版として企画されていたものであるが，内容の補完や充実をはかった結果，分量が大幅に増えてしまった．そこで，前書はさらに精選して別途，改訂することとし，本書を新規書籍として刊行することにした．

　本書の特徴を以下に示す．

1) できるだけ他の書籍を参照しなくても良いように記述した．

2) 理解が進むように，多くの例題を掲載し，また，図やグラフによる説明を多用した．

3) 電気系と機械力学系に的をしぼり，制御対象が伝達関数という標準的なモデルで表せることを読者に理解してもらうように心掛けた．

4) 例題は，「マス・ばね・ダンパ系」や「鉛直面を回転するアーム系」などといった具体的な制御対象を意識したものを多く取り入れた．

5) 実用上，重要となる「1 次および 2 次遅れ系」の解析，あるいは，企業技術者からの要望が多かった「PID 制御」については，それぞれ独立した章で説明をし，比較的多くの紙面を割いた．

6) 本書は「古典制御」を中心とした内容であるが，発展的な内容として，最終章で「現代制御」について簡単に説明した．

7) 章末に MATLAB/Simulink の演習を掲載した．

8) MATLAB/Simulink が使用できない場合であっても「制御理論」の理解に差し支えがないように配慮した．

　MATLAB/Simulink については，執筆時の最新バージョンである Windows 版の

- MATLAB Ver.9.7 (R2019b)
- Simulink Ver.10.0 (R2019b)　……………………………… GUI によるシミュレータ

- Control System Toolbox Ver.10.7 (R2019b)
  .... 制御系解析/設計用の関数群を含むツールボックス
- Symbolic Math Toolbox Ver.8.4 (R2019b)　… 数式処理のためのツールボックス

を使用した．使用した二つのツールボックスは，学生が 1 万円程度で購入可能な MATLAB and Simulink Student Suite にも含まれる標準的なものである[注1]．通常，MATLAB では数値計算を行うが，Symbolic Math Toolbox を追加することで数式処理 (数式を数値ではなく記号のまま処理した計算) を行うこともできる．これにより，単純なシステムの時間応答の解析解を得ることができたり，フルビッツの安定判別法を実装することができたりする．「制御理論」の修得には『紙と鉛筆で実際に計算する』ことが重要であることはいうまでもないが，その後，『MATLAB/Simulink で結果を確かめる』ことでさらに効果的な学習が期待できる．したがって，状況が許せば，ぜひとも MATLAB/Simulink で演習を行っていただきたい．

　本書で示した例題や問題を解くために利用した MATLAB/Simulink のファイル群や，誤植の正誤表など，様々な情報については，以下のサポートページに掲載する．

　　https://www.morikita.co.jp/books/mid/078701

　　(http://www.maizuru-ct.ac.jp/control/kawata/study/book4/book4_page.html)

　最後に，本書の出版にご尽力いただいた富井　晃氏をはじめとする森北出版の方々に深く感謝いたします．

　本書が「制御理論」を修得するためのお気に入りの一冊になれば幸いである．

令和元年 初秋

川田 昌克

[注1] 学生以外の個人ユーザの場合，$15{,}500 + 4{,}490 \times 3 = 28{,}970$ 円で MATLAB/Simulink/Control System Toolbox/Symbolic Math Toolbox の Home ライセンスを購入できる (2019 年 10 月現在の税別価格).

目　　次

第 **0** 章

はじめに

　多くの人達は「制御 (コントロール)」ということばを聞いたことがあるのではないだろうか. 実際, 我々の身の回りにある家電製品, 自動車や化学プラントなどには様々な制御技術が利用されている. 一口に「制御」といっても多様であり, 制御したい量をオンラインで利用するのかしないのか, 人間が行うのか機械が行うのか, 目標値を一定にするのか変化させるのか, などの様々な観点がある. ここでは, 様々な観点から制御方式を分類する.

0.1　フィードバック制御とフィードフォワード制御

0.1.1　フィードバック制御

　こどもの頃, ほうきや傘などの棒状のものを手のひらの上で立たせる遊びをしたことがあると思う (図 0.1 参照). このとき, 我々はどのようにして棒を立たせていたのであろうか.

　まず, 棒を立たせ続けるために, 目 (センサ) で棒の傾きを感知する. つぎに, 目標値 (棒が直立している状態) と棒の傾きの差から脳 (コントローラ) でどの位の力を加えれば良いのかを考え, 筋肉すなわち腕や手 (アクチュエータ) を動かす. この一連の動作をブロック線図で表したのが図 0.2 である. つまり, 出力された結果をオンラインで入力側に戻してさらに望ましい結果を得るというフィード

図 0.1　棒を立てる遊び

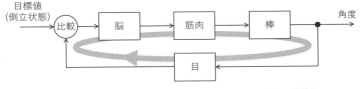

図 0.2　棒を立てる遊びの一連の動作 (フィードバック制御)

バック制御を自然に行っているのである．このように，我々は日常，フィードバック制御をしばしば用いている．

0.1.2　フィードフォワード制御

　出力された結果を利用せずに制御を行う方式を**フィードフォワード制御**という．たとえばフィードフォワード制御は，野球をするときにバッターが目を閉じて球にバットを当てることに相当している．この様子を表したのが図 0.3 である．「いつどこにバットを振れば良いのか」という事前情報が正しければ，目を閉じてバットを振っても問題ないはずである．しかし，予期せぬ球種やスピードの球をピッチャーが投げてきたときには対応できない．

図 0.3　目を閉じてバットを振る一連の動作 (フィードフォワード制御)

　このように不確定性に対応できないからといって，フィードフォワード制御が何の役にも立たないわけではない．たとえば，一度でも対戦したことのあるピッチャーが相手ならば，どのような球種，スピードの球を投げるかという事前情報があるので，初めて対戦するときよりも上手く球にバットを当てることができる．このように，より高度な制御を実現するためには，フィードバック制御とフィードフォワード制御を併用した **2 自由度制御**が効果的である．

0.2　手動制御と自動制御

0.2.1　手動制御

　図 0.2 に示した棒を立てる遊びを行う実験装置として，図 0.4 に示す**倒立振子**が知られている．この実験装置は，アームを回転させることでその先端に取り付けられた振子の倒立を維持することを目的としている．振子の状態を目で確認し，その状態に基づき，脳でどれくらいの力加減でアームの軸を回転させれば良いのかを決定し，倒

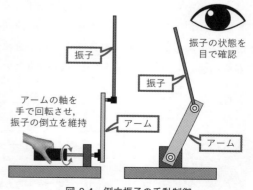

図 0.4　倒立振子の手動制御

立を維持させることを考える．このように，人間が制御の一連の動作を直接行うことを**手動制御**という．倒立振子の場合，手動制御では，振子の倒立の維持が困難であることは容易に想像できるであろう．

0.2.2 自動制御

図 0.5 の倒立振子では，振子角度とアーム角度をロータリエンコーダ (角度センサ) で検出し，カウンタを介してパソコン (コントローラ) に送る．パソコンでは，振子角度，アーム角度の目標値とセンサで検出された値を基にして指令電圧を計算する．そして，計算された指令電圧を D/A 変換を介してモータドライバに加え，DC モータ (アクチュエータ) を駆動し，アームを回転させることで振子の倒立を維持させる．このように，機械装置に制御の一連の動作を行わせることを**自動制御**という．倒立振子のフィードバック制御を，自動制御により行った場合のブロック線図を図 0.6 に示す．

図 0.7 に示すように，自動制御におけるフィードバック制御の構成要素には

- **(狭義の) 制御対象**：制御したい対象物

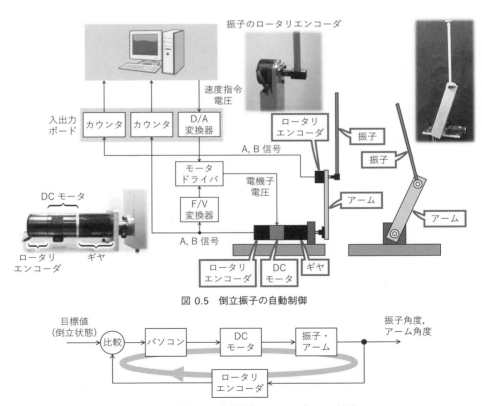

図 0.5 倒立振子の自動制御

図 0.6 倒立振子の自動制御におけるブロック線図

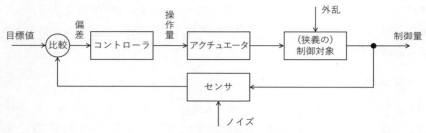

図 0.7 フィードバック制御の構成要素

- **アクチュエータ (操作部)**：モータやエンジンなど
- **センサ (検出部)**：ロータリエンコーダ，ポテンショメータなど
- **コントローラ (制御器，補償器，調整部)**

があり，それらの間の信号を

- **制御量 (制御出力)**：制御したい量 (モータの回転角度など)
- **操作量 (制御入力)**：アクチュエータを駆動させる量 (モータドライバへ加える指令電圧など)
- **目標値**：制御量の目標とする値
- **偏差**：目標値と制御量との差 (偏差 ＝ 目標値 − 制御量)
- **外乱**：制御対象の状態を変化させる外的要素 (部屋の温度を制御している場合に外部から入ってくる空気などが外乱であり，通常は直接検知できない)
- **ノイズ (観測雑音)**：センサで制御量を検出する際に加わる高周波の信号

という．また，制御対象は

- **(広義の) 制御対象**：実際の対象物だけでなく，アクチュエータやセンサも含めたシステム

として扱うことが多く，通常，フィードバック制御系を図 0.8 のように表す．

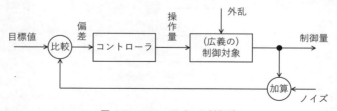

図 0.8 フィードバック制御系

0.2.3 シーケンス制御

フィードバック要素のない自動制御で多く用いられているのが**シーケンス制御**である．

全自動洗濯機では，図 0.9 のように，あらかじめ決められた手順で洗濯，すすぎ，脱水を行う．このように，あらかじめ決められた手順にしたがって動作する制御をシーケンス制御という．シーケンス制御は，工場における工作機械や生産ライン，電気炊飯器や電子レンジなどの家電製品に多く用いられている．

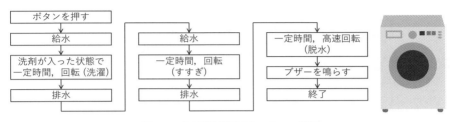

図 0.9　全自動洗濯機のシーケンス制御

0.3　その他の制御の分類

0.3.1　目標値による分類

目標値が時間的に変化するか否かで以下のように分類する．

(a) 定値制御

目標値が一定の場合を**定値制御**と呼び，様々な外乱が生じても制御量を一定にすることが要求される．化学プラントなどで液面や濃度，温度を一定に制御するような場合に相当する．

(b) 追従制御

目標値が任意に時間的変化をする場合を**追従制御**と呼ぶ．モータの回転角を時間的に変化する目標値に追従させる場合に相当する．

0.3.2　制御量の種類による分類

制御量の種類により以下のように分類する．

(a) プロセス制御

制御量が温度，圧力，流量，液面，温度など工業プロセスの状態量である場合を**プロセス制御**と呼ぶ．一般に，制御量の変化はゆっくりである．

(b) サーボ機構

制御量が物体の位置や回転角などであり，目標値に制御量を追従させるような制御を**サーボ機構**と呼ぶ．一般に制御量の変化は素早い．

第 1 章

システムの伝達関数表現

あるシステムの制御を考えたとき，我々がまず最初に行うことは，システムを数学モデルで表現することである．数学モデルの表現方法には様々なものがあるが，その代表的なものの一つに**伝達関数**と呼ばれる表現がある．ここでは，電気系と機械系に的をしぼり，これらのモデルを伝達関数で表す手順を説明する．

1.1 静的システムと動的システム

図 1.1 に示すシーソーは，梁の「しなり」がまったくない場合，正弦波入力 $u(t) = A\sin\omega t$ を加えると，出力 $y(t)$ は入力 $u(t)$ と振幅は異なるが同じ周波数，同じ位相の正弦波となる．また，$u(t)$ と $y(t)$ の振幅の比 B/A は $u(t)$ の周波数に依存せずに一定値となる．このようなシステムを**静的システム**という．

つぎに，**図 1.2** に示すシーソーのように梁に「しなり」がある場合を考える．この場

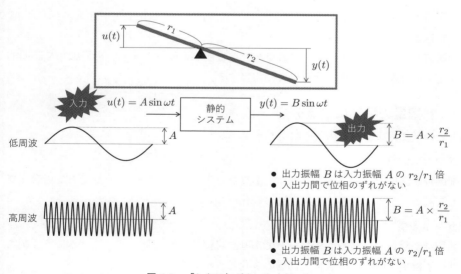

図 1.1 「しなり」がまったくないシーソー

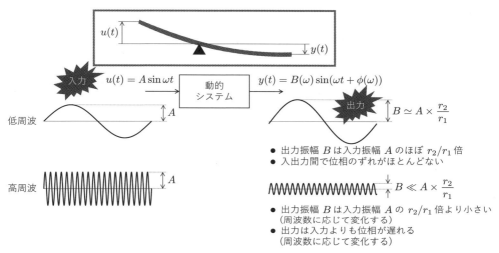

図 1.2 「しなり」があるシーソー

合，正弦波入力 $u(t) = A\sin\omega t$ を加えると，出力 $y(t)$ の周波数は入力 $u(t)$ の周波数と同じであるが，$y(t)$ の位相 $\phi(\omega)$ は $u(t)$ の周波数によって異なり，また，$u(t)$ と $y(t)$ の振幅の比 $B(\omega)/A$ は $u(t)$ の周波数に依存して変化する．このようなシステムを**動的システム**という．多くの動的システムでは，入力 $u(t)$ の周波数が大きくなるにしたがって，出力 $y(t)$ の振幅は小さくなり，位相の遅れは大きくなる．本書で扱うシステムの多くは動的システムであり，その数学モデルは微分方程式で記述される．

1.2 動的システムを表現する数学モデル

1.2.1 線形微分方程式

ここでは，図 1.3 に示すようにシステムを入出力関係で表すことを考える．システムへの入力を $u(t)$，出力を $y(t)$ とすると，多くのシステムは，

図 1.3 システムの入力と出力

線形微分方程式

$$a_n y^{(n)}(t) + \cdots + a_1 \dot{y}(t) + a_0 y(t)$$
$$= b_m u^{(m)}(t) + \cdots + b_1 \dot{u}(t) + b_0 u(t) \tag{1.1}$$

により表現される^(注1)．このようなシステムを**線形システム**と呼ぶ．なお，多くの場合は $n \geq m$ である．

---

^(注1) 信号 $f(t)$ の 1 回時間微分を $\dot{f}(t)$，2 回時間微分を $\ddot{f}(t)$，n 回時間微分を $f^{(n)}(t)$ と記述する．

例 1.1　.. 台車の運動方程式と線形微分方程式

　図 1.4 に示す台車に入力 $u(t)$ を加えて動かすと，速度 $v(t)$ に比例した**粘性摩擦** $f_\mathrm{d}(t) = cv(t)$（c：粘性摩擦係数）が反力として生じる．台車の質量を M，加速度を $a(t)$ とすると，台車の運動方程式は

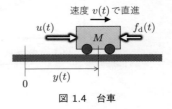

図 1.4　台車

$$\underbrace{u(t) - cv(t)}_{F(t)：合力} = Ma(t) \tag{1.2}$$

となる．ここで，速度は $v(t) = \dot{y}(t)$，加速度は $a(t) = \ddot{y}(t)$ なので，運動方程式 (1.2) 式は

$$M\ddot{y}(t) + c\dot{y}(t) = u(t) \tag{1.3}$$

のように，線形微分方程式 (1.1) 式の形式となる．

1.2.2　ラプラス変換と伝達関数表現

　$t \geq 0$ で区分的に連続な信号 $f(t)$（$t < 0$ では $f(t) = 0$ とする）を考える．このとき，ある $s = \sigma + j\omega$ に対して $\int_0^\infty f(t)e^{-st}\mathrm{d}t$ が収束するとき，$f(t)$ の**ラプラス変換**$F(s) = \mathcal{L}\big[f(t)\big]$ を次式のように定義する．

> **ラプラス変換の定義**
> $$F(s) = \mathcal{L}\big[f(t)\big] := \int_0^\infty f(t)e^{-st}\mathrm{d}t \tag{1.4}$$

ここで，s を**ラプラス演算子**と呼ぶ．ラプラス変換を利用すると，信号 $f(t)$ の時間微分や時間積分が簡単な表現となる．

　付録 A.2 (p. 216) に示すように，時間微分のラプラス変換は，

> **時間微分のラプラス変換**
> $$\begin{cases} \mathcal{L}\big[\dot{f}(t)\big] = sF(s) - f(0) \\ \mathcal{L}\big[\ddot{f}(t)\big] = s^2F(s) - \big(sf(0) + \dot{f}(0)\big) \\ \quad\vdots \\ \mathcal{L}\big[f^{(n)}(t)\big] = s^nF(s) - \big(s^{n-1}f(0) + \cdots + sf^{(n-2)}(0) + f^{(n-1)}(0)\big) \end{cases} \tag{1.5}$$

となるので，初期値がすべて 0（$f(0) = 0, \dot{f}(0) = 0, \cdots, f^{(n-1)}(0) = 0$）であるとき，

> **時間微分のラプラス変換（初期値がすべて 0）**
> $$\begin{cases} \mathcal{L}\big[\dot{f}(t)\big] = sF(s) \\ \mathcal{L}\big[\ddot{f}(t)\big] = s^2F(s) \\ \quad\vdots \\ \mathcal{L}\big[f^{(n)}(t)\big] = s^nF(s) \end{cases} \tag{1.6}$$

となる. したがって,

- 「$f(t)$ を時間微分する」ことと「$F(s)$ に s をかける」ことは等価

であることがいえる. 一方, 時間積分のラプラス変換は,

時間積分のラプラス変換

$$\mathcal{L}\left[\int_0^t f(t)\mathrm{d}t\right] = \frac{1}{s}F(s) \tag{1.7}$$

となる (付録 A.2 (p. 217) 参照). したがって,

- 「$f(t)$ を時間積分する」ことと「$F(s)$ に $1/s$ をかける」ことは等価

であることがいえる.

一方で, (1.4) 式に示したラプラス変換の定義式から容易にわかるように,

ラプラス変換の線形性の性質

$$\mathcal{L}\big[k_1 f_1(t) + k_2 f_2(t) + \cdots + k_n f_n(t)\big]$$
$$= k_1 F_1(s) + k_2 F_2(s) + \cdots + k_n F_n(s) \tag{1.8}$$

という関係が成立する. この性質を利用して線形微分方程式 (1.1) 式の両辺をラプラス変換すると,

$$a_n \mathcal{L}\big[y^{(n)}(t)\big] + \cdots + a_1 \mathcal{L}\big[\dot{y}(t)\big] + a_0 \mathcal{L}\big[y(t)\big]$$
$$= b_m \mathcal{L}\big[u^{(m)}(t)\big] + \cdots + b_1 \mathcal{L}\big[\dot{u}(t)\big] + b_0 \mathcal{L}\big[u(t)\big] \tag{1.9}$$

なので, 初期値がすべて 0 であるとき, $U(s) = \mathcal{L}\big[u(t)\big]$ と $Y(s) = \mathcal{L}\big[y(t)\big]$ の関係式は

$$\big(a_n s^n + \cdots + a_1 s + a_0\big)Y(s) = \big(b_m s^m + \cdots + b_1 s + b_0\big)U(s) \tag{1.10}$$

となる. したがって, 線形システムの入出力関係は

伝達関数表現

$$Y(s) = P(s)U(s), \quad P(s) = \frac{b_m s^m + \cdots + b_1 s + b_0}{a_n s^n + \cdots + a_1 s + a_0} \tag{1.11}$$

により記述できる. ここで, $P(s)$ を $U(s)$ から $Y(s)$ への**伝達関数**[注2]といい,

$$P(s) := \frac{Y(s)}{U(s)} = \frac{b_m s^m + \cdots + b_1 s + b_0}{a_n s^n + \cdots + a_1 s + a_0} \tag{1.12}$$

のように, ラプラス変換した入出力信号 $U(s)$, $Y(s)$ の比で定義することもある. また, $n \geq m$ のとき**プロパー**であるといい, とくに $n > m$ のとき**真に (厳密に) プロパー**であるという.

なお, 以下の議論では信号 $u(t)$, $y(t)$ のラプラス変換と伝達関数 $P(s)$ を区別しやすくするため, とくに断らない限り, **信号のラプラス変換を $u(s) = \mathcal{L}\big[u(t)\big]$, $y(s) = \mathcal{L}\big[y(t)\big]$**

[注2] MATLAB では関数 "`tf`", "`zpk`" により伝達関数を定義することができる. p. 23 に使用例を示す.

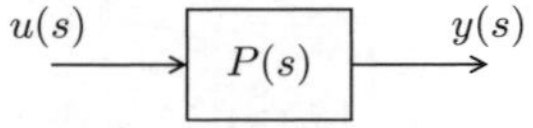

図 1.5 伝達関数表現 $y(s) = P(s)u(s)$ のブロック線図

のように小文字で表し，伝達関数を $P(s) := y(s)/u(s)$ のように大文字で表すことにする．また，図 1.5 のように，伝達関数表現をブロック線図で表すこともある．

伝達関数 $P(s)$ の分母を 0 とする n 個の解を p_i $(i = 1, 2, \ldots, n)$，分子を 0 とする m 個の解を z_j $(j = 1, 2, \ldots, m)$ とすると，伝達関数 (1.12) 式を零点・極・ゲイン形式

$$P(s) = \frac{K(s - z_1)(s - z_2) \cdots (s - z_m)}{(s - p_1)(s - p_2) \cdots (s - p_n)} \tag{1.13}$$

により表すことができる．(1.13) 式の p_i を極，z_j を零点，K をゲインと呼ぶ[注3]．第 3 章 (p. 49) で説明するように，極や零点によりシステムのふるまいが決まる．

例 1.2 .... 台車の伝達関数表現と極，零点

例 1.1 で導出したように，台車の線形微分方程式は (1.3) 式である．初期値をすべて 0 として (1.3) 式の両辺をラプラス変換すると，台車の伝達関数表現

$$\left(Ms^2 + cs\right)y(s) = u(s) \quad \Longrightarrow \quad y(s) = P(s)u(s), \quad P(s) = \frac{1}{Ms^2 + cs} \tag{1.14}$$

が得られる．また，(1.14) 式の伝達関数 $P(s)$ は

$$P(s) = \frac{\dfrac{1}{M}}{s\left(s + \dfrac{c}{M}\right)} \tag{1.15}$$

のように零点・極・ゲイン形式に書き換えることができ，極が $0, -c/M$，ゲインが $1/M$ であり，零点を持たないことがわかる．

問題 1.1 以下の線形微分方程式が与えられたとき，$u(s)$ から $y(s)$ への伝達関数 $P(s)$ を求めよ．また，極，零点，ゲインを求めよ．

(1) $\dot{y}(t) + 2y(t) = u(t)$ (2) $3\ddot{y}(t) + 2\dot{y}(t) + y(t) = 2\dot{u}(t) + u(t)$

問題 1.2 以下の伝達関数 $P(s) = y(s)/u(s)$ が与えられたとき，線形微分方程式を求めよ．

(1) $P(s) = \dfrac{10}{s^2 + 2s + 10}$ (2) $P(s) = \dfrac{s + 2}{2s + 1}$

1.3 電気系の数学モデル

電気系の微分方程式 (回路方程式) を求める際，

[注3] MATLAB では，関数 "zpk" により零点・極・ゲイン形式の伝達関数 (1.13) 式を定義することができる．また，関数 "pole" により極を，関数 "zero" により零点とゲインを求めることができる．p. 24 に使用例を示す．

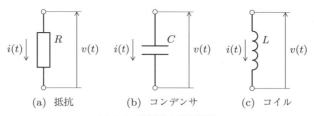

図 1.6　電気系の基本素子

電荷 $q(t)$ と電流 $i(t)$ の関係式

$$i(t) = \dot{q}(t) \tag{1.16}$$

および図 1.6 に示す電気系の基本素子に関する関係式

電気系の基本素子の関係式

| 抵抗 | $v(t) = Ri(t)$ | $= R\dot{q}(t)$ | (1.17a) |

$$\text{抵抗} \qquad v(t) = Ri(t) \qquad\qquad = R\dot{q}(t) \tag{1.17a}$$

$$\text{コンデンサ} \quad v(t) = \frac{1}{C}\left(\int_0^t i(t)\mathrm{d}t + q(0)\right) = \frac{1}{C}q(t) \tag{1.17b}$$

$$\text{コイル} \qquad v(t) = L\frac{\mathrm{d}i(t)}{\mathrm{d}t} \qquad = L\ddot{q}(t) \tag{1.17c}$$

を利用する[(注4)]．ただし，$R\ [\Omega]$：抵抗，$C\ [\mathrm{F}]$：静電容量，$L\ [\mathrm{H}]$：インダクタンス，$v(t)\ [\mathrm{V}]$：各素子の両端の電圧，$i(t)\ [\mathrm{A}]$：各素子に流れる電流，$q(t)\ [\mathrm{C}]$：電荷であり，初期電荷を $q(0)$ とする．また，初期値が $0\ (q(0) = 0,\ i(0) = \dot{q}(0) = 0)$ であるとして，(1.17) 式をラプラス変換すると，

電気系の基本素子の関係式 ($q(0) = 0,\ i(0) = \dot{q}(0) = 0$ としてラプラス変換)

$$\text{抵抗} \qquad v(s) = Ri(s) \qquad = Rsq(s) \tag{1.18a}$$

$$\text{コンデンサ} \quad v(s) = \frac{1}{Cs}i(s) = \frac{1}{C}q(s) \tag{1.18b}$$

$$\text{コイル} \qquad v(s) = Lsi(s) \quad = Ls^2 q(s) \tag{1.18c}$$

という関係式が得られる．

　これらの関係式とキルヒホッフの法則を利用すれば，以下の例に示すように，電気系の伝達関数を得ることができる．

例 1.3 .... RL 回路

　図 1.7 に示す RL 回路において，入力 $u(t)$ を入力電圧 $v_{\mathrm{in}}(t)$，出力 $y(t)$ を電流 $i(t)$ としたときの伝達関数 $P(s)$ を求める．

　$u(t) = v_{\mathrm{in}}(t),\ y(t) = i(t)$ とすると，図 1.7 より RL 回路の微分方程式 (回路方程式) は

[(注4)] (1.17b) 式の代わりに $v(t) = \dfrac{1}{C}\displaystyle\int i(t)\mathrm{d}t = \dfrac{1}{C}q(t)$ のように記述することもある．

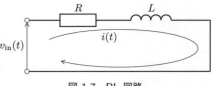

$$v_{\mathrm{in}}(t) = L\frac{\mathrm{d}i(t)}{\mathrm{d}t} + Ri(t)$$
$$\implies \quad L\dot{y}(t) + Ry(t) = u(t) \quad (1.19)$$

となる．したがって，初期値をすべて 0 と
して (1.19) 式の両辺をラプラス変換すると，
RL 回路の伝達関数表現

図 1.7　RL 回路

$$\bigl(Ls + R\bigr)y(s) = u(s) \quad \implies \quad y(s) = P(s)u(s), \quad P(s) = \frac{1}{Ls + R} \tag{1.20}$$

が得られる．

例 1.4　　　 RLC 回路

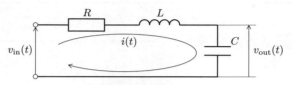

図 1.8　RLC 回路

　図 1.8 に示す RLC 回路において，入力 $u(t)$ を入力電圧 $v_{\mathrm{in}}(t)$，出力 $y(t)$ をコンデンサ
の両端の電圧 $v_{\mathrm{out}}(t)$ としたときの伝達関数 $P(s)$ を求める．

　$u(t) = v_{\mathrm{in}}(t),\ y(t) = v_{\mathrm{out}}(t),\ q(0) = 0$ とすると，図 1.8 より RLC 回路の回路方程式は

$$u(t) = Ri(t) + L\frac{\mathrm{d}i(t)}{\mathrm{d}t} + \frac{1}{C}\int_0^t i(t)\mathrm{d}t \tag{1.21a}$$

$$y(t) = \frac{1}{C}\int_0^t i(t)\mathrm{d}t \tag{1.21b}$$

となる．ここで，(1.21b) 式より

$$y(t) = \frac{1}{C}\int_0^t i(t)\mathrm{d}t \quad \implies \quad i(t) = C\dot{y}(t) \tag{1.22}$$

なので，(1.22) 式を (1.21a) 式へ代入すると，線形微分方程式

$$LC\ddot{y}(t) + RC\dot{y}(t) + y(t) = u(t) \tag{1.23}$$

が得られる．したがって，初期値をすべて 0 として (1.23) 式の両辺をラプラス変換すると，
RLC 回路の伝達関数表現が次式のように得られる．

$$\bigl(LCs^2 + RCs + 1\bigr)y(s) = u(s)$$
$$\implies \quad y(s) = P(s)u(s), \quad P(s) = \frac{1}{LCs^2 + RCs + 1} \tag{1.24}$$

　一方，(1.21) 式から直接的に伝達関数を得ることもできる．初期値をすべて 0 として
(1.21) 式の両辺をラプラス変換すると，

$$u(s) = Ri(s) + Lsi(s) + \frac{1}{Cs}i(s) = \frac{LCs^2 + RCs + 1}{Cs}i(s) \tag{1.25a}$$

$$y(s) = \frac{1}{Cs}i(s) \tag{1.25b}$$

となる．したがって，(1.25) 式より伝達関数 $P(s)$ が次式のように求まる．

$$P(s) = \frac{y(s)}{u(s)} = \frac{\dfrac{1}{Cs}i(s)}{\dfrac{LCs^2 + RCs + 1}{Cs}i(s)} = \frac{1}{LCs^2 + RCs + 1} \tag{1.26}$$

問題 1.3 図 1.8 に示した RLC 回路において，入力 $u(t)$ を入力電圧 $v_{in}(t)$，出力 $y(t)$ を電荷 $q(t)$ のように選んだとき，$u(s)$ から $y(s)$ への伝達関数 $P(s)$ を求めよ．

問題 1.4 図 1.9 に示す RC 回路において，入力 $u(t)$，出力 $y(t)$ を以下のように選んだとき，$u(s)$ から $y(s)$ への伝達関数 $P(s)$ を求めよ．

(1) $u(t) = v_{in}(t)$，$y(t) = i(t)$
(2) $u(t) = v_{in}(t)$，$y(t) = v_{out}(t)$

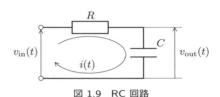

図 1.9 RC 回路

問題 1.5 図 1.10 に示すバンドパス RLC 回路において $u(t) = v_{in}(t)$，$y(t) = v_{out}(t)$ と選ぶと，回路方程式は

$$\begin{cases} u(s) = \boxed{\text{(a)}}\,i(s) + y(s) \\ y(s) = \boxed{\text{(b)}}\,i_1(s) = \boxed{\text{(c)}}\,i_2(s) \\ i(s) = i_1(s) + i_2(s) \end{cases}$$

となる．空欄を埋めよ．また，$u(s)$ から $y(s)$ への伝達関数 $P(s)$ を求めよ．

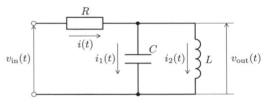

図 1.10 バンドパス RLC 回路

1.4 機械系の数学モデル ―― ニュートン・オイラー法

ニュートン・オイラー法（Newton-Euler）では，機械系の微分方程式を求める際，

┌─ 運動方程式 ──────────────────────

直線運動 $F(t) = Ma(t) = M\ddot{z}(t)$ $\qquad$ (1.27)

回転運動 $T(t) = J\alpha(t) = J\ddot{\theta}(t)$ $\qquad$ (1.28)

を利用する[注5]．ただし，運動方程式における諸量は**表 1.1** に示すとおりである．(1.27) 式

表 1.1 直線運動と回転運動の諸量

直線運動	回転運動
力 $F(t)$ [N]	トルク（力のモーメント） $T(t)$ [N·m]
質量 M [kg]	慣性モーメント J [kg·m²]
位置 $z(t)$ [m]	角度 $\theta(t)$ [rad]
速度 $v(t) = \dot{z}(t)$ [m/s]	角速度 $\omega(t) = \dot{\theta}(t)$ [rad/s]
加速度 $a(t) = \dot{v}(t) = \ddot{z}(t)$ [m/s²]	角加速度 $\alpha(t) = \dot{\omega}(t) = \ddot{\theta}(t)$ [rad/s²]

[注5] 直線運動の運動方程式 (1.27) 式は，高校物理で学んだ**ニュートンの第二法則**である．

における $F(t)$ は物体に作用する力,(1.28) 式における $T(t)$ は物体に作用するトルクである.これらには,アクチュエータにより生じる入力 $u(t)$ だけでなく,たとえば,**例 1.1** (p. 8) で示した粘性摩擦なども含まれる.

▶ **粘性摩擦により生じる力,トルク**

　図 1.11 に示すように,物体が直線運動や回転運動をしているとき,速度 $v(t)$ や角速度 $\omega(t)$ と反対向きに粘性摩擦を生じる.粘性摩擦は

粘性摩擦により生じる力 $f_\mathrm{d}(t)$,トルク $\tau_\mathrm{d}(t)$

$$\text{直線運動} \quad f_\mathrm{d}(t) = cv(t) = c\dot{z}(t) \tag{1.29}$$

$$\text{回転運動} \quad \tau_\mathrm{d}(t) = c\omega(t) = c\dot{\theta}(t) \tag{1.30}$$

のように,速度 $v(t)$ や角速度 $\omega(t)$ に比例する.ただし,c は粘性摩擦係数である.

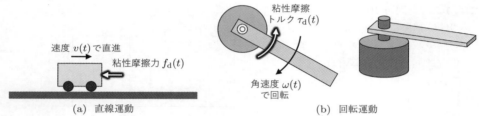

速度 $v(t)$ で直進
粘性摩擦力 $f_\mathrm{d}(t)$

粘性摩擦
トルク $\tau_\mathrm{d}(t)$

角速度 $\omega(t)$
で回転

(a) 直線運動 　　　　　　　　　　　　　　　　(b) 回転運動

図 1.11　**粘性摩擦により生じる力 $f_\mathrm{d}(t)$,トルク $\tau_\mathrm{d}(t)$**

また,機械系の基本素子として,ばねとダンパが知られている.

▶ **ばねにより生じる力,トルク**

　図 1.12 のように物体にばねが取りつけられているとき,ばね係数を k とすると,

ばねにより生じる力 $f_\mathrm{s}(t)$,トルク $\tau_\mathrm{s}(t)$

$$\text{直線運動} \quad f_\mathrm{s}(t) = kz(t) \tag{1.31}$$

$$\text{回転運動} \quad \tau_\mathrm{s}(t) = k\theta(t) \tag{1.32}$$

のように,自然長からのばねの伸縮 $z(t)$ やねじり $\theta(t)$ に比例した力 $f_\mathrm{s}(t)$ やトルク $\tau_\mathrm{s}(t)$ を生じる.

▶ **ダンパにより生じる力,トルク**

　ダンパとは,図 1.13 に示すように,粘性摩擦を人為的に大きくするものであり,ダンパ係数を c とすると,

ダンパにより生じる力 $f_\mathrm{d}(t)$,トルク $\tau_\mathrm{d}(t)$

$$\text{直線運動} \quad f_\mathrm{d}(t) = cv(t) = c\dot{z}(t) \tag{1.33}$$

$$\text{回転運動} \quad \tau_\mathrm{d}(t) = c\omega(t) = c\dot{\theta}(t) \tag{1.34}$$

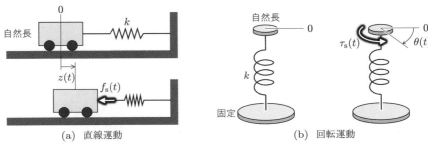

図 1.12 ばねにより生じる力 $f_{\mathbf{s}}(t)$, トルク $\tau_{\mathbf{s}}(t)$

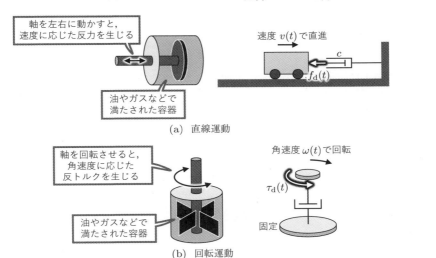

図 1.13 ダンパにより生じる力 $f_{\mathbf{d}}(t)$, トルク $\tau_{\mathbf{d}}(t)$

となる.

例 1.5 .... マス・ばね・ダンパ系

図 1.14 に示すマス・ばね・ダンパ系に入力 $f(t)$ を
加えて台車を動かすと, その運動方程式は, (1.31),
(1.33) 式より

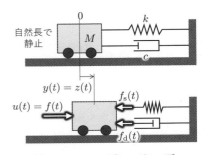

$$\underbrace{f(t) - f_{\mathbf{s}}(t) - f_{\mathbf{d}}(t)}_{F(t)} = Ma(t)$$

$$\implies \quad f(t) - kz(t) - c\dot{z}(t) = M\ddot{z}(t) \quad (1.35)$$

となる. ここで, $u(t) = f(t)$, $y(t) = z(t)$ とする
と, 運動方程式 (1.35) 式は

図 1.14 マス・ばね・ダンパ系

$$M\ddot{y}(t) + c\dot{y}(t) + ky(t) = u(t) \qquad (1.36)$$

のように, 線形微分方程式 (1.1) 式の形式となる. 初期値をすべて 0 として (1.36) 式の両
辺をラプラス変換すると, マス・ばね・ダンパ系の伝達関数表現

$$(Ms^2 + cs + k)y(s) = u(s) \implies y(s) = P(s)u(s), \quad P(s) = \frac{1}{Ms^2 + cs + k} \quad (1.37)$$

が得られる.

問題 1.6 図 1.15 に示す水平面を回転するアーム系を
考える.ただし,$\tau(t)$ は入力トルク,$\tau_\mathrm{d}(t)$ は粘性摩擦
トルクである.また,軸まわりの慣性モーメントを J,
軸の粘性摩擦係数を c とする.入力 $u(t)$,出力 $y(t)$ を
以下のように選んだとき,$u(s)$ から $y(s)$ への伝達関
数 $P(s)$ を求めよ.

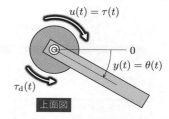

(1) $u(t) = \tau(t), y(t) = \theta(t)$
(2) $u(t) = \tau(t), y(t) = \omega(t) = \dot{\theta}(t)$

図 1.15 水平面を回転するアーム系

問題 1.7 図 1.16 に示す 2 慣性系は,台車 1 と台車 2 とがばねとダンパにより接続されて
おり,台車 2 にはアクチュエータにより生成される力 $f_2(t)$ が加わっている.$u(t) = f_2(t)$,
$y(t) = z_2(t)$ としたとき,以下の設問に答えよ.ただし,台車自体の粘性摩擦は無視する.

(1) 台車 1, 2 の運動方程式

$$F_i(t) = M_i \ddot{z}_i(t) \quad (i = 1, 2) \quad (1.38)$$

において,$F_i(t)$ を $f_2(t)$, $f_\mathrm{s}(t)$, $f_\mathrm{d}(t)$ により表せ.

(2) すべての初期値を 0 として (1.38) 式の両辺をラプラス変換し,$z_1(s)$ を消去すること
で $u(s)$ から $y(s)$ への伝達関数 $P(s)$ を求めよ.

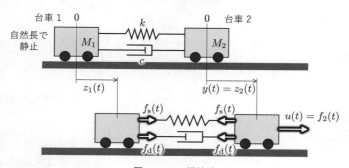

図 1.16 2 慣性系

　これまでに示してきた例や問題のシステムは,数学モデルが線形微分方程式 (1.1) 式
(p. 7) で表現できる線形システムであった.そのため,システムの数学モデルを伝達関
数表現で記述することができた.しかしながら,一般に,システムの微分方程式は非線
形である.このような場合には,微分方程式の非線形項を近似的に**線形化**すれば,数学
モデルを伝達関数表現で記述することができる.以下では,非線形なシステムの例とし
て,鉛直面を回転するアーム系を考える.

例 1.6　...　鉛直面を回転するアーム系

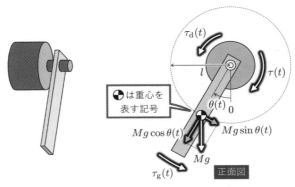

図 1.17　鉛直面を回転するアーム系

　図 1.17 に鉛直面を回転するアーム系を示す．アームの基準を真下とし，角度変位を $\theta(t)$，入力トルクを $\tau(t)$，アームの質量を M，回転軸から重心までの長さを l，軸まわりの慣性モーメントを J，軸の粘性摩擦係数を c とする．粘性摩擦によるトルクは $\tau_\mathrm{d}(t) = c\dot{\theta}(t)$ である．また，重力 Mg によるトルクは $\tau_\mathrm{g}(t) = Mg\sin\theta(t) \cdot l$ である．したがって，アーム系の運動方程式は

$$J\ddot{\theta}(t) = \tau(t) - \tau_\mathrm{d}(t) - \tau_\mathrm{g}(t)$$
$$\implies \quad J\ddot{\theta}(t) = \tau(t) - c\dot{\theta}(t) - Mgl\sin\theta(t) \tag{1.39}$$

であり，$u(t) = \tau(t)$, $y(t) = \theta(t)$ とすると，非線形微分方程式

$$J\ddot{y}(t) + c\dot{y}(t) + Mgl\sin y(t) = u(t) \tag{1.40}$$

が得られる．

　つぎに，(1.40) 式に含まれる非線形項 $Mgl\sin y(t)$ を近似的に線形化することを考える．非線形関数 (曲線) $Y = f(X) := \sin X$ の $X = X_\mathrm{e}$ における接線 (直線) は，

$$Y - f(X_\mathrm{e}) = f'(X_\mathrm{e})(X - X_\mathrm{e}) \implies Y - \sin X_\mathrm{e} = (\cos X_\mathrm{e})(X - X_\mathrm{e})$$
$$\implies \quad Y = \sin X_\mathrm{e} + (\cos X_\mathrm{e})(X - X_\mathrm{e}) \tag{1.41}$$

であるから，図 1.18 に示すように，$X = X_\mathrm{e}$ 近傍では，

$$f(X) = \sin X \simeq \sin X_\mathrm{e} + (\cos X_\mathrm{e})(X - X_\mathrm{e}) \tag{1.42}$$

と近似できる．この結果を利用すると，$y(t) = y_\mathrm{e}$ 近傍では，

$$\sin y(t) \simeq \sin y_\mathrm{e} + (\cos y_\mathrm{e})(y(t) - y_\mathrm{e}) \tag{1.43}$$

と近似できる．一方，$y(t) = y_\mathrm{e}$ で静止しているときの入力 $u(t) = u_\mathrm{e}$ は，(1.40) 式において $u(t) = u_\mathrm{e}$, $y(t) = y_\mathrm{e}$, $\dot{y}(t) = 0$, $\ddot{y}(t) = 0$ とすることにより，$u_\mathrm{e} = Mgl\sin y_\mathrm{e}$ と求まる．したがって，

$$\widetilde{y}(t) = y(t) - y_\mathrm{e}, \quad \widetilde{u}(t) = u(t) - u_\mathrm{e} = u(t) - Mgl\sin y_\mathrm{e}$$

とおくと，非線形微分方程式 (1.40) 式は線形微分方程式

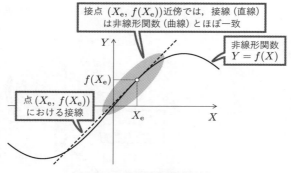

図 1.18 非線形関数の線形化

$$J\ddot{\widetilde{y}}(t) + c\dot{\widetilde{y}}(t) + Mgl\big\{\sin y_{\mathrm{e}} + (\cos y_{\mathrm{e}})\widetilde{y}(t)\big\} \simeq u(t)$$
$$\implies \quad J\ddot{\widetilde{y}}(t) + c\dot{\widetilde{y}}(t) + Mgl(\cos y_{\mathrm{e}})\widetilde{y}(t) \simeq \widetilde{u}(t) \tag{1.44}$$

のように近似できる. (1.44) 式の初期値をすべて 0 として両辺をラプラス変換すると, 入力を $\widetilde{u}(s)$, 出力を $\widetilde{y}(s)$ とした伝達関数表現

$$\widetilde{y}(s) \simeq P(s)\widetilde{u}(s), \quad P(s) = \frac{1}{Js^2 + cs + Mgl\cos y_{\mathrm{e}}} \tag{1.45}$$

が得られる.

1.5 機械系の数学モデル — ラグランジュ法

単純な構造の機械系は, ニュートン・オイラー法によってその微分方程式を容易に導出することができるが, 多関節ロボットなどの複雑な構造の機械系であるときには, 微分方程式の導出は困難である. このような場合, **ラグランジュ法**が利用されることが多い.

ラグランジュ法では, まず, **表 1.2** にしたがって**運動エネルギー** $W(t)$, **位置エネルギー** $V(t)$ および**散逸エネルギー** $D(t)$ を求め, **ラグランジアン** $L(t) := W(t) - V(t)$ を計算する. そして, $L(t)$ と $D(t)$ を

ラグランジュの運動方程式

$$\frac{\mathrm{d}}{\mathrm{d}t}\left(\frac{\partial L(t)}{\partial \dot{q}_i(t)}\right) - \frac{\partial L(t)}{\partial q_i(t)} + \frac{\partial D(t)}{\partial \dot{q}_i(t)} = u_i(t) \quad (i = 1, 2, \ldots, p) \tag{1.46}$$

に代入し, システムの微分方程式を求める. ここで,

$$\boldsymbol{q}(t) = \begin{bmatrix} q_1(t) & \cdots & q_p(t) \end{bmatrix}^\top, \quad \boldsymbol{u}(t) = \begin{bmatrix} u_1(t) & \cdots & u_p(t) \end{bmatrix}^\top$$

をそれぞれ**一般化座標**, **一般化力**と呼び, 一般化座標 $q_i(t)$ は p 個の各質点における位置や角度, 一般化力 $u_i(t)$ は各質点に加える力やトルクである.

表 1.2　直線運動と回転運動のエネルギー

	直線運動	回転運動
運動エネルギー	$\frac{1}{2}Mv(t)^2 = \frac{1}{2}M\dot{z}(t)^2$	$\frac{1}{2}J\omega(t)^2 = \frac{1}{2}J\dot{\theta}(t)^2$
ばねによる位置エネルギー	$\frac{1}{2}kz(t)^2$	$\frac{1}{2}k\theta(t)^2$
重力による位置エネルギー	$Mgh(t)$ ($h(t)$：高さ)	—
ダンパもしくは粘性摩擦による散逸エネルギー	$\frac{1}{2}cv(t)^2 = \frac{1}{2}c\dot{z}(t)^2$	$\frac{1}{2}c\omega(t)^2 = \frac{1}{2}c\dot{\theta}(t)^2$

例 1.7　..　**鉛直面を回転するアーム系 (ラグランジュ法)**

例 1.6 (p. 17) で示した鉛直面を回転するアーム系の非線形微分方程式 (1.40) 式を，ラグランジュ法により導出しよう．アームの軸を原点とし，アームの重心座標を $(x_{\mathrm{g}}(t), y_{\mathrm{g}}(t))$ とすると，**図 1.19** より

$$\begin{cases} x_{\mathrm{g}}(t) = -l\sin\theta(t) \\ y_{\mathrm{g}}(t) = -l\cos\theta(t) \end{cases}$$

$$\implies \begin{cases} \dot{x}_{\mathrm{g}}(t) = -l\dot{\theta}(t)\cos\theta(t) \\ \dot{y}_{\mathrm{g}}(t) = l\dot{\theta}(t)\sin\theta(t) \end{cases}$$

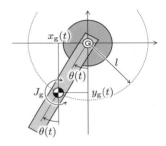

図 1.19　鉛直面を回転するアーム系の重心座標

となる．このとき，アームの質点である重心の運動エネルギー $W(t)$，位置エネルギー $V(t)$ および散逸エネルギー $D(t)$ は，**表 1.2** よりそれぞれ

$$W(t) = \overbrace{\frac{1}{2}J_{\mathrm{g}}\dot{\theta}(t)^2}^{\text{回転方向}} + \overbrace{\frac{1}{2}M\dot{x}_{\mathrm{g}}(t)^2}^{\text{水平方向}} + \overbrace{\frac{1}{2}M\dot{y}_{\mathrm{g}}(t)^2}^{\text{鉛直方向}} = \frac{1}{2}J\dot{\theta}(t)^2 \tag{1.47}$$

$$V(t) = Mgy_{\mathrm{g}}(t) = -Mgl\cos\theta \tag{1.48}$$

$$D(t) = \frac{1}{2}c\dot{\theta}(t)^2 \tag{1.49}$$

のようになる．ただし，J_{g} は重心まわりの慣性モーメントであり，また，$J = J_{\mathrm{g}} + Ml^2$ は軸まわりの慣性モーメントである．一般化座標を $q(t) = \theta(t)$，一般化力を $u(t) = \tau(t)$ として，(1.47)～(1.49) 式をラグランジュの運動方程式

$$\frac{\mathrm{d}}{\mathrm{d}t}\left(\frac{\partial L(t)}{\partial \dot{q}(t)}\right) - \frac{\partial L(t)}{\partial q(t)} + \frac{\partial D(t)}{\partial \dot{q}(t)} = u(t), \quad L(t) := W(t) - V(t) \tag{1.50}$$

に代入すると，(1.40) 式に相当する非線形微分方程式が次式のように得られる．

$$J\ddot{\theta}(t) + c\dot{\theta}(t) + Mgl\sin\theta(t) = \tau(t) \tag{1.51}$$

問題 1.8　例 1.5 (p. 15) で得られたマス・ばね・ダンパ系の微分方程式 (1.36) 式をラグランジュ法により導出せよ．

1.6 伝達関数の標準形

1.6.1 システムの類似性

本書で取り上げたのは電気系，機械系のみであるが，ほかにも熱系，電磁気系，水位系など様々な物理系がある．これらシステムのふるまいは，一見，まったく異なるように思われるが，互いに似通っている場合も少なくない．たとえば，**例 1.4** (p. 12) で求めた RLC 回路の伝達関数 (1.24) 式と，**例 1.5** (p. 15) で求めたマス・ばね・ダンパ系の伝達関数 (1.37) 式は同じ形式である．そのため，制御工学の分野では，電気系，機械系などといった物理系の違いを意識せずに，伝達関数を**表 1.3** に示すような標準的な形式で記述される動的システムととらえ，制御系解析/設計の議論を行うことが多い．

表 1.3 伝達関数の標準形

1 次遅れ要素	$P(s) = \dfrac{K}{1 + Ts} \ (T > 0)$
2 次遅れ要素	$P(s) = \dfrac{K\omega_\mathrm{n}^2}{s^2 + 2\zeta\omega_\mathrm{n}s + \omega_\mathrm{n}^2} \ (\zeta > 0, \ \omega_\mathrm{n} > 0)$
比例要素	$P(s) = K$
積分要素	$P(s) = \dfrac{K}{s}$
微分要素	$P(s) = Ks$
1 次進み要素	$P(s) = 1 + Ts \ (T > 0)$
位相進み要素	$P(s) = \alpha \dfrac{1 + Ts}{1 + \alpha Ts} \ (T > 0, \ 0 < \alpha < 1)$
位相遅れ要素	$P(s) = \dfrac{1 + Ts}{1 + \alpha Ts} \ (T > 0, \ \alpha > 1)$
むだ時間要素	$P(s) = e^{-Ls} \ (L > 0)$

1.6.2 1 次遅れ要素

1 次遅れ要素 [(注6)] の標準形は

1 次遅れ要素の標準形

$$P(s) = \frac{K}{1 + Ts} \quad (T > 0) \tag{1.52}$$

であり，伝達関数 $P(s)$ が 1 次遅れ要素であるようなシステム $y(s) = P(s)u(s)$ を **1 次遅れ系**という．本書で示した例では，

- RL 回路：$P(s) = \dfrac{1}{Ls + R}$ ⋯⋯⋯⋯⋯⋯⋯⋯⋯⋯⋯⋯⋯⋯⋯⋯ **例 1.3** (p. 11)

[(注6)] 「遅れ」というのは正弦波入力を加えたとき，入力よりも出力の正弦波の位相が遅れていることを意味する．このことについては **第 7 章** (p. 136) を参照すると良い．

- RC 回路：$P(s) = \dfrac{1}{RCs + 1}$ .... **問題 1.4** (2) (p. 13)

- 水平面を回転するアーム系：$P(s) = \dfrac{1}{Js + c}$ .... **問題 1.6** (2) (p. 16)

が 1 次遅れ系となる.

1 次遅れ系のふるまいは，二つのパラメータ $T > 0$, K で特徴づけられる. T は**時定数**と呼ばれる速応性 (反応のはやさ) に関するパラメータ，K は**ゲイン**と呼ばれる定常特性 (十分時間が経過した後のシステムのふるまい) に関するパラメータである. このことについては，**4.1 節** (p. 65) で詳しく説明する.

例 1.8 .... RL 回路と 1 次遅れ要素

例 1.3 (p. 11) で求めた RL 回路の伝達関数 (1.20) 式を書き換えると，

$$P(s) = \frac{1}{Ls + R} = \frac{\dfrac{1}{R}}{1 + \dfrac{L}{R}s}$$

となるから，1 次遅れ要素の標準形 (1.52) 式で表したときの $T > 0$, K は，$T = L/R$, $K = 1/R$ となる.

1.6.3 2 次遅れ要素

2 次遅れ要素の標準形は，

2 次遅れ要素の標準形
$$P(s) = \frac{K\omega_n^2}{s^2 + 2\zeta\omega_n s + \omega_n^2} \quad (\zeta > 0,\ \omega_n > 0) \tag{1.53}$$

であり，伝達関数 $P(s)$ が 2 次遅れ要素であるようなシステム $y(s) = P(s)u(s)$ を **2 次遅れ系**という. 本書で示した例では，

- RLC 回路：$P(s) = \dfrac{1}{LCs^2 + RCs + 1}$ .... 例 1.4 (p. 12)

- マス・ばね・ダンパ系：$P(s) = \dfrac{1}{Ms^2 + cs + k}$ .... 例 1.5 (p. 15)

- 鉛直面を回転するアーム系：$P(s) = \dfrac{1}{Js^2 + cs + Mgl\cos y_e}$ .. 例 1.6 (p. 17)

が 2 次遅れ系となる.

2 次遅れ系のふるまいは，三つのパラメータ $\zeta > 0$, $\omega_n > 0$, K により特徴づけられる. ζ は**減衰係数**と呼ばれる安定度 (振動が大きいかどうか) に関するパラメータ，ω_n は**固有角周波数**と呼ばれる速応性に関するパラメータ，K はゲインと呼ばれる定常特性に関するパラメータである. このことについては，**4.2 節** (p. 68) で詳しく説明する.

例 1.9 .... マス・ばね・ダンパ系と 2 次遅れ要素

例 1.5 (p. 15) で求めた伝達関数 (1.37) 式を書き換えると，

$$P(s) = \frac{1}{Ms^2 + cs + k} = \frac{\dfrac{1}{M}}{s^2 + \dfrac{c}{M}s + \dfrac{k}{M}} \tag{1.54}$$

であるから，2 次遅れ要素の標準形 (1.53) 式で表したときの $\omega_\mathrm{n} > 0$, ζ, K は

$$2\zeta\omega_\mathrm{n} = \frac{c}{M}, \quad \omega_\mathrm{n}^2 = \frac{k}{M}, \quad K\omega_\mathrm{n}^2 = \frac{1}{M}$$

$$\implies \quad \omega_\mathrm{n} = \sqrt{\frac{k}{M}}, \quad \zeta = \frac{1}{2\omega_\mathrm{n}}\frac{k}{M} = \frac{c}{2\sqrt{kM}}, \quad K = \frac{1}{k} \tag{1.55}$$

となる．

問題 1.9　　例 1.4 (p. 12) で得られた RLC 回路の伝達関数 (1.24) 式を 2 次遅れ要素の標準形 (1.53) 式で表したとき，$\omega_\mathrm{n} > 0$, ζ, K を求めよ．

1.6.4　むだ時間要素

通常，伝達関数は (1.12) 式 (p. 9) のように有理関数で表されるが，むだ時間要素は有理関数で表すことができない特別な伝達関数である．

例 1.10 .... むだ時間要素

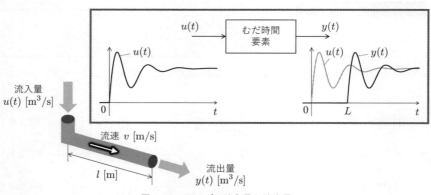

図 1.20　パイプの流入量と流出量

図 1.20 に示すシステムでは，パイプに $u(t)$ [m³/s] が流入し，L [s] 遅れてパイプから

$$y(t) = u(t - L), \quad L = \frac{l}{v} > 0 \tag{1.56}$$

が流出する．ただし，v [m/s] は流速，l [m] はパイプの長さであり，$0 \leq t < L$ で $y(t) = u(t - L) = 0$ とする．$T = t - L$ とおき，(1.56) 式の両辺をラプラス変換すると，

$$y(s) = \mathcal{L}[y(t)] = \mathcal{L}[u(t-L)] = \int_0^\infty u(t-L)e^{-st}\mathrm{d}t = \int_L^\infty u(t-L)e^{-st}\mathrm{d}t$$

$$= \int_0^\infty u(T)e^{-s(T+L)}\mathrm{d}T = e^{-Ls}\int_0^\infty u(T)e^{-sT}\mathrm{d}T = e^{-Ls}u(s)$$

$$\implies \quad y(s) = P(s)u(s), \quad P(s) = e^{-Ls} \tag{1.57}$$

となる．ここで，L をむだ時間，$P(s) = e^{-Ls}$ をむだ時間要素と呼ぶ．

1.7 MATLAB を利用した演習

1.7.1 伝達関数表現 (`tf`, `zpk`)

MATLAB(注7) では，関数 "`tf`" や "`zpk`" を用いることによって，伝達関数を定義することができる．たとえば，伝達関数

$$P(s) = \frac{4s+8}{s^3+2s^2-15s} = \frac{4(s+2)}{s(s-3)(s+5)} \tag{1.58}$$

を定義するには，コマンドウィンドウで

関数 "tf" の使用例 1 (伝達関数の定義)

```
>> numP = [4 8];  ↵            分子多項式 N(s) = 4s + 8 の係数を定義
>> denP = [1 2 -15 0];  ↵      分母多項式 D(s) = s^3 + 2s^2 - 15s + 0 の係数を定義
>> sysP = tf(numP,denP)  ↵     伝達関数 P(s) = N(s)/D(s) を定義

sysP =                          P(s) = (4s+8)/(s^3+2s^2-15s).

    4 s + 8
  -------------------
  s^3 + 2 s^2 - 15 s

連続時間の伝達関数です。
```

関数 "tf" の使用例 2 (ラプラス演算子および伝達関数の定義)

```
>> s = tf('s');  ↵             ラプラス演算子 s を定義
>> sysP = (4*s + 8)/(s^3 + 2*s^2 - 15*s)  ↵   伝達関数 P(s) を定義

sysP =                          P(s) = (4s+8)/(s^3+2s^2-15s)

    4 s + 8
  -------------------
  s^3 + 2 s^2 - 15 s

連続時間の伝達関数です。
```

関数 "zpk" の使用例 (零点・極・ゲイン形式の伝達関数の定義)

```
>> z = [-2]; p = [-5 0 3]; K = 4;  ↵   伝達関数 P(s) の零点 -2, 極 -5, 0, 3, ゲイン 4 を定義
>> sysP = zpk(z,p,K)  ↵          伝達関数 P(s) を定義
```

(注7) MATLAB の基本的な使用方法については付録 B (p. 223) を参照すること．

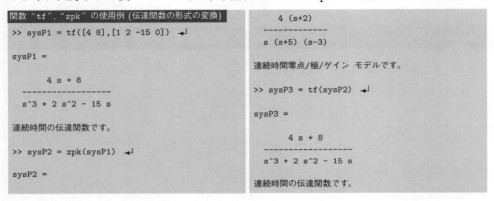

```
sysP =
                                                          $P(s) = \dfrac{4(s+2)}{s(s+5)(s-3)}$

    4 (s+2)
  -------------
  s (s+5) (s-3)

連続時間零点/極/ゲイン モデルです。
```

のように入力すれば良い[注8]．また，関数 "**tf**" や "**zpk**" で定義された伝達関数は，

```
関数 "tf", "zpk" の使用例 (伝達関数の形式の変換)
>> sysP1 = tf([4 8],[1 2 -15 0]) ↵

sysP1 =

      4 s + 8
  ------------------
  s^3 + 2 s^2 - 15 s

連続時間の伝達関数です。

>> sysP2 = zpk(sysP1) ↵

sysP2 =
```

```
    4 (s+2)
  -------------
  s (s+5) (s-3)

連続時間零点/極/ゲイン モデルです。

>> sysP3 = tf(sysP2) ↵

sysP3 =

      4 s + 8
  ------------------
  s^3 + 2 s^2 - 15 s

連続時間の伝達関数です。
```

のように互いの形式に変換可能である．

逆に，伝達関数 $P(s) = N(s)/D(s)$ が与えられたとき，その分子多項式 $N(s)$ や分母多項式 $D(s)$ の係数は，関数 "**tfdata**" を利用して

```
関数 "tfdata" の使用例 (伝達関数の分子多項式，分母多項式の係数の抽出)
>> sysP = tf([4 8],[1 2 -15 0]); ↵  ·········· 伝達関数 P(s) の定義
>> [numP denP] = tfdata(sysP,'v') ↵ ·········· N(s), D(s) の係数を抽出
numP =
     0     0     4     8      ·················· $N(s) = 4s + 8$
denP =
     1     2   -15     0      ·················· $D(s) = s^3 + 2s^2 - 15s + 0$
```

のように入力することで抽出することができる．

1.7.2 極と零点 (zpkdata, pole, zero)

伝達関数 $P(s)$ の零点，極，ゲインは，関数 "**zpkdata**" を利用して

```
関数 "zpkdata" の使用例 (伝達関数の零点，極，ゲインの抽出)
>> sysP = tf([4 8],[1 2 -15 0]); ↵  ·········· 伝達関数 P(s) の定義
>> [z p K] = zpkdata(sysP,'v') ↵   ·········· P(s) の零点，極，ゲインを抽出
z =
    -2                         ·················· P(s) の零点 $-2$
```

[注8] 関数 "**zpk**" により零点を持たない伝達関数

$$P(s) = \frac{10}{s^2 + 2s + 10} = \frac{10}{(s+1-3j)(s+1+3j)}$$

を定義する場合，**sysP = zpk([],[-1+3j -1-3j],10)** のように入力する．

```
p =    ............................................................ P(s) の極 0, −5, 3
     0
    -5
     3
K =    ............................................................ P(s) のゲイン 4
     4
```

のように入力することで抽出することができる．また，以下に示すように，関数 "pole"
により極を，関数 "zero" や "tzero" により零点を抽出することができる．

```
関数 "pole", "zero", "tzero" の使用例 (伝達関数の極, 零点)
>> sysP = tf([4 8],[1 2 -15 0]); ↵ .................. 伝達関数 P(s) の定義
>> pole(sysP) ↵  ..................................... P(s) の極 0, −5, 3
ans =
     0
    -5
     3
>> zero(sysP) ↵  ..................................... P(s) の零点 −2
ans =
    -2
>> tzero(sysP) ↵  .................................... P(s) の零点 −2
ans =
  -2.0000
```

　一般に，n 次方程式の数値解を得るための関数として，"roots" が用意されている．
関数 "roots" を利用すると，

```
関数 "roots" の使用例 (n 次方程式の数値解)
>> roots([1 2 -15 0]) ↵  ................. P(s) の極 0, −5, 3 (s³ + 2s² − 15s + 0 = 0 の解)
ans =
     0
    -5
     3
>> roots([4 8]) ↵  ....................... P(s) の零点 −2 (4s + 8 = 0 の解)
ans =
    -2
```

のように伝達関数 $P(s)$ の極，零点を得ることができる．

1.7.3 鉛直面を回転するアーム系の伝達関数

　ここでは，MATLAB を利用して例 1.6 (p. 17) で示した鉛直面を回転するアーム系の
$y(t) = \theta(t) = y_e$ 近傍における伝達関数 (1.45) 式を計算する．なお，本書で用いる鉛直
面を回転するアーム系の物理パラメータの値は**表 1.4** に示すとおりである．
　まず，鉛直面を回転するアーム系の物理パラメータを設定する M ファイル

```
M ファイル "arm_para.m"
  1    l = 0.204;              ........ アームの軸から重心までの距離 l
```

表 1.4　鉛直面を回転するアーム系の物理パラメータ

$l = 0.204$ [m]	$M = 0.390$ [kg]	$J = 0.0712$ [kg·m²]
$c = 0.695$ [kg·m²/s]	$g = 9.81$ [m/s²]	

```
 2    M  = 0.390;                ········ アームの質量 M
 3    J  = 0.0712;               ········ 慣性モーメント J
 4    c  = 0.695;                ········ 軸の粘性摩擦係数 c
 5    g  = 9.81;                 ········ 重力加速度 g
```

を作成し, 適当なフォルダに保存する. M ファイルの作成については**付録 B.3** (p. 228)
を参照されたい. つぎに, 制御量 $y(t) = \theta(t)$ の平衡点 y_e をキーボードから入力し, 伝
達関数 $P(s)$ を (1.45) 式にしたがって計算する M ファイル

M ファイル "arm_trans.m"
```
 1    disp(' アーム角度の平衡点を入力して下さい');   ········ コマンドウィンドウへの表示
 2    ye = input('ye = ');            ········ y(t) の平衡点 ye をコマンドウィンドウで入力
 3    ue = M*l*g*sin(ye)              ········ u(t) の平衡点 ue
 4
 5    numP = 1;                       ········ 伝達関数 P(s) の分子多項式
 6    denP = [J c M*l*g*cos(ye)];     ········ 伝達関数 P(s) の分母多項式
 7    sysP = zpk(tf(numP,denP))       ········ 伝達関数 P(s) の定義
 8    pole(sysP)                      ········ 伝達関数 P(s) のの極
```

を作成し, M ファイル "**arm_para.m**" と同じフォルダに保存する. カレントディレ
クトリを M ファイルが保存されているフォルダに移動し (**付録 B.1** (p. 223) を参照),
M ファイル "**arm_para.m**" を実行した後, M ファイル "**arm_trans.m**" を実行して
y_e を入力する. その結果,

M ファイル "arm_trans.m" の実行結果
```
>> arm_para ↵ ········· "arm_para.m" の実行
>> arm_trans ↵ ········· "arm_trans.m" の実行
アーム角度の平衡点を入力して下さい
ye = 0 ↵ ······ キーボードから 0 (ye = 0) を入力
ue =                       ················· ue
    0

sysP =         ··············· 伝達関数 P(s)

        14.045
    --------------------
    (s+8.467) (s+1.295)

連続時間零点/極/ゲイン モデルです.

ans =        ·············· 伝達関数 P(s) の極
   -8.4665
   -1.2947
```

```
>> arm_trans ↵ ··········· "arm_trans.m" の実行
アーム角度の平衡点を入力して下さい
ye = 4*pi/3 ↵ ····· 4*pi/3 (ye = 4π/3) を入力
ue =                       ················ ue
   -0.6759

sysP =         ··············· 伝達関数 P(s)

        14.045
    ---------------------
    (s+10.29) (s-0.5325)

連続時間零点/極/ゲイン モデルです.

ans =        ············· 伝達関数 P(s) の極
   -10.2937
     0.5325
```

のように u_e および伝達関数 $P(s)$ が計算され, また, 関数 "pole" を利用することに
よって $P(s)$ の極が求められる.

第 **2** 章

システムの時間応答

　システムのふるまいを調べる代表的な方法は，システムに単位ステップ関数などの基本信号を入力したときの出力 (時間応答) を調べるというものである．「制御工学」の分野では，システムの時間応答を計算するために，ラプラス変換を利用することが多い．本章では，まず，いくつかの基本的な信号のラプラス変換を説明する．そして，ラプラス変換を利用して時間応答を計算する方法について説明する．

2.1　基本信号のラプラス変換

2.1.1　基本信号のラプラス変換の導出

　ここでは，ラプラス変換の定義式

$$f(s) = \mathcal{L}\big[f(t)\big] := \int_0^\infty f(t)e^{-st}\mathrm{d}t \tag{2.1}$$

に基づいて，「制御工学」の分野でよく用いられるいくつかの基本信号 $f(t)$ $(t \geq 0)$ のラプラス変換を求める[(注1)]．ただし，$f(t) = 0$ $(t < 0)$ とする．

例 2.1　$\cdots\cdots\cdots\cdots\cdots\cdots\cdots\cdots\cdots\cdots\cdots$ 指数関数 $f(t) = e^{-at}$ $(t \geq 0)$ のラプラス変換

　指数関数 $f(t) = e^{-at}$ $(t \geq 0)$ のラプラス変換は，その定義 (2.1) 式より

$$\mathcal{L}\big[e^{-at}\big] = \int_0^\infty e^{-at}e^{-st}\mathrm{d}t = \int_0^\infty e^{-(s+a)t}\mathrm{d}t = -\frac{1}{s+a}\big[e^{-(s+a)t}\big]_0^\infty$$

$$= -\frac{1}{s+a}\Big\{\lim_{s\to\infty} e^{-(s+a)t} - 1\Big\} \tag{2.2}$$

となる．ただし，a を実数に限定せずに，複素数 $a = \alpha + j\beta$ とした場合を考える．ラプラス演算子 s は複素数 $s = \sigma + j\omega$ であるので，

$$\lim_{s\to\infty} e^{-(s+a)t} = \lim_{s\to\infty} e^{-\{\sigma+\alpha+j(\omega+\beta)\}t} = \lim_{s\to\infty}\frac{1}{e^{(\sigma+\alpha)t}}\frac{1}{e^{j(\omega+\beta)t}} \tag{2.3}$$

となる．ここで，**付録 A.1** に示すオイラーの公式 (A.15) 式 (p. 215) より

$$|e^{j\theta}| = |\cos\theta + j\sin\theta| = \sqrt{\cos^2\theta + \sin^2\theta} = 1$$

$$\implies |e^{j(\omega+\beta)t}| = 1 \tag{2.4}$$

[(注1)] MATLAB の Symbolic Math Toolbox では，関数 "laplace" により基本信号のラプラス変換を求めることができる．p. 45 に使用例を示す．

なので，$s+a$ の虚部 $\mathrm{Im}[s+a] = \omega + \beta$ は (2.3) 式が収束するかどうかには関係しない．関係するのは，$s+a$ の実部 $\mathrm{Re}[s+a] = \sigma + \alpha$ であり，それが正であればそのときに限り，

$$\lim_{s\to\infty} e^{-(s+a)t} = \lim_{s\to\infty} \frac{1}{e^{(\sigma+\alpha)t}} \frac{1}{e^{j(\omega+\beta)t}} = 0 \quad (\mathrm{Re}[s+a] = \sigma + \alpha > 0) \quad (2.5)$$

のように，0 に収束する．したがって，指数関数 $f(t) = e^{-at}\ (t \geq 0)$ のラプラス変換は，

$$\mathcal{L}[e^{-at}] = -\frac{1}{s+a}(0-1) = \frac{1}{s+a} \quad (\mathrm{Re}[s+a] > 0) \quad (2.6)$$

となる．

　指数関数 $f(t) = e^{-at}\ (t \geq 0)$ のラプラス変換 (2.6) 式を利用すると，単位ステップ関数や，正弦関数，余弦関数のラプラス変換を求めることができる．

例 2.2 ⋯⋯⋯⋯⋯⋯⋯⋯⋯ 単位ステップ関数 $f(t) = 1\ (t \geq 0)$ のラプラス変換

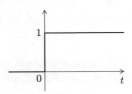

図 2.1　単位ステップ関数 $f(t) = u_{\mathrm{s}}(t)\ (f(t) = 1\ (t \geq 0))$

　図 2.1 に示す階段状の関数を単位ステップ関数といい，

> **単位ステップ関数**
>
> $$f(t) = u_{\mathrm{s}}(t) := \begin{cases} 0 & (t < 0) \\ 1 & (t \geq 0) \end{cases} \quad \text{あるいは単に} \quad f(t) = 1\ (t \geq 0) \quad (2.7)$$

のように定義される．

　単位ステップ関数 $f(t) = 1\ (t \geq 0)$ は指数関数 $f(t) = e^{-at}\ (t \geq 0)$ において $a = 0$ としたものである．したがって，(2.6) 式より

$$\mathcal{L}[1] = \mathcal{L}\left[e^{-at}\big|_{a=0}\right] = \mathcal{L}[e^{-at}]\big|_{a=0} = \frac{1}{s+a}\bigg|_{a=0} = \frac{1}{s} \quad (\mathrm{Re}[s] > 0) \quad (2.8)$$

が得られる．

例 2.3 ⋯⋯⋯⋯⋯⋯⋯⋯⋯ 余弦関数 $f(t) = \cos\omega t\ (t \geq 0)$ のラプラス変換

　オイラーの公式 (A.15) 式 (p. 215) より余弦関数は

$$\cos\omega t = \frac{e^{j\omega t} + e^{-j\omega t}}{2} = \frac{e^{-(-j\omega t)} + e^{-j\omega t}}{2} \quad (2.9)$$

のように書き換えられるので，指数関数のラプラス変換 (2.6) 式より以下の結果が得られる．

$$\mathcal{L}[\cos\omega t] = \mathcal{L}\left[\frac{e^{-(-j\omega t)} + e^{-j\omega t}}{2}\right] = \frac{1}{2}\left\{\frac{1}{s+(-j\omega)} + \frac{1}{s+j\omega}\right\}$$

$$= \frac{1}{2}\frac{2s}{s^2 - (j\omega)^2} = \frac{s}{s^2 + \omega^2} \quad (\mathrm{Re}[s] > 0) \quad (2.10)$$

つぎに，**付録 A.1** に示す部分積分の公式 (A.4), (A.5) 式 (p. 214) やロピタルの定理 (A.6) 式 (p. 214) を利用して，単位ランプ関数のラプラス変換を求めてみよう．

例 2.4 ‥‥‥‥‥‥‥‥‥‥‥‥‥‥‥‥‥ **単位ランプ関数 $f(t) = t \ (t \geq 0)$ のラプラス変換**

図 2.2 に示す単位ランプ関数 $f(t) = t \ (t \geq 0)$ のラプラス変換は，ラプラス変換の定義 (2.1) 式および部分積分の公式 (A.5) 式 (p. 214) より次式となる．

$$\mathcal{L}[t] = \int_0^\infty t e^{-st} \mathrm{d}t = \int_0^\infty \underbrace{t}_{f_1(t)} \underbrace{\frac{\mathrm{d}}{\mathrm{d}t}\left(-\frac{1}{s}e^{-st}\right)}_{\dot{f}_2(t)} \mathrm{d}t$$

$$= \left[\underbrace{t}_{f_1(t)} \underbrace{\left(-\frac{1}{s}e^{-st}\right)}_{f_2(t)}\right]_0^\infty - \int_0^\infty \left\{\underbrace{1}_{\dot{f}_1(t)} \times \underbrace{\left(-\frac{1}{s}e^{-st}\right)}_{f_2(t)}\right\} \mathrm{d}t$$

$$= -\frac{1}{s}\left[te^{-st}\right]_0^\infty + \frac{1}{s}\underbrace{\int_0^\infty \left(1 \times e^{-st}\right)\mathrm{d}t}_{\mathcal{L}[1] = 1/s \ (\mathrm{Re}[s] > 0)} = -\frac{1}{s}\left(\lim_{t\to\infty}\frac{t}{e^{st}} - 0\right) + \frac{1}{s^2} \quad (2.11)$$

ここで，ロピタルの定理 (A.6) 式 (p. 214) より

$$\lim_{t\to\infty}\frac{t}{e^{st}} = \lim_{t\to\infty}\frac{\mathrm{d}t/\mathrm{d}t}{\mathrm{d}e^{st}/\mathrm{d}t} = \lim_{t\to\infty}\frac{1}{se^{st}}$$
$$= 0 \quad (\mathrm{Re}[s] > 0) \qquad (2.12)$$

となるので，(2.11), (2.12) 式より

$$\mathcal{L}[t] = \frac{1}{s^2} \quad (\mathrm{Re}[s] > 0) \qquad (2.13)$$

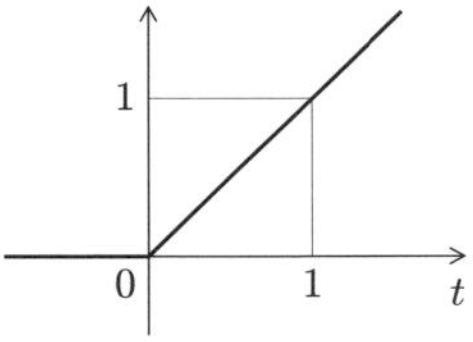

図 2.2　単位ランプ関数 $f(t) = t \ (t \geq 0)$

という結果が得られる．

最後に，デルタ関数のラプラス変換を求める手順を説明する．

例 2.5 ‥‥‥‥‥‥‥‥‥‥‥‥‥‥‥‥‥ **デルタ関数 $f(t) = \delta(t)$ のラプラス変換**

図 2.3 に示すインパルス関数

$$\delta_\varepsilon(t) := \begin{cases} \dfrac{1}{\varepsilon} & (0 \leq t \leq \varepsilon) \\ 0 & (t < 0, \ \varepsilon < t) \end{cases} \qquad (2.14)$$

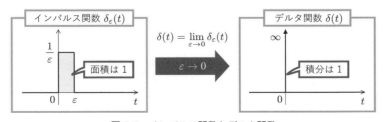

図 2.3　インパルス関数とデルタ関数

において $\varepsilon \to 0$ とした極限である

> **デルタ関数 (単位インパルス関数)**
>
> $$\delta(t) = \lim_{\varepsilon \to 0} \delta_\varepsilon(t) = \begin{cases} \infty & (t = 0) \\ 0 & (t \neq 0) \end{cases}, \quad \int_{-\infty}^{\infty} \delta(t)\mathrm{d}t = 1 \qquad (2.15)$$

のラプラス変換を求めることを考える.

まず, (2.14) 式で定義したインパルス関数 $\delta_\varepsilon(t)$ のラプラス変換を求めると, (2.1) 式より

$$\mathcal{L}\big[\delta_\varepsilon(t)\big] = \int_0^\infty \delta_\varepsilon(t)e^{-st}\mathrm{d}t = \int_0^\varepsilon \frac{1}{\varepsilon}e^{-st}\mathrm{d}t = \frac{1}{\varepsilon}\left[\left(-\frac{1}{s}\right)e^{-st}\right]_0^\varepsilon$$
$$= -\frac{1}{\varepsilon s}(e^{-\varepsilon s} - 1) = \frac{1 - e^{-\varepsilon s}}{\varepsilon s} \qquad (2.16)$$

となる. したがって, ロピタルの定理 (A.6) 式 (p. 214) を用いて, $\varepsilon \to 0$ とした (2.16) 式の極限値を求めると, 以下の結果が得られる.

$$\mathcal{L}\big[\delta(t)\big] = \lim_{\varepsilon \to 0} \mathcal{L}\big[\delta_\varepsilon(t)\big] = \lim_{\varepsilon \to 0} \frac{1 - e^{-\varepsilon s}}{\varepsilon s} = \lim_{\varepsilon \to 0} \frac{\dfrac{\mathrm{d}}{\mathrm{d}\varepsilon}(1 - e^{-\varepsilon s})}{\dfrac{\mathrm{d}\varepsilon s}{\mathrm{d}\varepsilon}}$$
$$= \lim_{\varepsilon \to 0} \frac{se^{-\varepsilon s}}{s} = \lim_{\varepsilon \to 0} e^{-\varepsilon s} = 1 \quad (\mathrm{Re}\big[s\big] > 0) \qquad (2.17)$$

以上の議論では, ラプラス変換が存在する s の範囲についても説明したが, 実用上, この範囲を意識する必要はない.

問題 2.1　(2.1) 式 (p. 27) にしたがって, $f(t) = te^{-at}$ $(t \geq 0)$ のラプラス変換を求めよ.

問題 2.2　$\mathcal{L}\big[e^{-at}\big] = \dfrac{1}{s + a}$ であることとオイラーの公式を利用して, $f(t) = \sin \omega t$ $(t \geq 0)$ のラプラス変換を求めよ.

2.1.2　ラプラス変換表の利用

ラプラス変換の定義にしたがって信号 $f(t)$ のラプラス変換 $f(s)$ をいちいち求めるのは面倒である. そこで, 以降の議論では, ラプラス変換表と呼ばれる**表 2.1** の結果を利

表 2.1　ラプラス変換表

$f(t) = \mathcal{L}^{-1}\big[f(s)\big]$ $(t \geq 0)$	$f(s) = \mathcal{L}\big[f(t)\big]$	$f(t) = \mathcal{L}^{-1}\big[f(s)\big]$ $(t \geq 0)$	$f(s) = \mathcal{L}\big[f(t)\big]$
$\delta(t)$ (デルタ関数)	1	1 (単位ステップ関数)	$\dfrac{1}{s}$
t (単位ランプ関数)	$\dfrac{1}{s^2}$	$\dfrac{t^n}{n!}$	$\dfrac{1}{s^{n+1}}$
e^{-at}	$\dfrac{1}{s + a}$	$\dfrac{t^n}{n!}e^{-at}$	$\dfrac{1}{(s + a)^{n+1}}$
$\cos \omega t$	$\dfrac{s}{s^2 + \omega^2}$	$\sin \omega t$	$\dfrac{\omega}{s^2 + \omega^2}$
$e^{-at}\cos \omega t$	$\dfrac{s + a}{(s + a)^2 + \omega^2}$	$e^{-at}\sin \omega t$	$\dfrac{\omega}{(s + a)^2 + \omega^2}$

用し，基本信号の線形結合で表される信号

$$f(t) = k_1 f_1(t) + \cdots + k_n f_n(t) \tag{2.18}$$

のラプラス変換

$$f(s) = \mathcal{L}\big[f(t)\big] = k_1 \underbrace{\mathcal{L}\big[f_1(t)\big]}_{f_1(s)} + \cdots + k_n \underbrace{\mathcal{L}\big[f_n(t)\big]}_{f_n(s)} \tag{2.19}$$

を求める．

例 2.6 ·· ラプラス変換表の利用

信号 $f(t)$ $(t \geq 0)$ が

(1) $f(t) = 1 + 2e^{-t} - 3e^{-2t}$ 　(2) $f(t) = 1 - e^{-t}\left(\cos 2t - \dfrac{1}{2}\sin 2t\right)$

(3) $f(t) = 1 + e^{-t}(t-1)$

のように与えられたとき，表 2.1 のラプラス変換表を利用して，$f(s) = \mathcal{L}\big[f(t)\big]$ を求める．

(1)　$\begin{aligned}f(s) &= \mathcal{L}\big[1 + 2e^{-t} - 3e^{-2t}\big] = \mathcal{L}[1] + 2\mathcal{L}\big[e^{-t}\big] - 3\mathcal{L}\big[e^{-2t}\big]\\ &= \frac{1}{s} + 2 \times \frac{1}{s+1} - 3 \times \frac{1}{s+2} = \frac{2(2s+1)}{s(s+1)(s+2)}\end{aligned}$ 　(2.20)

(2)　$\begin{aligned}f(s) &= \mathcal{L}\left[1 - e^{-t}\left(\cos 2t - \frac{1}{2}\sin 2t\right)\right]\\ &= \mathcal{L}[1] - \mathcal{L}\big[e^{-t}\cos 2t\big] + \frac{1}{2}\mathcal{L}\big[e^{-t}\sin 2t\big]\\ &= \frac{1}{s} - \frac{s+1}{(s+1)^2 + 2^2} + \frac{1}{2} \times \frac{2}{(s+1)^2 + 2^2} = \frac{2s+5}{s(s^2 + 2s + 5)}\end{aligned}$ 　(2.21)

(3)　$\begin{aligned}f(s) &= \mathcal{L}\big[1 + e^{-t}(t-1)\big] = \mathcal{L}[1] + \mathcal{L}\big[te^{-t}\big] - \mathcal{L}\big[e^{-t}\big]\\ &= \frac{1}{s} + \frac{1}{(s+1)^2} - \frac{1}{s+1} = \frac{2s+1}{s(s+1)^2}\end{aligned}$ 　(2.22)

問題 2.3　　表 2.1 のラプラス変換表を利用し，$f(s) = \mathcal{L}\big[f(t)\big]$ を求めよ．

(1) $f(t) = 2e^{-2t} + 3e^{-t}$ 　　(2) $f(t) = 1 - e^{-2t}(\cos t - 4\sin t)$
(3) $f(t) = 1 - e^{-2t}(t+1)$

2.2　逆ラプラス変換

2.2.1　逆ラプラス変換

$f(s)$ から元の信号 $f(t)$ を求めることを，**逆ラプラス変換**[注2]といい，

$$f(t) = \mathcal{L}^{-1}\big[f(s)\big] \quad (t \geq 0) \tag{2.23}$$

と記述する．$f(s)$ が

[注2] MATLAB の Symbolic Math Toolbox では，関数 "`ilaplace`" により逆ラプラス変換を求めることができる．p. 45 に使用例を示す．

$$f(s) = k_1 f_1(s) + \cdots + k_n f_n(s) \tag{2.24}$$

であるとき，その逆ラプラス変換は，

$$f(t) = \mathcal{L}^{-1}[f(s)] = k_1 \underbrace{\mathcal{L}^{-1}[f_1(s)]}_{f_1(t)} + \cdots + k_n \underbrace{\mathcal{L}^{-1}[f_n(s)]}_{f_n(t)} \quad (t \geq 0) \tag{2.25}$$

となる．したがって，$f_i(s)$ $(i = 1, 2, \ldots, n)$ がラプラス変換表に記載されている基本関数である場合，$f(t)$ を求めることができる．

例 2.7 ·· 逆ラプラス変換

$f(s)$ が

$$f(s) = \frac{1}{s} + \frac{2}{s+1} - \frac{3}{s+2} \tag{2.26}$$

のように与えられたとき，**表 2.1** のラプラス変換表を利用して，逆ラプラス変換 $f(t) = \mathcal{L}^{-1}[f(s)]$ を求めると，次式のようになる．

$$f(t) = \mathcal{L}^{-1}\left[\frac{1}{s} + \frac{2}{s+1} - \frac{3}{s+2}\right] = \mathcal{L}^{-1}\left[\frac{1}{s}\right] + 2\mathcal{L}^{-1}\left[\frac{1}{s+1}\right] - 3\mathcal{L}^{-1}\left[\frac{1}{s+2}\right]$$

$$= 1 + 2e^{-t} - 3e^{-2t} \quad (t \geq 0) \tag{2.27}$$

2.2.2　部分分数分解 (1)

例 2.7 では，$f(s)$ が基本関数の線形結合で与えられたが，多くの場合，$f(s)$ は

$$f(s) = \frac{b_m s^m + b_{m-1} s^{m-1} + \cdots + b_1 s + b_0}{s^n + a_{n-1} s^{n-1} + \cdots + a_1 s + a_0}$$

$$= \frac{b_m s^m + b_{m-1} s^{m-1} + \cdots + b_1 s + b_0}{(s - p_1)(s - p_2) \cdots (s - p_n)} \quad (n > m) \tag{2.28}$$

という形式で表される．p_i が互いに異なっている場合，(2.28) 式の $f(s)$ は

$f(s)$ の部分分数分解 (p_i が互いに異なっている場合)

$$f(s) = \frac{k_1}{s - p_1} + \frac{k_2}{s - p_2} + \cdots + \frac{k_n}{s - p_n} \tag{2.29}$$

のように**部分分数分解**される [注3]．この場合，逆ラプラス変換 $f(t) = \mathcal{L}^{-1}[f(s)]$ は

$f(s)$ の逆ラプラス変換 (p_i が互いに異なっている場合)

$$f(t) = \mathcal{L}^{-1}[f(s)]$$

$$= k_1 \mathcal{L}^{-1}\left[\frac{1}{s - p_1}\right] + k_2 \mathcal{L}^{-1}\left[\frac{1}{s - p_2}\right] + \cdots + k_n \mathcal{L}^{-1}\left[\frac{1}{s - p_n}\right]$$

$$= k_1 e^{p_1 t} + k_2 e^{p_2 t} + \cdots + k_n e^{p_n t} \tag{2.30}$$

となる．

[注3] MATLAB では，関数 "residue" により部分分数分解を行うことができる．p. 41 に使用例を示す．

例 2.8 .... 部分分数分解と逆ラプラス変換

$f(s)$ を

$$f(s) = \frac{2(2s+1)}{s(s+1)(s+2)} = \frac{k_1}{s} + \frac{k_2}{s+1} + \frac{k_3}{s+2} \tag{2.31}$$

という形式に部分分数分解する．(2.31) 式の両辺に $s(s+1)(s+2)$ をかけると，

$$2(2s+1) = k_1(s+1)(s+2) + k_2 s(s+2) + k_3 s(s+1)$$

$$\implies 0 \cdot s^2 + 4s + 2 = (k_1 + k_2 + k_3)s^2 + (3k_1 + 2k_2 + k_3)s + 2k_1 \tag{2.32}$$

という恒等式が得られる．(2.32) 式より連立 1 次方程式

$$\begin{cases} k_1 + k_2 + k_3 = 0 \\ 3k_1 + 2k_2 + k_3 = 4 \\ 2k_1 = 2 \end{cases} \tag{2.33}$$

を解くことで，$k_1 = 1, k_2 = 2, k_3 = -3$ が得られる．したがって，(2.31) 式は

$$f(s) = \frac{2(2s+1)}{s(s+1)(s+2)} = \frac{1}{s} + \frac{2}{s+1} - \frac{3}{s+2} \tag{2.34}$$

のように部分分数分解されるため，**例 2.7** と同様，

$$f(t) = \mathcal{L}^{-1}\left[\frac{1}{s}\right] + 2\mathcal{L}^{-1}\left[\frac{1}{s+1}\right] - 3\mathcal{L}^{-1}\left[\frac{1}{s+2}\right]$$

$$= 1 + 2e^{-t} - 3e^{-2t} \quad (t \geq 0) \tag{2.35}$$

のように $f(t)$ が求まる．

例 2.8 では連立 1 次方程式を解くことにより k_i を求めたが，$f(s)$ の次数 n が高くなると計算が面倒である．そこで，連立 1 次方程式を解くことなく k_i を求める方法を説明する．

例 2.9 .... ^Heaviside ヘビサイドの公式

(2.31) 式の両辺に s をかけると，

$$sf(s) = \frac{2(2s+1)}{(s+1)(s+2)} = k_1 + \frac{k_2 s}{s+1} + \frac{k_3 s}{s+2} \tag{2.36}$$

となるから，$s = 0$ を代入すると，

$$sf(s)\big|_{s=0} = \frac{2(2s+1)}{(s+1)(s+2)}\bigg|_{s=0} = k_1 + \underbrace{\frac{k_2 s}{s+1}\bigg|_{s=0}}_{=0} + \underbrace{\frac{k_3 s}{s+2}\bigg|_{s=0}}_{=0}$$

$$\implies \boxed{k_1 = sf(s)\big|_{s=0} = \frac{2(2s+1)}{(s+1)(s+2)}\bigg|_{s=0} = 1} \tag{2.37}$$

が得られる．同様に，(2.31) 式の両辺に $s+1$ をかけた後，$s = -1$ を代入すると，

$$\boxed{k_2 = (s+1)f(s)\big|_{s=-1} = \frac{2(2s+1)}{s(s+2)}\bigg|_{s=-1} = 2} \tag{2.38}$$

が得られ，(2.31) 式の両辺に $s+2$ をかけた後，$s = -2$ を代入すると，

$$k_3 = (s+2)f(s)\big|_{s=-2} = \frac{2(2s+1)}{s(s+1)}\bigg|_{s=-2} = -3 \tag{2.39}$$

が得られる.

以上の結果を一般化すると，部分分数分解した (2.29) 式の係数 k_i は，

ヘビサイドの公式 (p_i が互いに異なる場合)

$$k_i = (s-p_i)f(s)\big|_{s=p_i} \quad (i=1, 2, \ldots, n) \tag{2.40}$$

により求めることができる.

問題 2.4　　$f(s) = \dfrac{5s+8}{s^2+3s+2}$ の逆ラプラス変換 $f(t) = \mathcal{L}^{-1}\big[f(s)\big]$ を求めよ.

2.2.3　部分分数分解 (2)

p_i が複素数の場合でも，例 2.8 や例 2.9 と同様の手順で部分分数分解し，逆ラプラス変換 $f(t)$ を計算することができる.

例 2.10　　　　　　　　　　　　　　部分分数分解と逆ラプラス変換 (複素数の p_i を含む場合)

次式の $f(s)$ を逆ラプラス変換することを考える.

$$f(s) = \frac{2s+5}{s(s^2+2s+5)} \tag{2.41}$$

いま，

$$s^2 + 2s + 5 = (s+1)^2 + 2^2 = 0 \quad \Longrightarrow \quad s = -1 \pm 2j$$

なので，$p_2 = -1+2j, p_3 = -1-2j$ とおくと，$f(s)$ は

$$f(s) = \frac{2s+5}{s(s-p_2)(s-p_3)} = \frac{k_1}{s} + \frac{k_2}{s-p_2} + \frac{k_3}{s-p_3} \tag{2.42}$$

という形式に部分分数分解できる. ここで，(2.42) 式の係数 k_i はヘビサイドの公式より

$$k_1 = sf(s)\big|_{s=0} = \frac{2s+5}{s^2+2s+5}\bigg|_{s=0} = 1 \tag{2.43a}$$

$$k_2 = (s-p_2)f(s)\big|_{s=p_2} = \frac{2s+5}{s(s-p_3)}\bigg|_{s=p_2} = -\frac{2+j}{4} \tag{2.43b}$$

$$k_3 = (s-p_3)f(s)\big|_{s=p_3} = \frac{2s+5}{s(s-p_2)}\bigg|_{s=p_3} = -\frac{2-j}{4} \tag{2.43c}$$

となる. このように，p_2 と p_3 が共役複素数であるとき，k_2 と k_3 も共役複素数となる. ここで，オイラーの公式 (A.15) 式 (p. 215) を利用すると，

$$\begin{aligned} k_2 e^{p_2 t} + k_3 e^{p_3 t} &= k_2 e^{(-1+2j)t} + k_3 e^{(-1-2j)t} = e^{-t}(k_2 e^{2jt} + k_3 e^{-2jt}) \\ &= e^{-t}\left\{ -\frac{2+j}{4}(\cos 2t + j\sin 2t) - \frac{2-j}{4}(\cos 2t - j\sin 2t) \right\} \\ &= -e^{-t}\left(\cos 2t - \frac{1}{2}\sin 2t\right) \end{aligned} \tag{2.44}$$

なので,

$$f(t) = \mathcal{L}^{-1}\left[\frac{1}{s}\right] + k_2\mathcal{L}^{-1}\left[\frac{1}{s-p_2}\right] + k_3\mathcal{L}^{-1}\left[\frac{1}{s-p_3}\right] = 1 + k_2e^{p_2 t} + k_3e^{p_3 t}$$
$$= 1 - e^{-t}\left(\cos 2t - \frac{1}{2}\sin 2t\right) \quad (t \geq 0) \tag{2.45}$$

のように $f(t)$ が求まる.

p_i が複素数の場合, 例 2.10 の方法は複素数の計算が伴うので煩雑であった. このような場合, 部分分数分解の形式を工夫することで複素数の計算を回避することができる.

例 2.11 ························· 部分分数分解と逆ラプラス変換 (複素数の p_i を含む場合)

例 2.10 において, p_2 と p_3 が共役複素数であり, また, k_2 と k_3 も共役複素数である. そのため, (2.42) 式の第 2 項と第 3 項は実数の係数 h_2, h_3 により

$$\frac{k_2}{s-p_2} + \frac{k_3}{s-p_3} = \frac{h_2 s + h_3}{s^2 + 2s + 5}, \quad \begin{cases} h_2 = k_2 + k_3 \\ h_3 = -(k_2 p_3 + k_3 p_2) \end{cases} \tag{2.46}$$

のように書き換えることができる. このことを考慮し, (2.41) 式の $f(s)$ を (2.42) 式の形式ではなく

$$f(s) = \frac{2s+5}{s(s^2+2s+5)} = \frac{k_1}{s} + \frac{h_2 s + h_3}{s^2 + 2s + 5} \tag{2.47}$$

という形式に部分分数分解する. k_1 はヘビサイドの公式により (2.43a) 式のように求めることができる $(k_1 = 1)$. このとき,

$$f(s) = \frac{2s+5}{s(s^2+2s+5)} = \frac{1}{s} + \frac{h_2 s + h_3}{s^2 + 2s + 5} \tag{2.48}$$

の両辺に $s(s^2+2s+5)$ をかけることで得られる恒等式

$$2s+5 = s^2 + 2s + 5 + s(h_2 s + h_3)$$
$$\implies 0 \cdot s^2 + 2s + 5 = (h_2+1)s^2 + (h_3+2)s + 5 \tag{2.49}$$

により $h_2 = -1$, $h_3 = 0$ と求まる. したがって,

$$f(s) = \frac{1}{s} - \frac{s}{s^2+2s+5} = \frac{1}{s} - \frac{s}{(s+1)^2+2^2}$$
$$= \frac{1}{s} - \frac{s+1}{(s+1)^2+2^2} + \frac{1}{2}\frac{2}{(s+1)^2+2^2} \tag{2.50}$$

を逆ラプラス変換すると,

$$f(t) = \mathcal{L}^{-1}\left[\frac{1}{s}\right] - \mathcal{L}^{-1}\left[\frac{s+1}{(s+1)^2+2^2}\right] + \frac{1}{2}\mathcal{L}^{-1}\left[\frac{2}{(s+1)^2+2^2}\right]$$
$$= 1 - e^{-t}\cos 2t + \frac{1}{2}e^{-t}\sin 2t \quad (t \geq 0) \tag{2.51}$$

となり, (2.45) 式と同様の結果が得られる.

問題 2.5 $f(s) = \dfrac{6s+5}{s(s^2+4s+5)}$ の逆ラプラス変換 $f(t) = \mathcal{L}^{-1}\big[f(s)\big]$ を求めよ.

2.2.4　部分分数分解 (3)

p_i に重複がある場合，部分分数分解は (2.29) 式とは別の形式となる．たとえば，$p_1 = p_2 = \cdots = p_\ell$ という重複がある場合，

$f(s)$ の部分分数分解 ($p_1 = p_2 = \cdots = p_\ell$ という重複がある場合)

$$f(s) = \frac{b_m s^m + b_{m-1} s^{m-1} + \cdots + b_1 s + b_0}{(s - p_1)^\ell (s - p_{\ell+1})(s - p_{\ell+2}) \cdots (s - p_n)}$$

$$= \frac{k_{1,\ell}}{(s - p_1)^\ell} + \cdots + \frac{k_{1,2}}{(s - p_1)^2} + \frac{k_{1,1}}{s - p_1}$$

$$+ \frac{k_{\ell+1}}{s - p_{\ell+1}} + \frac{k_{\ell+2}}{s - p_{\ell+2}} + \cdots + \frac{k_n}{s - p_n} \tag{2.52}$$

のように部分分数分解される．この場合，逆ラプラス変換 $f(t) = \mathcal{L}^{-1}\big[f(s)\big]$ は

$f(s)$ の逆ラプラス変換 ($p_1 = p_2 = \cdots = p_\ell$ という重複がある場合)

$$f(t) = \mathcal{L}^{-1}\big[f(s)\big] = \left(\frac{k_{1,\ell}}{\ell!} t^\ell + \cdots + k_{1,2} t + k_{1,1} \right) e^{p_1 t}$$

$$+ k_{\ell+1} e^{p_{\ell+1} t} + k_{\ell+2} e^{p_{\ell+2} t} + \cdots + k_n e^{p_n t} \tag{2.53}$$

となる．

例 2.12 ･･････････････････････････････････ 部分分数分解と逆ラプラス変換 (**p_i に重複がある場合**)

$f(s)$ を

$$f(s) = \frac{2s + 1}{s(s + 1)^2} = \frac{k_1}{s} + \frac{k_{2,2}}{(s + 1)^2} + \frac{k_{2,1}}{s + 1} \tag{2.54}$$

という形式に部分分数分解する．(2.54) 式の両辺に $s(s + 1)^2$ をかけると，

$$2s + 1 = k_1 (s + 1)^2 + k_{2,2} s + k_{2,1} s(s + 1)$$

$$\implies \quad 0 \cdot s^2 + 2s + 1 = (k_1 + k_{2,1})s^2 + (2k_1 + k_{2,2} + k_{2,1})s + k_1 \tag{2.55}$$

という恒等式が得られる．(2.55) 式より連立 1 次方程式

$$\begin{cases} k_1 + k_{2,1} = 0 \\ 2k_1 + k_{2,2} + k_{2,1} = 2 \\ k_1 = 1 \end{cases} \tag{2.56}$$

を解くことで，$k_1 = 1$, $k_{2,2} = 1$, $k_{2,1} = -1$ が得られる．したがって，(2.54) 式は

$$f(s) = \frac{2s + 1}{s(s + 1)^2} = \frac{1}{s} + \frac{1}{(s + 1)^2} - \frac{1}{s + 1} \tag{2.57}$$

のように部分分数分解されるため，次式のように $f(t)$ が求まる．

$$f(t) = 1 + te^{-t} - e^{-t} = 1 + e^{-t}(t - 1) \quad (t \geq 0) \tag{2.58}$$

p_i に重複がある場合のヘビサイドの公式は以下のようになる．

例 2.13 ⋯⋯⋯⋯⋯⋯⋯⋯⋯⋯⋯⋯⋯⋯⋯⋯ ヘビサイドの公式 (p_i に重複がある場合)

(2.54) 式において，p_i が重複していない部分の係数 k_1 は，例 2.12 と同様，両辺に s をかけた後に $s = 0$ を代入することで次式のように求まる．

$$\boxed{k_1 = sf(s)\big|_{s=0} = \frac{2s+1}{(s+1)^2}\bigg|_{s=0} = 1} \tag{2.59}$$

つぎに，p_i が重複している部分の係数 $k_{2,2}$, $k_{2,1}$ を求めることを考える．$k_{2,2}$ については，(2.54) 式の両辺に $(s+1)^2$ をかけた後に $s = -1$ を代入することで

$$(s+1)^2 f(s) = \frac{2s+1}{s} = \frac{k_1(s+1)^2}{s} + k_{2,2} + k_{2,1}(s+1) \tag{2.60a}$$

$$\implies \boxed{k_{2,2} = (s+1)^2 f(s)\big|_{s=-1} = \frac{2s+1}{s}\bigg|_{s=-1} = 1} \tag{2.60b}$$

のように求まる．一方，$k_{2,1}$ については，(2.54) 式の両辺に $s+1$ をかけると，

$$(s+1)f(s) = \frac{2s+1}{s(s+1)} = \frac{k_1(s+1)}{s} + \frac{k_{2,2}}{s+1} + k_{2,1}$$

となるので，これに $s = -1$ を代入しても $k_{2,1}$ を求めることはできない．そこで，(2.60a) 式を s で微分してみると，

$$\frac{\mathrm{d}}{\mathrm{d}s}(s+1)^2 f(s) = \frac{\mathrm{d}}{\mathrm{d}s}\frac{2s+1}{s} = \frac{\mathrm{d}}{\mathrm{d}s}\frac{k_1(s+1)^2}{s} + \frac{\mathrm{d}}{\mathrm{d}s}k_{2,2} + \frac{\mathrm{d}}{\mathrm{d}s}k_{2,1}(s+1)$$

$$= -\frac{1}{s^2} = \frac{k_1\{2(s+1)s - (s+1)^2\}}{s^2} + 0 + k_{2,1} \tag{2.61}$$

となるので，これに $s = -1$ を代入することで次式のように $k_{2,1}$ を求めることができる．

$$\boxed{k_{2,1} = \frac{\mathrm{d}}{\mathrm{d}s}(s+1)^2 f(s)\bigg|_{s=-1} = \frac{\mathrm{d}}{\mathrm{d}s}\frac{2s+1}{s}\bigg|_{s=-1} = -\frac{1}{s^2}\bigg|_{s=-1} = -1} \tag{2.62}$$

問題 2.6 $f(s) = \dfrac{s+4}{s(s^2+4s+4)}$ の逆ラプラス変換 $f(t) = \mathcal{L}^{-1}[f(s)]$ を求めよ．

2.3 時間応答の計算

ここでは，伝達関数 $P(s)$ により表現されたシステム

$$y(s) = P(s)u(s) \tag{2.63}$$

のインパルス応答，ステップ応答，ランプ応答といった時間応答の計算方法を説明する．

2.3.1 インパルス応答

システム (2.63) 式における入力をデルタ関数 $u(t) = \delta(t)$ としたときの出力 $y(t)$ をインパルス応答 [注4] という (**図 2.4**)．$u(s) = \mathcal{L}[\delta(t)] = 1$ より $y(s) = P(s)u(s) = P(s)$

[注4] MATLAB では，関数 "impulse" によりインパルス応答が計算できる．p. 42 に使用例を示す．

なので，インパルス応答は次式により求めることができる．

インパルス応答

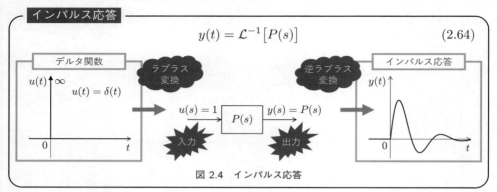

$$y(t) = \mathcal{L}^{-1}\big[P(s)\big] \tag{2.64}$$

図 2.4　インパルス応答

例 2.14 ……………………………… 1 次遅れ系のインパルス応答

1 次遅れ系

$$y(s) = P(s)u(s), \quad P(s) = \frac{1}{s+1} \tag{2.65}$$

のインパルス応答を求めると，(2.64) 式より

$$\begin{aligned} y(t) &= \mathcal{L}^{-1}\big[P(s)\big] = \mathcal{L}^{-1}\left[\frac{1}{s+1}\right] \\ &= e^{-t} \quad (t \geq 0) \end{aligned} \tag{2.66}$$

となる．(2.66) 式を描画すると，図 2.5 のようになる．

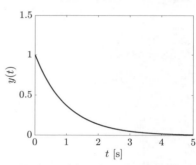

図 2.5　1 次遅れ系のインパルス応答

例 2.15 ……………………………… 2 次遅れ系のインパルス応答

2 次遅れ系

$$y(s) = P(s)u(s), \quad P(s) = \frac{10}{s^2+2s+10} \tag{2.67}$$

のインパルス応答を求めると，(2.64) 式より

$$\begin{aligned} y(t) &= \mathcal{L}^{-1}\big[P(s)\big] = \mathcal{L}^{-1}\left[\frac{10}{s^2+2s+10}\right] \\ &= \frac{10}{3}\mathcal{L}^{-1}\left[\frac{3}{(s+1)^2+3^2}\right] \\ &= \frac{10}{3}e^{-t}\sin 3t \quad (t \geq 0) \end{aligned} \tag{2.68}$$

となる．(2.68) 式を描画すると，図 2.6 のようになる．

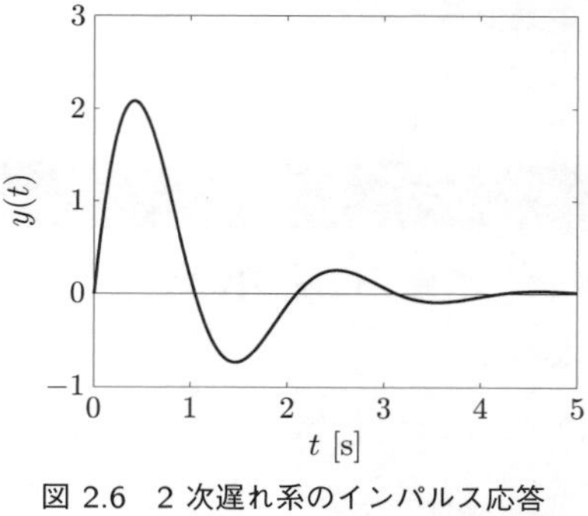

図 2.6　2 次遅れ系のインパルス応答

問題 2.7　次式で与えられるシステムのインパルス応答 $y(t)$ を求めよ．

$$y(s) = P(s)u(s), \quad P(s) = \frac{3}{s^2+4s+3} \tag{2.69}$$

2.3.2 ステップ応答

システム (2.63) 式における入力を単位ステップ関数 $u(t) = 1$ $(t \geq 0)$ としたときの出力 $y(t)$ を**単位ステップ応答**[(注5)]という (図 2.7). $u(s) = \mathcal{L}[1] = 1/s$ より

$$y(s) = P(s)u(s) = P(s)\frac{1}{s} \tag{2.70}$$

なので，単位ステップ応答は次式により求めることができる.

> **単位ステップ応答**
>
> $$y(t) = \mathcal{L}^{-1}\left[P(s)\frac{1}{s}\right] \tag{2.71}$$

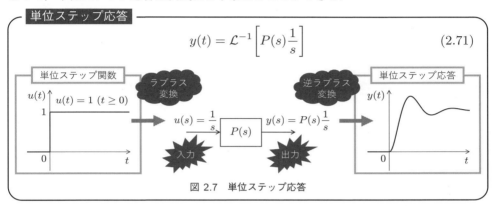

図 2.7 単位ステップ応答

同様に，大きさが u_c であるようなステップ状の入力 $u(t) = u_c$ $(t \geq 0)$ を加えたときの出力 $y(t)$ を**ステップ応答**といい，次式により求めることができる.

$$y(t) = \mathcal{L}^{-1}\left[P(s)\frac{1}{s}\right]u_c \tag{2.72}$$

例 2.16 ··· 1 次遅れ系の単位ステップ応答

1 次遅れ系 (2.65) 式の単位ステップ応答を求める. (2.65), (2.70) 式より $y(s)$ は

$$\begin{aligned} y(s) &= P(s)\frac{1}{s} = \frac{1}{s(s+1)} \\ &= \frac{1}{s} - \frac{1}{s+1} \end{aligned} \tag{2.73}$$

のように部分分数分解できる. したがって，単位ステップ応答は次式となる.

$$y(t) = 1 - e^{-t} \quad (t \geq 0) \tag{2.74}$$

(2.74) 式を描画すると，図 2.8 のようになる.

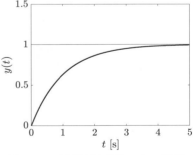

図 2.8 1 次遅れ系の単位ステップ応答

例 2.17 ··· 2 次遅れ系の単位ステップ応答

2 次遅れ系 (2.66) 式の単位ステップ応答を求める. (2.66), (2.70) 式より $y(s)$ は

[(注5)] MATLAB では，関数 "step" により単位ステップ応答が計算できる. p. 43 に使用例を示す.

$$y(s) = P(s)\frac{1}{s} = \frac{10}{s(s^2 + 2s + 10)} = \frac{1}{s} - \frac{s+2}{s^2 + 2s + 10}$$

$$= \frac{1}{s} - \left\{ \frac{s+1}{(s+1)^2 + 3^2} + \frac{1}{3}\frac{3}{(s+1)^2 + 3^2} \right\} \qquad (2.75)$$

のように部分分数分解できる．したがって，単位ステップ応答は

$$y(t) = 1 - e^{-t}\left(\cos 3t + \frac{1}{3}\sin 3t \right)$$
$$(t \ge 0) \quad (2.76)$$

となる．(2.76) 式を描画すると，図 2.9 のようになる（後述の**例 3.3** (p. 55) を参照）．

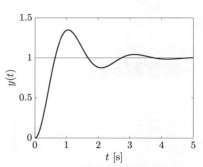

図 2.9　2 次遅れ系の単位ステップ応答

問題 2.8　　システム (2.69) 式 (p. 38) の単位ステップ応答 $y(t)$ を求めよ．

2.3.3　ランプ応答

システム (2.63) 式における入力を単位ランプ関数 $u(t) = t$ $(t \ge 0)$ としたときの出力 $y(t)$ を**単位ランプ応答**[注6]という（図 2.10）．$u(s) = \mathcal{L}[t] = 1/s^2$ より

$$y(s) = P(s)u(s) = P(s)\frac{1}{s^2} \qquad (2.77)$$

なので，単位ランプ応答は次式により求めることができる．

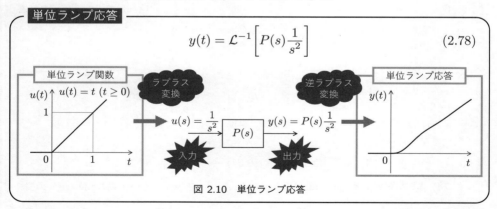

図 2.10　単位ランプ応答

同様に，傾きが u_c であるようなランプ状の入力 $u(t) = u_c t$ $(t \ge 0)$ を加えたときの出力 $y(t)$ を**ランプ応答**といい，

[注6] MATLAB では，関数 "lsim" により単位ランプ応答など，任意の入力に対する時間応答が計算できる．p. 44 に使用例を示す．

$$y(t) = \mathcal{L}^{-1}\left[P(s)\frac{1}{s^2}\right]u_c \tag{2.79}$$

により求めることができる.

例 2.18 ·· **1 次遅れ系の単位ランプ応答**

1 次遅れ系 (2.65) 式の単位ランプ応答を求める. (2.65), (2.77) 式より $y(s)$ は

$$y(s) = P(s)\frac{1}{s^2} = \frac{1}{s^2(s+1)}$$

$$= \frac{1}{s^2} - \frac{1}{s} + \frac{1}{s+1} \tag{2.80}$$

のように部分分数分解できる. したがって, 単位ランプ応答は次式となる.

$$y(t) = t - 1 + e^{-t} \quad (t \ge 0) \tag{2.81}$$

(2.81) 式を描画すると, 図 2.11 のようになる.

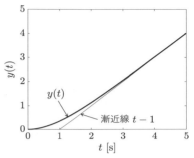

図 2.11 1 次遅れ系の単位ランプ応答

問題 2.9 システム (2.69) 式 (p. 38) の単位ランプ応答 $y(t)$ を求めよ.

2.4 MATLAB/Simulink を利用した演習

2.4.1 部分分数分解と時間応答 (residue)

MATLAB の関数 "residue" を用いると, 部分分数分解の係数パラメータが計算できる. たとえば,

$$y(s) = \frac{s+4}{s^2+3s+2} = \frac{k_1}{s-p_1} + \frac{k_2}{s-p_2} \tag{2.82}$$

における k_i, p_i を求め, 時間応答 $y(t)$ を描画する M ファイルを以下に示す.

```
M ファイル "sample_residue.m"
 1   num = [4 5];                ········ y(s) の分子多項式 4s + 5
 2   den = [1 3 2];              ········ y(s) の分母多項式 s² + 3s + 2
 3   [k p] = residue(num,den)    ········ y(s) を部分分数分解したときの kᵢ, pᵢ を求める
 4
 5   t = 0:0.001:10;             ········ 時間 t のデータの生成 (0 から 10 まで 0.001 刻み)
 6   y = k(1)*exp(p(1)*t) + k(2)*exp(p(2)*t);   ······ インパルス応答 y(t) = k₁eᵖ¹ᵗ + k₂eᵖ²ᵗ の計算
 7
 8   figure(1)                   ········ Figure 1 を指定
 9   plot(t,y)                   ········ インパルス応答 y(t) を描画
10   xlabel('t [s]')             ········ 横軸のラベル
11   ylabel('y(t)')              ········ 縦軸のラベル
12   grid on                     ········ 補助線の表示
```

M ファイル "`sample_residue.m`" を
実行すると，

```
M ファイル "sample_residue.m" の実行結果
>> sample_residue  ↵
k =
     3    ................... k₁ = 3
     1    ................... k₂ = 1
p =
    -2    ................... p₁ = -2
    -1    ................... p₂ = -1
```

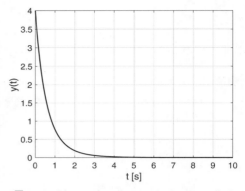

のようにパラメータ $k_1 = 3$, $k_2 = 1$,
$p_1 = -2$, $p_2 = -1$ が得られ，図 2.12 の
時間応答 $y(t)$ が描画される[(注7)].

図 2.12 M ファイル "`sample_residue.m`" の
実行結果

また，p_i に重解が含まれる場合，

$$y(s) = \frac{2}{s^3 + 4s^2 + 4s} = \frac{2}{s(s+2)^2} = \frac{k_1}{s - p_1} + \frac{k_{2,2}}{(s - p_2)^2} + \frac{k_{2,1}}{s - p_2} \quad (2.83)$$

という形式に部分分数分解される．MATLAB で計算すると，

```
関数 "residue" の使用例 (重解を持つ場合の部分分数分解)
>> num = [2];  ↵  ..................................... 分子多項式 N(s) = 2 の係数を定義
>> den = [1 4 4 0];  ↵  ......................... 分母多項式 D(s) = s³ + 4s² + 4s + 0 の係数を定義
>> [k p] = residue(num,den)  ↵  ........ y(s) = N(s)/D(s) を部分分数分解したときのパラメータを求める
k =
   -0.5000   ................................ k₂,₁ = -1/2
   -1.0000   ................................ k₂,₂ = -1
    0.5000   ................................ k₁ = 1/2
p =
   -2    ................................... p₂ = -2
   -2    ................................... p₂ = -2
    0    ................................... p₁ = 0
```

のように $k_{2,1} = 1/2$, $k_{2,2} = -1$, $k_1 = 1/2$, $p_2 = -2$, $p_1 = 0$ と求まる．

2.4.2　インパルス応答 (`impulse`)

MATLAB では，関数 "`impulse`" を用いることによって，インパルス応答を得ることができる．たとえば，システム

$$y(s) = P(s)u(s), \quad P(s) = \frac{10}{s^2 + 2s + 10} \quad (2.84)$$

のインパルス応答 $y(t)$ を描画するための M ファイルを以下に示す．

[(注7)] 本書では，**付録 B.4** (p. B.4) で説明するように，フォントサイズなどをカスタマイズした結果を示している．

```
M ファイル "sample_impulse1.m"
1    sysP = tf([10],[1 2 10]);
2              …… 伝達関数 P(s) の定義
3    figure(1)    …… 時間指定をせずにインパルス
4    impulse(sysP)   応答 y(t) を描画
```

```
M ファイル "sample_impulse2.m"
1    sysP = tf([10],[1 2 10]);
2              …… 伝達関数 P(s) の定義
3    t = 0:0.001:5;  …… 時間 t のデータ生成
4
5    figure(1)    …… 時間を指定してインパルス
6    impulse(sysP,t)   応答 y(t) を描画
```

```
M ファイル "sample_impulse3.m"
1    sysP = tf([10],[1 2 10]);
2              …… 伝達関数 P(s) の定義
3    t = 0:0.001:5; …… 時間 t のデータ生成
4    y = impulse(sysP,t);
5              …… 時間を指定してインパルス
6    figure(1)    応答 y(t) を計算
7    plot(t,y)    …… y(t) の描画
8    xlabel('t [s]')
9    ylabel('y(t)')
10   grid on
```

M ファイル "`sample_impulse3.m`" の実行結果を図 2.13 に示す.

2.4.3 ステップ応答 (step)

MATLAB では,関数 "`step`" を用いることによって,単位ステップ応答を得ることができる.たとえば,システム (2.84) 式の単位ステップ応答 $y(t)$ を描画するための M ファイルを以下に示す.

```
M ファイル "sample_step1.m"
1    sysP = tf([10],[1 2 10]);
2              …… 伝達関数 P(s) の定義
3    figure(1)    …… 時間指定をせずに単位
4    step(sysP)    ステップ応答 y(t) を描画
```

```
M ファイル "sample_step2.m"
1    sysP = tf([10],[1 2 10]);
2              …… 伝達関数 P(s) の定義
3    t = 0:0.001:5; …… 時間 t のデータ生成
4
5    figure(1)    …… 時間を指定して単位
6    step(sysP,t)    ステップ応答 y(t) を描画
```

```
M ファイル "sample_step3.m"
1    sysP = tf([10],[1 2 10]);
2              …… 伝達関数 P(s) の定義
3    t = 0:0.001:5; …… 時間 t のデータ生成
4    y = step(sysP,t);
5              …… 時間を指定して単位
6    figure(1)    ステップ応答 y(t) を計算
7    plot(t,y)    …… y(t) の描画
8    xlabel('t [s]')
9    ylabel('y(t)')
10   grid on
```

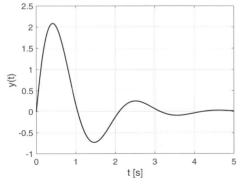

図 2.13 M ファイル "`sample_impulse3.m`" の実行結果

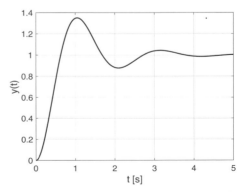

図 2.14 M ファイル "`sample_step3.m`" の実行結果

M ファイル "`sample_step3.m`" の実行結果を図 2.14 に示す.

2.4.4　任意の入力に対する時間応答 (`lsim`)

MATLAB では,関数 "`lsim`" を用いることによって,任意の時間応答を得ることができる.たとえば,システム (2.84) 式に対して,単位ランプ入力 $u(t) = t \ (t \geq 0)$ を加えたときの時間応答 (単位ランプ応答) $y(t)$ や,正弦波入力 $u(t) = \sin 5t \ (t \geq 0)$ を加えたときの時間応答 $y(t)$ は,以下の M ファイルにより描画することができる.

```
M ファイル "sample_lsim1.m"
 1   sysP = tf([10],[1 2 10]);      ……… 伝達関数 P(s) の定義
 2
 3   t = 0:0.001:5;                 ……… 時間 t のデータ生成
 4
 5   u = t;                         ……… 入力 u(t) = t のデータ生成
 6   figure(1)                      ……… Figure 1 を指定
 7   lsim(sysP,u,t)                 ……… u(t) = t を加えたときの時間応答 (単位ランプ応答) y(t) を描画
 8
 9   u = sin(5*t);                  ……… 入力 u(t) = 5 sin 5t のデータ生成
10   figure(2)                      ……… Figure 2 を指定
11   lsim(sysP,u,t)                 ……… u(t) = 5 sin 5t を加えたときの時間応答 y(t) を描画
```

```
M ファイル "sample_lsim2.m"
 1   sysP = tf([10],[1 2 10]);      ……… 伝達関数 P(s) の定義
 2
 3   t = 0:0.001:5;                 ……… 時間 t のデータ生成
 4
 5   for i = 1:2                    ……… for 文の開始 (i を 1 から 2 まで 1 刻みで増加)
 6       if i == 1                  ……… if 文の開始
 7           u = t;                 ……… i = 1 であるとき, 入力 u(t) = t のデータ生成
 8       else
 9           u = sin(5*t);          ……… i ≠ 1 (i = 2) であるとき, 入力 u(t) = 5 sin 5t のデータ生成
10       end                        ……… if 文の終了
11       y = lsim(sysP,u,t);        ……… 与えられた u(t) に対する時間応答 y(t) の計算
12
13       figure(i)                  ……… Figure i を指定
14       plot(t,y,t,u,'--')         ……… 時間応答 y(t) を実線, 入力 u(t) を破線で描画
15       xlabel('t [s]')
16       ylabel('y(t) and u(t)')
17       grid on
18       legend('y(t)','u(t)')      ……… 凡例を表示
19       legend('Location','SouthEast') ……… 凡例の表示を右下に移動
20   end                            ……… for 文の終了
```

M ファイル "`sample_lsim2.m`" の実行結果を図 2.15 に示す.

2.4.5　Symbolic Math Toolbox を利用した時間応答の計算

■ ラプラス変換と逆ラプラス変換 (`laplace`, `ilaplace`)

MATLAB の Symbolic Math Toolbox がインストールされているのであれば,関数 "`laplace`" を利用することにより $f(t)$ のラプラス変換 $f(s) = \mathcal{L}[f(t)]$ を求めることができる.たとえば,例 2.6 (1) (p. 31) の結果を得るための M ファイルを以下に示す.

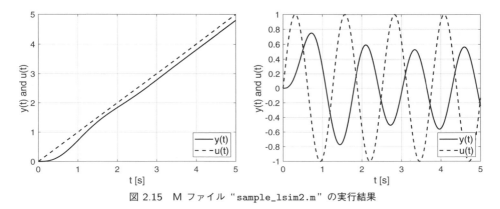

図 2.15　M ファイル "`sample_lsim2.m`" の実行結果

M ファイル "`sample_laplace.m`"

```
1    syms t real                          ……… 時間 t を実数として定義
2
3    ft = 1 + 2*exp(-t) - 3*exp(-2*t);    ……… f(t) = 1 + 2e⁻ᵗ − 3⁻²ᵗ の定義
4    fs = laplace(ft)                     ……… ラプラス変換 f(s) = ℒ[f(t)]
5    fs = prod(factor(fs))               ……… f(s) を通分して因数分解
```

M ファイル "`sample_laplace.m`" を実行すると，

M ファイル "`sample_laplace.m`" の実行結果

```
>> sample_laplace ↵
fs =                    …………………………………………  f(s) = (2/(s+1)) − (3/(s+2)) + (1/s)
2/(s + 1) - 3/(s + 2) + 1/s
fs =                    …………………………………………  f(s) = 2(2s+1)/{s(s+1)(s+2)} : (2.20) 式 (p. 31)
(2*(2*s + 1))/(s*(s + 1)*(s + 2))
```

$$f(s) = \frac{2}{s+1} - \frac{3}{s+2} + \frac{1}{s}$$

$$f(s) = \frac{2(2s+1)}{s(s+1)(s+2)} : (2.20)\,\text{式 (p. 31)}$$

という結果が得られる．

　また，関数 "`ilaplace`" により $f(s)$ の逆ラプラス変換 $f(s) = \mathcal{L}^{-1}[f(t)]$ を行うことができる．たとえば，例 2.8 (p. 33) の結果を得るための M ファイルを以下に示す．

M ファイル "`sample_ilaplace.m`"

```
1    syms s                                       ……… ラプラス演算子 s の定義 (s は複素数)
2
3    fs = 2*(2*s + 1)/(s*(s + 1)*(s + 2));       ……… f(s) = 2(2s+1)/{s(s+1)(s+2)} の定義
4    ft = ilaplace(fs)                            ……… 逆ラプラス変換 f(t) = ℒ⁻¹[f(s)]
```

M ファイル "`sample_ilaplace.m`" を実行すると，

M ファイル "`sample_ilaplace.m`" の実行結果

```
>> sample_ilaplace ↵
ft =                    …………………………………………  f(t) = 2e⁻ᵗ − 3e⁻²ᵗ + 1 : (2.35) 式 (p. 33) に相当
2*exp(-t) - 3*exp(-2*t) + 1
```

$$f(t) = 2e^{-t} - 3e^{-2t} + 1 : (2.35)\,\text{式 (p. 33) に相当}$$

という結果が得られる．

■ 部分分数分解

　p_i が互いに異なるような (2.28) 式 (p. 32) の $f(s)$ を部分分数分解したときの係数 k_i を，ヘビサイドの公式 (2.40) 式 (p. 34) により求めることを考える．たとえば，例 2.9

(p. 33) の結果を得るための M ファイルを以下に示す.

```
M ファイル "sample_decomposition.m"
 1   syms s                                  ……… ラプラス演算子 s の定義 (s は複素数)
 2
 3   fs = (4*s + 2)/(s^3 + 3*s^2 + 2*s)      ……… f(s) = (4s + 2)/(s^3 + 3s^2 + 2s) の定義
 4   fs = prod(factor(fs))                   ……… f(s) を因数分解
 5
 6   k1 = subs(collect(     s*fs),s, 0)      ……… ヘビサイドの公式 k_i = (s − p_i)f(s)|_{s=p_i}
 7   k2 = subs(collect((s + 1)*fs),s,-1)          (p_1 = 0, p_2 = −1, p_3 = −2)
 8   k3 = subs(collect((s + 2)*fs),s,-2)
```

ここで, $(s - p_i)f(s)$ の分母と分子を約分するために関数 "collect" が利用され, その後, $s = p_i$ を代入するために関数 "subs" が利用されている (関数 "subs" の代わりに関数 "limit" を利用しても良い). M ファイル "sample_decomposition.m" の実行結果を以下に示す.

```
M ファイル "sample_decomposition.m" の実行結果          k1 =  ……………………………… k_1 = 1
>> sample_decomposition ⏎                             1
fs =  ……………………………… f(s)                            k2 =  ……………………………… k_2 = 2
(4*s + 2)/(s^3 + 3*s^2 + 2*s)                         2
fs =  ……………………………… 因数分解された f(s)              k3 =  ……………………………… k_3 = −3
(2*(2*s + 1))/(s*(s + 1)*(s + 2))                     -3
```

■ 時間応答の計算

関数 "ilaplace" を利用して, **例 2.17** (p. 39) と同様, システム (2.84) 式 (p. 42) の単位ステップ応答 $y(t)$ を求め, それを描画するための M ファイルを以下に示す.

```
M ファイル "sample_step_sym.m"
 1   syms s                         ……… ラプラス演算子 s の定義 (s は複素数)
 2   syms t real                    ……… 時間 t を実数として定義
 3
 4   ut = sym(1)                    ……… 単位ステップ入力 u(t) = 1 をシンボリック変数として定義
 5   us = laplace(ut)               ……… ラプラス変換 u(s) = ℒ[u(t)]
 6
 7   Ps = 10/(s^2 + 2*s + 10);      ……… 伝達関数 P(s) の定義
 8
 9   ys = Ps*us                     ……… y(s) = P(s)u(s)
10   yt = ilaplace(ys)              ……… 逆ラプラス変換による単位ステップ応答 y(t) = ℒ^{-1}[y(s)] の計算
11
12   figure(1)                      ……… Figure 1 を指定
13   fplot(yt,[0 5])                ……… 0〜5 秒の範囲で y(t) を描画
14   xlabel('t [s]')                ……… 横軸のラベル
15   ylabel('y(t)')                 ……… 縦軸のラベル
16   grid on                        ……… 補助線の表示
```

ここで, ut = sym(1) の代わりに ut = 1 として us = laplace(ut) とすると, ut = 1 が double 型であるためエラーが生じてしまうことに注意する. また, 関数 "fplot" によりシンボリック変数で記述された数式のグラフを描画することができる. M ファイル "sample_step_sym.m" を実行すると,

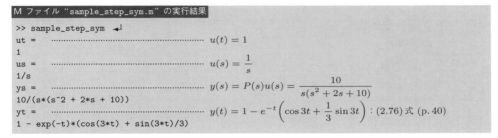

が得られ，図 2.14 と同様のグラフが描画される．

2.4.6 Simulink を利用したシミュレーション

Simulink のライブラリには，

- 伝達関数を記述するブロック：ライブラリ Continuous
- 信号を生成するブロック：ライブラリ Sources
- 信号を表示・保存するブロック：ライブラリ Sinks

が含まれており (図 C.4 (p. 241))，これらを利用して作成される Simulink モデルでシミュレーションを行うことによって，様々な時間応答を得ることができる．なお，Simulink モデルの作成と実行方法については，**付録 C.2 (p. 244)** を参照すること．

たとえば，システム (2.84) 式 (p. 42) の単位ステップ応答のシミュレーションを行う Simulink モデル "sim_step.slx" は，以下のようにして作成することができる．

ステップ 1 カレントディレクトリを作業したいフォルダに移動する．そして，Simulink を起動して Simulink スタートページで「空のモデル」を選択し，新しい Simulink モデルを開く．

ステップ 2 Simulink モデルのモデルコンフィギュレーションパラメータを選択し，ソルバ (微分方程式の数値解法) やシミュレーション時間を**表 2.2** のように設定する (図 C.9 (p. 245) 参照)．

ステップ 3 Simulink ライブラリブラウザもしくは Simulink ライブラリを開き，図 2.16 に示すように Simulink ブロックを Simulink モデルに配置する．

ステップ 4 図 2.16 の Simulink ブロックをダブルクリックし，**表 2.3** のように設定した後，図 2.17 のように結線する．

ステップ 5 図 2.17 の Simulink モデルを作業したいフォルダ (カレントディレクトリ) に "sim_step.slx" という名前で保存する．

Simulink モデル "sim_step.slx" を実行し，Scope をダブルクリックすると，図 2.18 の結果が表示される．また，ワークスペースにデータが保存されているので，

表 2.2　モデルコンフィギュレーションパラメータの設定

ソルバ/シミュレーション時間	開始時間	0	終了時間	5
ソルバ/ソルバの選択	タイプ	固定ステップ	ソルバ	ode4 (Runge-Kutta)
ソルバ/ソルバの詳細	固定ステップサイズ	0.001		
データのインポート/エクスポート	ワークスペースまたはファイルに保存		「単一のシミュレーション出力」のチェックを外す	

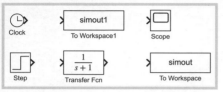

図 2.16　Simulink ブロックの移動　　　　　図 2.17　Simulink モデル "sim_step.slx"

表 2.3　Simulink ブロックのパラメータ設定

Simulink ブロック	変更するパラメータ
Step	ステップ時間：0
Transfer Fcn	分子係数：[10]，分母係数：[1 2 10]
To Workspace	変数名：y，保存形式：配列
To Workspace1	変数名：t，保存形式：配列

```
M ファイル "sample_simulink_plot.m"
1  % sim('sim_step')
2
3  figure(1)
4  plot(t,y)
5  xlabel('t [s]')
6  ylabel('y(t)')
7  grid on
```

を実行すると，図 2.14 (p. 43) のように単位ステップ応答 $y(t)$ が描画される．なお，この M ファイルの 1 行目の % を消去すると，関数 "sim" により MATLAB 側から直接，Simulink モデル "sim_step.slx" を実行させることができる．

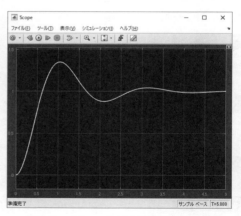

図 2.18　"Scope" による実行結果の表示

第 **3** 章

システムの安定性と過渡特性

2.3.2 項 (p. 39) で示したいくつかの例では，システムのステップ応答はある値に収束した．このとき，システムが安定であるというが，システムの安定性は伝達関数の極と密接な関係がある．ここでは，まず，システムの極と安定性の関係について説明する．つぎに，システムが安定であるとき，ステップ応答の「反応のはやさ」や「振動の激しさ」が，伝達関数の極や零点とどのような関係にあるのかを説明する．

3.1 システムの安定性と定常特性

3.1.1 極と安定性

システムの伝達関数

$$
\begin{aligned}
P(s) &= \frac{b_m s^m + b_{m-1} s^{m-1} + \cdots + b_1 s + b_0}{a_n s^n + a_{n-1} s^{n-1} + \cdots + a_1 s + a_0} \\
&= \frac{K(s - z_1)(s - z_2) \cdots (s - z_m)}{(s - p_1)(s - p_2) \cdots (s - p_n)} \quad (n \geq m)
\end{aligned} \tag{3.1}
$$

の極 p_i $(i = 1, 2, \ldots, n)$ が実数 γ_k $(k = 1, 2, \ldots, n_1)$ と複素数 $\alpha_\ell \pm j\beta_\ell$ $(\ell = 1, 2, \ldots, n_2)$ であり，これらが互いに異なっているものとする．ただし，$n = n_1 + 2n_2$ である．このとき，単位ステップ応答のラプラス変換は

$$
\begin{aligned}
y(s) &= P(s) \frac{1}{s} = \frac{b_m s^m + b_{m-1} s^{m-1} + \cdots + b_1 s + b_0}{s(s - \gamma_1) \cdots (s - \gamma_{n_1})\{(s - \alpha_1)^2 + \beta_1^2\} \cdots \{(s - \alpha_{n_2})^2 + \beta_{n_2}^2\}} \\
&= \frac{A_0}{s} + \sum_{k=1}^{n_1} \frac{A_k}{s - \gamma_k} + \sum_{\ell=1}^{n_2} \left\{ \frac{B_\ell(s - \alpha_\ell)}{(s - \alpha_\ell)^2 + \beta_\ell^2} + \frac{C_\ell \beta_\ell}{(s - \alpha_\ell)^2 + \beta_\ell^2} \right\}
\end{aligned} \tag{3.2}
$$

という形式に部分分数分解できるので，単位ステップ応答は

$$
y(t) = A_0 + \sum_{k=1}^{n_1} A_k e^{\gamma_k t} + \sum_{\ell=1}^{n_2} \left(B_\ell e^{\alpha_\ell t} \cos \beta_\ell t + C_\ell e^{\alpha_\ell t} \sin \beta_\ell t \right) \tag{3.3}
$$

となる．したがって，伝達関数 $P(s)$ の極の実部 γ_k, α_ℓ がすべて負であれば，そのときに限り「$t \to \infty$」で「$y(t) \to y_\infty = A_0$」に収束する．このとき，システムは**安定**であるという．それに対し，極の実部 γ_k, α_ℓ のいずれかが一つでも正であれば $y(t)$ は発散

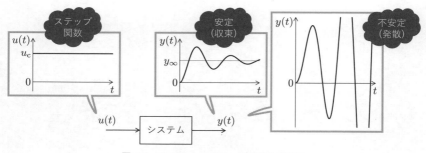

図 3.1 システムのステップ応答と安定性

する．このとき，システムは**不安定**であるという．ステップ応答と安定性の関係を図 3.1 に示す．安定性に関する条件を以下にまとめる．

(有界入力有界出力) 安定性の必要十分条件

伝達関数の極の実部がすべて負であれば，そのときに限りシステムは安定であり[注1]，ステップ応答 $y(t)$ はある値 y_∞ に収束する．また，このとき，どのような有界[注2]な入力 $u(t)$ を加えても出力 $y(t)$ は発散することはなく，有界となる．

なお，実部が負であるような極を**安定極**，実部が正であるような極を**不安定極**という．

3.1.2 単位ステップ応答の定常値

十分に時間が経過したあとのシステムの特性を**定常特性**という．時間応答 $y(t)$ がある値 y_∞ に収束するのであれば，**付録 A.2 (p. 217)** に示すラプラス変換の**最終値の定理**

最終値の定理

$$y_\infty = \lim_{t \to \infty} y(t) = \lim_{s \to 0} s y(s) \tag{3.4}$$

により y_∞ を求めることができる．とくに，単位ステップ応答 $y(t)$ の場合，そのラプラス変換 $y(s)$ は (2.70) 式 (p. 39) となるので，時間応答の計算をすることなく，(3.4) 式より定常値 y_∞ を次式で簡単に求めることができる．

単位ステップ応答の定常値

$$y_\infty = P(0) \tag{3.5}$$

問題 3.1 伝達関数 $P(s)$ が以下のように与えられたとき，極を求めることでシステム $y(s) = P(s)u(s)$ の安定性を調べよ．また，安定であるとき，最終値の定理 (3.5) 式により単位ステップ応答の定常値 y_∞ を求めよ．

[注1] ある $M > 0$ に対して信号 $f(t)$ が $|f(t)| \leq M$ を満足するとき，$f(t)$ が有界であるという．
[注2] MATLAB では関数 "pole" により極を求めることができ，関数 "isstable" により安定性を調べることができる．**3.4.1 項 (p. 61)** に使用例を示す．

(1) $P(s) = \dfrac{1}{(s+1)(s+2)}$ (2) $P(s) = \dfrac{s+1}{(s-1)(s+2)}$

(3) $P(s) = \dfrac{1}{s^2 - 2s + 2}$ (4) $P(s) = \dfrac{-s+2}{(s+1)(s^2 + 2s + 2)}$

3.1.3 フルビッツの安定判別法

システムの安定性を判別するには，伝達関数 (3.1) 式の極 p_i，すなわち，n 次方程式

$$D_\mathrm{p}(s) := a_n s^n + a_{n-1} s^{n-1} + \cdots + a_1 s + a_0 = 0 \tag{3.6}$$

の解の実部がすべて負であるかどうかを判別すれば良い．しかし，$n \geq 3$ の場合，(3.6) 式の解を解析的に求めることは困難である[注3]．また，パラメータを含む場合，(3.6) 式の解を数値的に求めることができない．このような場合，以下に示す**フルビッツの安定判別法**[注4] を利用することによって，伝達関数 (3.1) 式の極 ((3.6) 式の解) を求めることなく，その極の実部がすべて負であるかどうかを調べる[注5]．

┌─ フルビッツの安定判別法 (標準的な条件) ─────────

$a_n > 0$ であるような n 次方程式 (3.6) 式を考える[注6]．このとき，以下の条件を満足するならば，そのときに限り，伝達関数 $P(s)$ の極の実部はすべて負 (システム (3.1) 式は安定) である．

   条件 A $D_\mathrm{p}(s)$ のすべての係数 a_i $(i = 0, 1, \ldots, n)$ が正 …… 必要条件

   条件 B $H_1, H_2, \ldots, H_n$ がすべて正 ………………………… 必要十分条件

ここで，H_i は**フルビッツ行列** (a_{-1} や a_{-2} のように存在しない要素は 0 とする)

$$\boldsymbol{H} = \begin{bmatrix} a_{n-1} & a_{n-3} & a_{n-5} & a_{n-7} & \cdots & 0 \\ a_n & a_{n-2} & a_{n-4} & a_{n-6} & \cdots & 0 \\ 0 & a_{n-1} & a_{n-3} & a_{n-5} & \cdots & 0 \\ 0 & a_n & a_{n-2} & a_{n-4} & \cdots & \vdots \\ \vdots & \vdots & \ddots & \ddots & \ddots & 0 \\ 0 & 0 & \cdots & a_4 & a_2 & a_0 \end{bmatrix} \tag{3.7}$$

に対する主座小行列式

└─────────────────────────────────

[注3] 3 次，4 次方程式はそれぞれカルダノの公式，フェラーリの公式と呼ばれる解の公式により解析解を求めることができるが，その手順は複雑である．また，5 次以上の方程式の場合，解の公式が存在しないことがアーベルにより証明されている．

[注4] MATLAB によりフルビッツの安定判別法を実装した M ファイルの例を **3.4.2 項** (p. 61) に示す．

[注5] 本書では省略するが，フルビッツの安定判別法を利用する代わりに，これと等価な**ラウスの安定判別法**を利用することもある．歴史的にはこの方法が先に提案された．これら二つの方法をあわせて，**ラウス・フルビッツの安定判別法**と呼ぶことも多い．

[注6] $a_n < 0$ のときには伝達関数の分母と分子に -1 をかけることで，$a_n > 0$ となるように式変形する．

$$H_1 = a_{n-1}, \quad H_2 = \begin{vmatrix} a_{n-1} & a_{n-3} \\ a_n & a_{n-2} \end{vmatrix}, \quad \dots, \quad H_n = |\boldsymbol{H}|$$

である.

フルビッツの安定判別法の証明は複雑であるので，省略する．証明の詳細は，たとえば，文献 1) を参照されたい.

　条件 A はシステムが安定であるための必要条件である．たとえば，$s = -a, -b \pm jc$ $(a > 0, b > 0, c > 0)$ という安定極を持つシステムの分母多項式

$$D_\mathrm{p}(s) = (s+a)\{(s+b)^2 + c^2\}$$
$$= s^3 + (a+2b)s^2 + (2ab + b^2 + c^2)s + a(b^2 + c^2)$$

の係数は，$a > 0, b > 0, b^2 + c^2 > 0$ よりすべて正である．このように，安定なシステムであれば必ず条件 A を満足するが，条件 A を満足するからといってシステムが安定であるとは限らない (p. 54 の**問題 3.3** (1) を参照)．したがって，条件 A を満足するかどうかを調べ，条件 A を満足するときのみ条件 B を調べる.

例 3.1　　...................................... フルビッツの安定判別法 (標準的な条件)：3 次系の安定条件

　3 次系の伝達関数 $P(s)$ の分母多項式が

$$D_\mathrm{p}(s) = a_3 s^3 + a_2 s^2 + a_1 s + a_0 \quad (a_3 > 0) \tag{3.8}$$

であるとき，安定であるための条件を，フルビッツの安定判別法により導出してみよう.

　条件 A $\qquad\qquad\qquad a_3 > 0, \quad a_2 > 0, \quad a_1 > 0, \quad a_0 > 0 \tag{3.9}$

　条件 B $\quad n = 3$ とした (3.7) 式のフルビッツ行列

$$\boldsymbol{H} = \begin{bmatrix} a_2 & a_0 & 0 \\ a_3 & a_1 & 0 \\ 0 & a_2 & a_0 \end{bmatrix} \tag{3.10}$$

の主座小行列式が次式を満足せねばならない.

$$\begin{cases} H_1 = a_2 > 0, \quad H_2 = \begin{vmatrix} a_2 & a_0 \\ a_3 & a_1 \end{vmatrix} = a_1 a_2 - a_0 a_3 > 0, \\[2mm] H_3 = \begin{vmatrix} a_2 & a_0 & 0 \\ a_3 & a_1 & 0 \\ 0 & a_2 & a_0 \end{vmatrix} = a_0(a_1 a_2 - a_0 a_3) \ (= a_0 H_2) > 0 \end{cases} \tag{3.11}$$

(3.9), (3.11) 式より 3 次系が安定であるための必要十分条件は，

$$a_3 > 0, \quad a_2 > 0, \quad a_1 > 0, \quad a_0 > 0, \quad a_1 a_2 - a_0 a_3 > 0 \tag{3.12}$$

であることがわかる.

　たとえば，3 次遅れ系

$$y(s) = P(s)u(s), \quad P(s) = \frac{5}{s^3 + 3s^2 + 7s + 5} \tag{3.13}$$

を考えると，分母多項式 $D_\mathrm{p}(s) = s^3 + 3s^2 + 7s + 5$ の係数が (3.12) 式の条件

$$\begin{cases} a_3 = 1 > 0, \quad a_2 = 3 > 0, \quad a_1 = 7 > 0, \quad a_0 = 5 > 0, \\ a_1 a_2 - a_0 a_3 = 21 - 5 = 16 > 0 \end{cases} \tag{3.14}$$

を満足するため (3.13) 式は安定である．実際，(3.13) 式の分母多項式は，

$$D_\mathrm{p}(s) = s^3 + 3s^2 + 7s + 5 = (s+1)(s^2 + 2s + 5) \tag{3.15}$$

のように因数分解でき，$P(s)$ の極 -1，$-1 \pm 2j$ の実部はすべて負なので，安定である．

また，$H_1 = a_{n-1}$，$H_n = a_0 H_{n-1}$ であることを考慮すると，条件 B は

条件 B′ H_2, H_3, $\ldots$, H_{n-1} がすべて正

により置き換え可能であることが容易にわかる．さらに，以下のように簡略化できることが知られている．

フルビッツの安定判別法 (簡略化した条件)

$a_n > 0$ であるような n 次方程式 (3.6) 式を考える．このとき，以下の条件を満足するならば，そのときに限り，伝達関数 $P(s)$ の極の実部はすべて負 (システム (3.1) 式は安定) である．

条件 A $D_\mathrm{p}(s)$ のすべての係数 a_i $(i = 0, 1, \ldots, n)$ が正

条件 B″ $\begin{cases} n \text{ が偶数のとき，} H_3, H_5, \ldots, H_{n-1} \text{ がすべて正} \\ n \text{ が奇数のとき，} H_2, H_4, \ldots, H_{n-1} \text{ がすべて正} \end{cases}$

条件 B″ を具体的に記述すると以下のようになる．

- $n = 1, 2$：条件 B″ は不要
- $n = 3$：$H_2 > 0$
- $n = 4$：$H_3 > 0$
- $n = 5$：$H_2 > 0$, $H_4 > 0$
- $n = 6$：$H_3 > 0$, $H_5 > 0$
- $n = 7$：$H_2 > 0$, $H_4 > 0$, $H_6 > 0$

例 3.2 ································· フルビッツの安定判別法 (簡略化した条件)：3 次系の安定条件

例 3.1 においては，(3.11) 式 (条件 B) は以下のように冗長であることがわかる．

- (3.11) 式の $H_1 = a_2 > 0$ は，(3.9) 式 (条件 A) に含まれる．
- (3.11) 式の $H_3 = a_0 H_2 > 0$ は，(3.9) 式 (条件 A) の $a_0 > 0$ および (3.11) 式の $H_2 > 0$ を満足することで達成される．

これらのことを考慮すると，(3.9), (3.11) 式 (条件 A, B) の代わりに

条件 A $a_3 > 0, \quad a_2 > 0, \quad a_1 > 0, \quad a_0 > 0$ ················ (3.9) 式

条件 B″ $H_2 = \begin{vmatrix} a_2 & a_0 \\ a_3 & a_1 \end{vmatrix} = a_1 a_2 - a_0 a_3 > 0 \tag{3.16}$

を満足すれば良いことがわかる．その結果，例 3.1 と同様，(3.12) 式の安定条件が得られる．

問題 3.2　　2 次遅れ系

$$y(s) = P(s)u(s), \quad P(s) = \frac{K\omega_{\mathrm n}^2}{s^2 + 2\zeta\omega_{\mathrm n}s + \omega_{\mathrm n}^2} \quad (\omega_{\mathrm n} > 0)$$

が安定となる ζ の範囲を，フルビッツの安定判別法により導出せよ.

問題 3.3　　伝達関数 $P(s)$ が以下のように与えられたとき，フルビッツの安定判別法により，システム $y(s) = P(s)u(s)$ の安定性を判別せよ.

(1) $P(s) = \dfrac{s + 10}{s^3 + s^2 + 4s + 30}$　　(2) $P(s) = \dfrac{s^2 + 3s + 2}{s^4 + 4s^3 + 11s^2 + 14s + 10}$

3.2　単位ステップ応答の過渡特性の指標

時間応答が落ち着くまでのシステムの特性を**過渡特性**という．単位ステップ応答の過渡特性の指標[注7]には以下のようなものがある (図 3.2 参照).

─ ステップ応答の過渡特性の指標 ─

- **立ち上がり時間 $T_{\mathrm r}$**：単位ステップ応答 $y(t)$ が定常値 $y_\infty = \lim\limits_{t\to\infty} y(t)$ の 10 % から 90 % (あるいは 5 % から 95 %) に至るまでの時間である.
- **遅れ時間 $T_{\mathrm d}$**：単位ステップ応答 $y(t)$ が定常値 y_∞ の 50 % に至るまでの時間である.

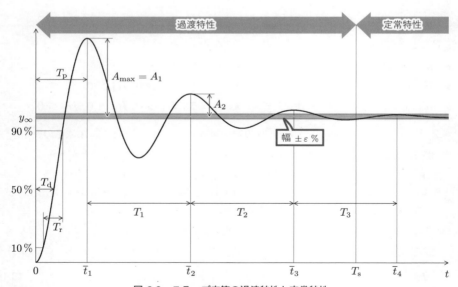

図 3.2　ステップ応答の過渡特性と定常特性

[注7] MATLAB では，関数 "**stepinfo**" により単位ステップ応答の過渡特性の指標を数値的に計算することができる．3.4.3 項 (p. 64) に使用例を示す.

- **整定時間 T_s**：単位ステップ応答 $y(t)$ が定常値 y_∞ の $\pm\varepsilon\%$ の範囲内に収まるまでの時間である．ε は 5, 2 や 1 のいずれかに選ぶことが多い．
- **行き過ぎ時間 T_p**：定常値 y_∞ からの単位ステップ応答 $y(t)$ の行き過ぎ量が最大となる時間 $T_p = \bar{t}_1$ である．
- **オーバーシュート $A_{\max}$**：単位ステップ応答の最大ピーク値 $y(T_p)$ と定常値 y_∞ との差 $A_{\max} = y(T_p) - y_\infty$ である．百分率

$$\widetilde{A}_{\max} = \frac{A_{\max}}{y_\infty} \times 100 \ [\%]$$

  で表すことも多い．
- **振動周期 T**：隣り合うピーク値の時間間隔 $T = T_k := \bar{t}_{k+1} - \bar{t}_k$ である．
- **減衰率 λ**：$A_k := y(\bar{t}_k) - y_\infty$ としたとき，$\lambda = \lambda_k := A_{k+1}/A_k$ である．対数減衰率 $\lambda' = \lambda'_k := \log_e \lambda_k$ で表すこともある．

システムの過渡特性は，時間応答の反応のはやさを表す**速応性**と，振動の激しさを表す**安定度**に大別される．

例 3.3 ·· 2 次遅れ系の単位ステップ応答の過渡特性

例 2.17 (p. 39) で求めた 2 次遅れ系

$$y(s) = P(s)u(s), \quad P(s) = \frac{10}{s^2 + 2s + 10} \quad \text{························ (2.66) 式}$$

の単位ステップ応答

$$y(t) = 1 - e^{-t}\left(\cos 3t + \frac{1}{3}\sin 3t\right) \quad (t \geq 0) \quad \text{···················· (2.76) 式}$$

の過渡特性を調べてみよう．

(2.76) 式より初期値は $y(0) = 0$，定常値は $y_\infty = 1$ となる．また，(2.76) 式の時間微分を求めると，

$$\dot{y}(t) = \frac{10}{3}e^{-t}\sin 3t \quad (t \geq 0) \tag{3.17}$$

となる．$\dot{y}(t) = 0$ となる $t \geq 0$ は $\sin 3t = 0$ を満足するので，以下のことがいえる．

- $t = \underline{t}_1, \underline{t}_2, \underline{t}_3, \ldots = 0, 2\pi/3, 4\pi/3, \ldots$ のとき $\sin 3t = 0$, $\cos 3t = 1$ となり，

$$\underline{y}(t) = 1 - e^{-t} \quad (t \geq 0) \tag{3.18}$$

  という曲線上に極小値を持つ．
- $t = \bar{t}_1, \bar{t}_2, \bar{t}_3, \ldots = \pi/3, \pi, 5\pi/3, \ldots$ のとき $\sin 3t = 0$, $\cos 3t = -1$ となり，

$$\bar{y}(t) = 1 + e^{-t} \quad (t \geq 0) \tag{3.19}$$

  という曲線上に極大値を持つ．

したがって，単位ステップ応答 (2.76) 式を描画すると，図 3.3 のようになる．過渡特性の指標である行き過ぎ時間 T_p，オーバーシュート $A_{\max}$，振動周期 T は

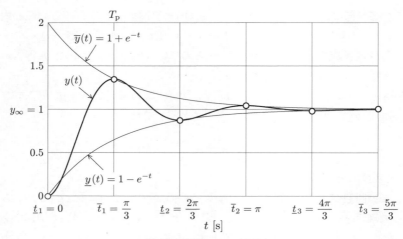

図 3.3　単位ステップ応答

- 行き過ぎ時間 $T_\mathrm{p} = \overline{t}_1 = \pi/3 \simeq 1.0472$
- オーバーシュート $A_{\max} := y(T_\mathrm{p}) - y_\infty = e^{-\pi/3} \simeq 0.3509$
- 振動周期 $T = T_k := \overline{t}_{k+1} - \overline{t}_k = 2\pi/3 \simeq 2.0944 \ (k = 1, 2, \dots)$

となる. また, $A_k := y(\overline{t}_k) - y_\infty = e^{-\overline{t}_k}$ なので, 減衰率 λ は

- 減衰率 $\lambda = \lambda_k := A_{k+1}/A_k = e^{T_k} = e^{-2\pi/3} \simeq 0.1231 \ (k = 1, 2, \dots)$

となる.

問題 3.4　　システム

$$y(s) = P(s)u(s), \quad P(s) = \frac{13}{s^2 + 4s + 13} \tag{3.20}$$

の単位ステップ応答 $y(t)$ を求めよ. また, 行き過ぎ時間 T_p, オーバーシュート $A_{\max}$, 振動周期 T, 減衰率 λ を求めよ.

3.3　極, 零点と過渡特性

3.3.1　極と過渡特性

極の実部や虚部が過渡特性に与える影響を調べるために, 極が複素数 $\alpha \pm j\beta$ であるような不足制動[注8]の 2 次遅れ系

$$y(s) = P(s)u(s), \quad P(s) = \frac{\alpha^2 + \beta^2}{(s - \alpha)^2 + \beta^2} = \frac{\alpha^2 + \beta^2}{s^2 - 2\alpha s + \alpha^2 + \beta^2} \tag{3.21}$$

の単位ステップ応答を例 2.17 (p. 39) と同様の手順で求めてみよう. (3.21) 式に $u(s) = 1/s$ を加えると,

---

[注8] 2 次遅れ系の不足制動については 4.2.2 項 (p. 69) で説明する.

$$y(s) = P(s)\frac{1}{s} = \frac{\alpha^2 + \beta^2}{s(s^2 - 2\alpha s + \alpha^2 + \beta^2)} = \frac{1}{s} - \frac{s - 2\alpha}{s^2 - 2\alpha s + \alpha^2 + \beta^2}$$

$$= \frac{1}{s} - \left\{ \frac{s - \alpha}{(s - \alpha)^2 + \beta^2} - \frac{\alpha}{\beta}\frac{\beta}{(s - \alpha)^2 + \beta^2} \right\} \tag{3.22}$$

となるので，(3.21) 式の単位ステップ応答は

$$y(t) = 1 - e^{\alpha t}\left(\cos \beta t - \frac{\alpha}{\beta}\sin \beta t \right) \quad (t \geq 0) \tag{3.23}$$

となる．(3.23) 式の時間微分を求めると，

$$\dot{y}(t) = \frac{\alpha^2 + \beta^2}{\beta}e^{\alpha t}\sin \beta t \quad (t \geq 0) \tag{3.24}$$

となるので，例 3.3 (p. 55) と同様の手順により，極大値，極小値を通る曲線や振動周期が以下のように求まる．

- $t = \underline{t}_k = 2k\pi/\beta$ $(k = 0, 1, 2, \ldots)$ のとき，

$$\underline{y}(t) = 1 - e^{\alpha t} \quad (t \geq 0) \tag{3.25}$$

  という曲線上に極小値を持つ．

- $t = \overline{t}_k = (2k - 1)\pi/\beta$ $(k = 1, 2, 3, \ldots)$ のとき，

$$\overline{y}(t) = 1 + e^{\alpha t} \quad (t \geq 0) \tag{3.26}$$

  という曲線上に極大値を持つ．

- 振動周期は $T = 2\pi/\beta$ である．

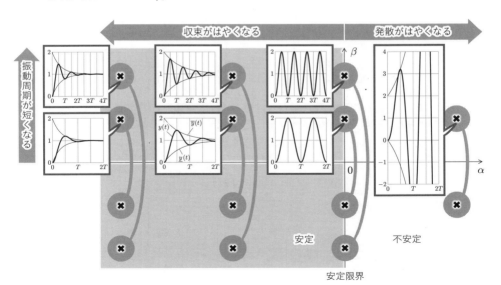

図 3.4　2 次遅れ要素の極 $\alpha + j\beta$ と単位ステップ応答

したがって，単位ステップ応答は図 3.4 のようになり，以下のことがいえる．

極の実部，虚部と過渡特性の関係

- 極の実部が $\alpha < 0$ であれば安定 (収束)，$\alpha > 0$ であれば不安定 (発散) となる．また，$\alpha = 0$ のとき安定限界であり，収束も発散もしない持続振動となる．
- 極の実部 α が負側に大きくなると，収束がはやくなる．
- 極の虚部 β が大きくなると，振動周期が短くなる．

3.3.2　代表極

(3.1) 式に示したように，システムの伝達関数 $P(s)$ は一般的に複数個の極 (実数極 γ_k $(k = 1, 2, \ldots, n_1)$ と複素数極 $\alpha_\ell \pm j\beta_\ell$ $(\ell = 1, 2, \ldots, n_2)$) を持つ．これら極に対応するモード $e^{\gamma_k t}$ や $e^{\alpha_\ell t}\cos\beta_\ell t$，$e^{\alpha_\ell t}\sin\beta_\ell t$ は，極の実部 $\gamma_k < 0$，$\alpha_\ell < 0$ により収束のはやさが異なり，これらが負側に大きいほど収束がはやく，0 に近いほど収束が遅い．つまり，虚軸に近い極のモードが時間応答で支配的になる．虚軸に最も近い極を**代表極**と呼び，システムの時間応答はこの代表極のみを考慮した時間応答で近似することができる．

例 3.4 .... 代表極

過制動 $^{(注9)}$ の 2 次遅れ系
$$y(s) = P(s)u(s), \quad P(s) = \frac{1}{(s+1)(\tau s+1)} \quad (\tau > 0) \tag{3.27}$$
は二つの安定極 $s = -1$，$-1/\tau$ (負の実数) を持つ．したがって，$0 < \tau \ll 1$ のとき代表極は -1 である．2 次遅れ系 (3.27) 式の単位ステップ応答を求めると，
$$y(s) = P(s)\frac{1}{s} = \frac{1}{s(\tau s+1)(s+1)} = \frac{1}{s} - \frac{1}{1-\tau}\frac{1}{s+1} + \frac{\tau}{1-\tau}\frac{1}{s+1/\tau}$$
$$\implies \quad y(t) = 1 - \frac{1}{1-\tau}e^{-t} + \frac{\tau}{1-\tau}e^{-\frac{1}{\tau}t} \quad (t \geq 0) \tag{3.28}$$
となる．$0 < \tau \ll 1$ のとき，極 $-1/\tau$ に対応するモード $e^{-(1/\tau)t}$ が極 -1 に対応するモード e^{-t} よりも十分はやく 0 に収束する (図 3.5)．また，e^{-t}，$e^{-(1/\tau)t}$ の係数はそれぞれ $1/(1-\tau) \simeq 1$，$\tau/(1-\tau) \simeq 0$ となる．そのため，代表極 -1 に対応する e^{-t} が支配的となり，単位ステップ応答 (3.28) 式は，(3.27) 式における $\tau s + 1$ を 1 とした 1 次遅れ系
$$y(s) = \widetilde{P}(s)u(s), \quad \widetilde{P}(s) = \frac{1}{s+1} \tag{3.29}$$
の単位ステップ応答
$$y(t) = 1 - e^{-t} \quad (t \geq 0) \tag{3.30}$$
により近似できる．$\tau = 0.1$ としたときの過制動の 2 次遅れ系 (3.27) 式の単位ステップ応答 (3.28) 式と，1 次遅れ系 (3.29) 式の単位ステップ応答 (3.30) 式を図 3.6 に示す．

$^{(注9)}$ 2 次遅れ系の過制動については **4.2.4 項** (p. 74) で説明する．

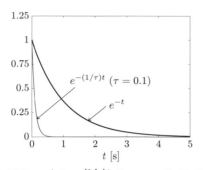

図 3.5　e^{-t} と $e^{-(1/\tau)t}$ $(0 < \tau \ll 1)$ の収束のはやさ

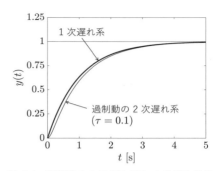

図 3.6　過制動の 2 次遅れ系と 1 次遅れ系の単位ステップ応答

3.3.3　零点と過渡特性

　システムの伝達関数 $P(s)$ の分子が多項式である (すなわち，零点を持つ) 場合，以下の例で示すように，零点が過渡特性に大きく影響を与えることがある．

例 3.5 ⋯⋯⋯⋯⋯⋯⋯⋯⋯⋯⋯⋯⋯⋯⋯⋯⋯⋯⋯⋯⋯⋯⋯⋯⋯⋯⋯⋯⋯⋯⋯ 零点と過渡特性

　$k \neq 0$ であるときに零点 $s = -2/k$ を持つシステム

$$y(s) = P(s)u(s), \quad P(s) = \frac{ks+2}{(s+1)(s+2)} \tag{3.31}$$

を考える．システム (3.31) 式は二つの異なる実数極 $s = -1, -2$ を持つが，複素数極を持たないため，単位ステップ応答は周期的な振動を生じない．実際，(3.31) 式の単位ステップ応答を求めると，

$$y(s) = P(s)\frac{1}{s} = \frac{ks+2}{s(s+1)(s+2)} = \frac{1}{s} + \frac{k-2}{s+1} + \frac{1-k}{s+2}$$

$$\implies \quad y(t) = 1 + (k-2)e^{-t} + (1-k)e^{-2t} \quad (t \geq 0) \tag{3.32}$$

となり，正弦関数や余弦関数を含まない．しかし，以下で説明するように，**零点の影響でオーバーシュートや逆ぶれを生じることがある**．

　(3.32) 式の時間微分を求めると，

$$\dot{y}(t) = (2-k)e^{-t} + 2(k-1)e^{-2t} \quad (t \geq 0) \tag{3.33}$$

となり，$\dot{y}(t) = 0$ となる時刻は

$$t = T_{\mathrm{p}} = \log_e \frac{2(k-1)}{k-2} \tag{3.34}$$

である．ただし，**図 3.7** に示すように，$T_{\mathrm{p}} > 0$ が存在するのは

$$\frac{2(k-1)}{k-2} > 1 \quad \implies \quad 2(k-1)(k-2) > (k-2)^2 \quad \implies \quad k(k-2) > 0$$

$$\implies \quad k > 2 \text{ または } k < 0 \tag{3.35}$$

のときである．$e^{\log_e x} = x$ であることに注意すると，(3.35) 式であるときの $y(T_{\mathrm{p}})$ は

$$y(T_{\mathrm{p}}) = \frac{k^2}{4(k-1)} \tag{3.36}$$

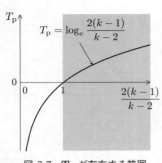

$$T_{\mathrm{p}} = \log_e \frac{2(k-1)}{k-2}$$

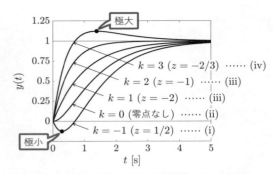

図 3.7 T_{p} が存在する範囲   図 3.8 零点を持つシステムの単位ステップ応答

となる．したがって，k に応じて単位ステップ応答 (3.32) 式は下記のように分類され，図 3.8 のようになる．

(i) $k < 0$ (零点：$z > 0$)：実部が正であるような零点 (**不安定零点**) を含むとき，$\dot{y}(0) = k < 0$ なので，いったん，**逆ぶれ**を生じ，$t = T_{\mathrm{p}}$ で極小値 $y(T_{\mathrm{p}})$ を持つ．そして，オーバーシュートを生じずに $y_\infty = 1$ に収束する．

(ii) $k = 0$ (零点なし)：$k = 0$ のときは零点を持たない過制動の 2 次遅れ系となる．逆ぶれもオーバーシュートも生じず，振動せずに $y_\infty = 1$ に収束する．

(iii) $0 < k \leq 2$ (零点：$z \leq -1$)：逆ぶれもオーバーシュートも生じず，振動せずに $y_\infty = 1$ に収束する．$k \to 2$ とすると，極 -1 と零点 $z = -2/k$ が接近し，(3.31) 式は $P(s) = 2/(s+2)$ とした 1 次遅れ系に漸近する．また，$k \to 1$ とすると，極 -2 と零点 $z = -2/k$ が接近し，(3.31) 式は $P(s) = 1/(s+1)$ とした 1 次遅れ系に漸近する．このように，接近した極と零点の組を**ダイポール**という．

(iv) $k > 2$ (零点：$-1 < z < 0$)：極がすべて実数であるにもかかわらず，$t = T_{\mathrm{p}}$ (行き過ぎ時間) でオーバーシュート

$$A_{\max} = y(T_{\mathrm{p}}) - y_\infty = \frac{(k-2)^2}{4(k-1)} \tag{3.37}$$

を生じる ($t = T_{\mathrm{p}}$ で極大値 $y(T_{\mathrm{p}})$ を持つ)．ただし，周期的な振動はない．

不安定零点を持つシステムとして，図 0.5 (p. 3) に示した倒立振子が知られている．振子を倒立させたままアーム角を目標値に追従させるには，図 3.9 に示すように，いったん，アームを負方向に回転させて (逆ぶれを生じさせて) 振子を傾けた後，アームを目標値に向けて正回転させる必要がある．

<u>問題 3.5</u> 零点を持つシステム

$$y(s) = P(s)u(s), \quad P(s) = \frac{6s+3}{(s+1)(s+3)} \tag{3.38}$$

の単位ステップ応答 $y(t)$ を求めよ．また，行き過ぎ時間 T_{p} とオーバーシュート $A_{\max}$ を求めよ．

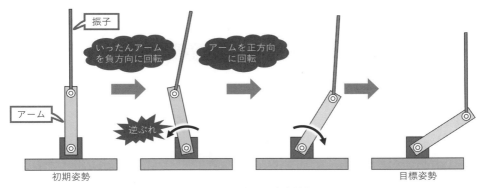

図 3.9 倒立振子の角度制御

3.4 MATLAB を利用した演習

3.4.1 極と安定性 (pole, isstable)

MATLAB では，1.7.2 項 (p. 24) で説明したように，関数 "pole" により伝達関数の極を数値的に求めることができる．したがって，**問題 3.3** (p. 54) の安定性は

```
関数 "pole" の使用例 1 (問題 3.3 (1))
>> sysP = tf([1 10],[1 2 3 10]);  ↵
>> pole(sysP)  ↵   ......... P(s) の極を数値的に計算
ans = .................... 実部が正の極を含むので不安定
  -2.4454 + 0.0000i
   0.2227 + 2.0099i
   0.2227 - 2.0099i
>> t = 0:0.001:10;  ↵
>> figure(1); step(sysP,t)  ↵
    .................... 単位ステップ応答の描画
```

```
関数 "pole" の使用例 2 (問題 3.3 (2))
>> sysP = tf([1 3 2],[1 4 11 14 10]);  ↵
>> pole(sysP)  ↵   ......... P(s) の極を数値的に計算
ans = .................... 極の実部はすべて負なので安定
  -1.0000 + 2.0000i
  -1.0000 - 2.0000i
  -1.0000 + 1.0000i
  -1.0000 - 1.0000i
>> t = 0:0.001:10;  ↵
>> figure(1); step(sysP,t)  ↵
    .................... 単位ステップ応答の描画
```

のように判別することができ，単位ステップ応答は**図 3.10** および**図 3.11** のようになる．また，関数 "isstable" により以下のように安定性を判別することもできる．

```
関数 "isstable" の使用例 1 (問題 3.3 (1))
>> sysP = tf([1 10],[1 2 3 10]);  ↵
>> isstable(sysP)  ↵   ...... 安定性を判別
ans = .................... 論理値 0 を返しているので不安定
  logical
  0
```

```
関数 "isstable" の使用例 2 (問題 3.3 (2))
>> sysP = tf([1 3 2],[1 4 11 14 10]);  ↵
>> isstable(sysP)  ↵   ...... 安定性を判別
ans = .................... 論理値 1 を返しているので安定
  logical
  1
```

3.4.2 フルビッツの安定判別法

3.1.3 項 (p. 51) で説明したフルビッツの安定判別法により安定性を判別してみよう．MATLAB にはフルビッツ行列 H を生成する関数が用意されていないので自作する．

まず，

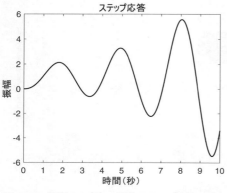

図 3.10 問題 3.3 (1) の単位ステップ応答：不安定 (発散)　　図 3.11 問題 3.3 (2) の単位ステップ応答：安定 (収束)

$$P(s) = \frac{b_m s^m + \cdots + b_1 s + b_0}{a_n s^n + \cdots + a_1 s + a_0} \qquad (3.39)$$

が与えられたとき，分母多項式の係数行列を

$$\boldsymbol{\alpha} = \begin{bmatrix} \alpha_1 & \alpha_2 & \cdots & \alpha_N \end{bmatrix} = \begin{bmatrix} a_0 & a_1 & \cdots & a_n \end{bmatrix}$$

のように N 次元ベクトル $\boldsymbol{\alpha}$ に集約する．ただし，$N = n+1$ である．このとき，(3.7) 式 (p. 51) で定義されるフルビッツ行列 $\boldsymbol{H}$ は

$$\boldsymbol{H} = \begin{bmatrix} a_{n-1} & a_{n-3} & a_{n-5} & a_{n-7} & \cdots & 0 \\ a_n & a_{n-2} & a_{n-4} & a_{n-6} & \cdots & 0 \\ 0 & a_{n-1} & a_{n-3} & a_{n-5} & \cdots & 0 \\ 0 & a_n & a_{n-2} & a_{n-4} & \cdots & \vdots \\ \vdots & \vdots & \ddots & \ddots & \ddots & 0 \\ 0 & 0 & \cdots & a_4 & a_2 & a_0 \end{bmatrix} = \begin{bmatrix} \alpha_{N-1} & \alpha_{N-3} & \alpha_{N-5} & \alpha_{N-7} & \cdots & 0 \\ \alpha_N & \alpha_{N-2} & \alpha_{N-4} & \alpha_{N-6} & \cdots & 0 \\ 0 & \alpha_{N-1} & \alpha_{N-3} & \alpha_{N-5} & \cdots & 0 \\ 0 & \alpha_N & \alpha_{N-2} & \alpha_{N-4} & \cdots & \vdots \\ \vdots & \vdots & \ddots & \ddots & \ddots & 0 \\ 0 & 0 & \cdots & \alpha_5 & \alpha_3 & \alpha_1 \end{bmatrix}$$

となるので，条件 A, B″ に基づく簡略化したフルビッツの安定判別法 (p. 53) を実現する M ファイルは以下のようになる．

```
 Mファイル "hurwitz.m" (簡略化したフルビッツの安定判別法)
  1    N = length(denP);      ……… N：“denP” (P(s) の分母の係数ベクトル [aₙ ⋯ a₁ a₀]) の次数
  2    n = N - 1;             ……… n = N − 1
  3
  4    alpha = flip(denP);    ……… α = [α₁ α₂ ⋯ αₙ] = [a₀ a₁ ⋯ aₙ] (“denP” の要素の反転)
  5    if denP(1) < 0         ……… αₙ = aₙ < 0 ならば係数 αᵢ = aⱼ (i = j + 1) すべてに −1 を
  6       alpha = - alpha;         乗じる
  7    end
  8
  9    if alpha > 0     ……… αᵢ = aⱼ (i = j + 1) がすべて正 (条件 A を満足する) なら 46 行目までを実行
 10       for i = 1:n    ……… i = 1, 2, …, n として繰り返す
 11          for j = 1:n  ……… j = 1, 2, …, n として繰り返す
 12             k = (N - 1) + (i - 1) - 2*(j - 1);  ……… k = (N − 1) + (i − 1) − 2(j − 1)
```

```
13
14                  if k >= 1 & k <= N            ……… k ≥ 1 かつ k ≤ N ならば h_ij = α_k
15                      H(i,j) = alpha(k);
16                  else                           ……… k < 1 もしくは k > N ならば h_ij = 0
17                      H(i,j) = 0;
18                  end
19              end
20          end
21
22      H                                          ……… フルビッツ行列 H = [ h_11 … h_1n ]  の表示：(3.7) 式 (p. 51)
23                                                                       [  ⋮   ⋱   ⋮  ]
                                                                         [ h_n1 … h_nn ]
24      if mod(n,2) == 0                           ……… n を 2 で割った余りが 0 であれば (n が偶数であれば)
25          i_min = 3;    i_max = n - 1;           i_min = 3, i_max = n - 1
26      else                                       ……… そうでなければ (n が奇数であれば).
27          i_min = 2;    i_max = n - 1;           i_min = 2, i_max = n - 1
28      end
29
30      flag = 0;                                  ……… "flag" の初期設定 ("flag = 0")
31      for i = i_min:2:i_max                      ……… i = i_min, i_min + 2, …, i_max として繰り返す
32          h = det(H(1:i,1:i));                   ……… 主座小行列式 H_i を計算して表示
33          str = ['H', num2str(i), '= h'];       ( n が偶数：H_3, H_5, …, H_{n-1} )
34          eval(str)                              ( n が奇数：H_2, H_4, …, H_{n-1} )
35
36          if h <= 0                              ……… 条件 B″ の判別 (H_i ≤ 0 なら "flag = 1" に設定)
37              flag = 1;
38          end
39      end
40
41      if flag == 0                               ……… "flag = 0" なら条件 A, B″ を満足するので
42          fprintf(' 安定である ¥n');                   「安定である」と表示
43      else                                       ……… "flag = 1" なら条件 A を満足するが条件 B″ を満足
44          fprintf(' 安定ではない');                    しないので「安定ではない」と表示
45          fprintf(' ---> 条件 A を満足するが, 条件 B" を満足しない ¥n');
46      end
47  else                                           ……… α_i = a_j (i = j + 1) のうち一つでも負のものが含まれる場合,
48      fprintf(' 安定ではない');                       条件 A を満足しないので「安定ではない」と表示
49      fprintf(' ---> 条件 A を満足しない ¥n');
50  end
```

33 行目では，関数 "num2str" により数字を文字列に変換している．たとえば，i = 2 のとき，"str = ['H', num2str(i), '= h']" は文字列 "H2 = h" となる．そして，34 行目では，関数 "eval" により "H2 = h" (h の値を H2 に代入) を意味する str が MATLAB で実行される．たとえば，問題 3.3 (p. 54) の安定性は

M ファイル "hurwitz.m" の実行結果 (問題 3.3 (1))

```
>> sysP = tf([1 10],[1 1 4 30]);   ↵
>> [numP denP] = tfdata(sysP,'v');   ↵
>> hurwitz  ↵  …………… "hurwitz.m" の実行
H =
     1    30     0
     1     4     0
     0     1    30
H2 =
   -26
安定ではない ---> 条件 A を満足するが, 条件 B" を満
足しない
```

M ファイル "hurwitz.m" の実行結果 (問題 3.3 (2))

```
>> sysP = tf([1 3 2],[1 4 11 14 10]);   ↵
>> [numP denP] = tfdata(sysP,'v');   ↵
>> hurwitz  ↵  …………… "hurwitz.m" の実行
H =
     4    14     0     0
     1    11    10     0
     0     4    14     0
     0     1    11    10
H3 =
   260
安定である
```

のように判別できる.

3.4.3 ステップ応答の過渡特性 (stepinfo)

MATLAB では,単位ステップ応答の過渡特性の指標を,関数 "stepinfo" により数値的に得ることができる.たとえば,**例** 3.3 (p. 55) で求めた単位ステップ応答 $y(t)$ の過渡特性の指標は,

関数 "stepinfo" の使用例 1 (単位ステップ応答の過渡特性の指標)
```
>> sysP = tf([10],[1 2 10]); ↵  ……… 伝達関数 P(s) の定義
>> S = stepinfo(sysP) ↵  ………………… 単位ステップ応答 y(t) の過渡特性の指標の計算
S =
  フィールドをもつ struct:

        RiseTime: 0.4259  …………… 立ち上がり時間 Tr：定常値 y∞ の 10 ％ から 90 ％ に至るまでの時間
    SettlingTime: 3.5359  …………… 整定時間 Ts：定常値 y∞ の ±2 ％ 以内に収まるまでの時間
     SettlingMin: 0.8772  …………… 定常値 y∞ を超えた時刻以降の最小値
     SettlingMax: 1.3507  …………… 定常値 y∞ を超えた時刻以降の最大値
       Overshoot: 35.0670  ………… オーバーシュート Amax = y(Tp) − y∞ の百分率表示 Ãmax [％]
      Undershoot: 0  ………………… 逆ぶれを生じる場合のアンダーシュートの百分率表示
            Peak: 1.3507  …………… 最大ピーク値 y(Tp) (y(t) の最大値)
        PeakTime: 1.0592  …………… 行き過ぎ時間 Tp
```

と計算できる.S は構造体配列 (struct) であるので,S の内部の値を抜き出すには,

```
>> Amax = S.Overshoot ↵  ……… オーバーシュート Ãmax [％]
Amax =
   35.0670
```

のように記述する.ただし,stepinfo(sysP) としたときに得られる結果は粗いので,例 3.3 (p. 55) の結果と若干,異なる.この問題に対処するには,

関数 "stepinfo" の使用例 2 (単位ステップ応答の過渡特性の指標)
```
>> sysP = tf([10],[1 2 10]); ↵  ……… 伝達関数 P(s) の定義
>> [numP denP] = tfdata(sysP,'v'); ↵  …… 伝達関数 P(s) の分子 N(s),分母 D(s) の係数を抽出
>> yinf = numP(end)/denP(end); ↵  …… 単位ステップ応答の定常値 y∞ = P(0)
>> t = 0:0.001:5; ↵  ……………………… 時間 t のデータ生成
>> y = step(sysP,t); ↵  ………………… 時間を指定して単位ステップ応答 y(t) を計算
>> S = stepinfo(y,t,yinf) ↵  ………… 単位ステップ応答 y(t) の過渡特性の指標の計算
S =
  フィールドをもつ struct:

        RiseTime: 0.4246  …………… 立ち上がり時間 Tr：定常値 y∞ の 10 ％ から 90 ％ に至るまでの時間
    SettlingTime: 3.5360  …………… 整定時間 Ts：定常値 y∞ の ±2 ％ 以内に収まるまでの時間
     SettlingMin: 0.8769  …………… 定常値 y∞ を超えた時刻以降の最小値
     SettlingMax: 1.3509  …………… 定常値 y∞ を超えた時刻以降の最大値
       Overshoot: 35.0920  ………… オーバーシュート Amax = y(Tp) − y∞ の百分率表示 Ãmax [％]
      Undershoot: 0  ………………… 逆ぶれを生じる場合のアンダーシュートの百分率表示
            Peak: 1.3509  …………… 最大ピーク値 y(Tp) (y(t) の最大値)
        PeakTime: 1.0470  …………… 行き過ぎ時間 Tp
```

のように,関数 "step" により時間指定した単位ステップ応答を計算し,このデータから関数 "stepinfo" により精度良く計算する.

第 **4** 章

1 次および 2 次遅れ系の時間応答

1.6.2 項 (p. 20) や 1.6.3 項 (p. 21) で説明したように，電気系や機械系をはじめとするシステムは，近似的かもしれないが，その伝達関数が 1 次遅れ要素や 2 次遅れ要素で記述できることが多い．ここでは，1 次遅れ要素や 2 次遅れ要素を標準形で表したとき，標準形のパラメータ (時定数や減衰係数，固有角周波数) と単位ステップ応答の過渡特性との関係について説明する．

4.1　1 次遅れ系の時間応答

ここでは，1 次遅れ系 [注1]

1 次遅れ系の標準形

$$y(s) = P(s)u(s), \quad P(s) = \frac{K}{1 + Ts} \quad (T > 0) \tag{4.1}$$

の単位ステップ応答を求め，その過渡特性，定常特性について説明する．

1 次遅れ系 (4.1) 式に $u(s) = 1/s$ を加えたときの $y(s)$ は

$$y(s) = P(s)\frac{1}{s} = \frac{K}{s(1 + Ts)} = K\left(\frac{1}{s} - \frac{1}{s + 1/T}\right) \tag{4.2}$$

のように部分分数分解できる．(4.2) 式を逆ラプラス変換すると，1 次遅れ系のステップ応答が次式のように得られる [注2]．

1 次遅れ系の単位ステップ応答

$$y(t) = K\left(1 - e^{-\frac{1}{T}t}\right) \quad (t \geq 0) \tag{4.3}$$

$T > 0$ であることから $e^{-(1/T)t}$ は単調減少で 0 に収束するので，単位ステップ応答 (4.3) 式は振動せずに定常値

$$y_\infty = \lim_{t \to \infty} y(t) = K \tag{4.4}$$

[注1] 1 次遅れ系となるシステムの例は 1.6.3 項 (p. 21) を参照すること．
[注2] MATLAB により 1 次遅れ系 (4.1) 式の単位ステップ応答を描画した例を，4.3.1 項 (p. 77) に示す．

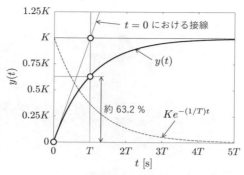

図 4.1　1 次遅れ系の単位ステップ応答

に収束する[注3]．単位ステップ応答 (4.3) 式を描画すると図 4.1 のようになる．したがって，1 次遅れ系のパラメータは以下の特徴を持つことがわかる．

---
1 次遅れ系のパラメータ

- **時定数 $T > 0$**：速応性に関するパラメータ
- **ゲイン $K \neq 0$**：定常値に関するパラメータ

つぎに，時定数 $T > 0$ の意味を詳しく考察してみよう．$t = T$ であるとき，単位ステップ応答 (4.3) 式は

$$y(T) = K\left(1 - e^{-1}\right) \simeq 0.632\, y_\infty \tag{4.5}$$

となる．一方，(4.3) 式の時間微分を計算すると，

$$\dot{y}(t) = \frac{K}{T} e^{-\frac{1}{T}t} \geq 0 \quad (t \geq 0) \tag{4.6}$$

となるので，

$$\dot{y}(0) = \frac{K}{T} \tag{4.7}$$

である．したがって，時定数 $T > 0$ は以下のような意味を持つことがわかる．

時定数 $T > 0$ の意味

- (4.5) 式からわかるように，時定数 T はステップ応答の定常値の約 63.2 % に至る時間である．
- (4.7) 式からわかるように，時定数 T はステップ応答の $t = 0$ における接線が定常値に至る時間である．

つまり，時定数が $T = 2$ であるときのステップ応答は，$T = 1$ であるときのステップ

[注3] 最終値の定理 (3.5) 式 (p. 50) より $y_\infty = P(0) = K$ のように求めることもできる．

応答と比べて反応が 2 倍遅い.

例 4.1 .... **RC 回路のステップ応答**

問題 1.4 (2) (p. 13) で求めたように，図 4.2 に示す RC 回路の伝達関数表現は

$$y(s) = P(s)u(s), \quad P(s) = \frac{1}{RCs + 1} \tag{4.8}$$

である．(4.8) 式は $T = RC$, $K = 1$ とした 1 次遅れ系なので，電圧 $u(t) = 1$ [V] を加えたとき，コンデンサの両端の電圧 $y(t)$ [V] は図 4.2 に示すように 1 [V] に収束する．

時定数が $T = RC$ なので，R や C を大きくすればその値に比例して反応が遅くなる．つまり，抵抗 R を大きくすれば電流が流れにくくなるので反応が遅くなる．また，コンデンサ C を大きくすれば電荷がフル充電されるのに時間を要するので反応が遅くなる．たとえば，$R = 1$ [kΩ], $C = 0.47$ [μF] であるとき，$y(t)$ が 0.632 [V] となる時間は，

$$T = RC = (1 \times 10^3) \times (0.47 \times 10^{-6}) = 4.7 \times 10^{-4} \text{ [s]}$$

である．コンデンサ C はそのままで抵抗を 2 倍の $R = 2$ [kΩ] とすると，$y(t)$ が 0.632 [V] となる時間は，

$$T = RC = (2 \times 10^3) \times (0.47 \times 10^{-6}) = 9.4 \times 10^{-4} \text{ [s]}$$

のように 2 倍となる.

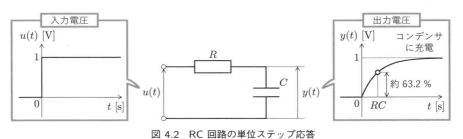

図 4.2　RC 回路の単位ステップ応答

問題 4.1　　図 4.3 の RL 回路においてスイッチ S を ON にしたときの過渡現象を解析する．以下の設問に答えよ．

(1) 入力 $u(t)$ を電圧 $e(t)$, 出力 $y(t)$ を電流 $i(t)$ としたとき，RL 回路の時定数 T およびゲイン K を求めよ．

(2) スイッチ S を ON にした後の $i(t)$ および定常電流 i_∞ を求めよ．

(3) L の値を固定し，R の値を大きくすると，速応性はどうなるか．また，R の値を固定し，L の値を大きくすると，速応性はどうなるか．

問題 4.2　　図 4.3 の RL 回路において，$t \geq 0$ で $u(t) = e(t) = 1$ [V] の電圧を加えたとき，$y(t) = i(t)$ が定常電流 $i_\infty = 0.02$ [A] の 63.2 [%] に至るまでの時間が 0.004 [s] であった（図 4.4）．R, L を定めよ．このように，ステップ応答などに基づいて未知パラメータを決定することを**パラメータ同定**という．

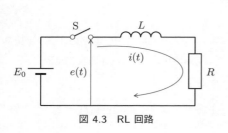

図 4.3　RL 回路

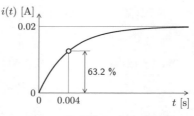

図 4.4　RL 回路のステップ応答

4.2　2 次遅れ系の時間応答

4.2.1　2 次遅れ系

ここでは，2 次遅れ系 [注4]

2 次遅れ系の標準形

$$y(s) = P(s)u(s), \quad P(s) = \frac{K\omega_{\mathrm{n}}^2}{s^2 + 2\zeta\omega_{\mathrm{n}}s + \omega_{\mathrm{n}}^2} \quad (\zeta > 0,\ \omega_{\mathrm{n}} > 0) \quad (4.9)$$

の単位ステップ応答の過渡特性について説明する．後述のように，2 次遅れ系のパラメータは以下の特徴を持つ．

2 次遅れ系のパラメータ

- **減衰係数 $\zeta > 0$** ：安定度に関するパラメータ
- **固有角周波数 $\omega_{\mathrm{n}} > 0$** ：速応性に関するパラメータ
- **ゲイン $K \neq 0$** ：定常値に関するパラメータ

2 次遅れ要素 ((4.9) 式の伝達関数 $P(s)$) の極は

$$s^2 + 2\zeta\omega_{\mathrm{n}}s + \omega_{\mathrm{n}}^2 = 0 \quad \Longrightarrow \quad s = -\left(\zeta \pm \sqrt{\zeta^2 - 1}\right)\omega_{\mathrm{n}}$$

である．したがって，

- $\zeta^2 - 1 < 0 \quad \Longrightarrow \quad -1 < \zeta < 1$：極は共役複素数
- $\zeta^2 - 1 = 0 \quad \Longrightarrow \quad \zeta = \pm 1$：極は実数 (重解)
- $\zeta^2 - 1 > 0 \quad \Longrightarrow \quad \zeta < -1$ もしくは $\zeta > 1$：極は互いに異なる実数

のように分類される．一方，安定性 (**問題** 3.2 (p. 53) を参照) については

- $\zeta > 0$：極は「実部が負の共役複素数」もしくは「負の実数」なので**安定**
- $\zeta = 0$：極は「実部が 0」の虚数なので**安定限界**
- $\zeta < 0$：極は「実部が正の共役複素数」もしくは「正の実数」なので**不安定**

[注4] 2 次遅れ系となるシステムの例は **1.6.3 項** (p. 21) を参照すること．

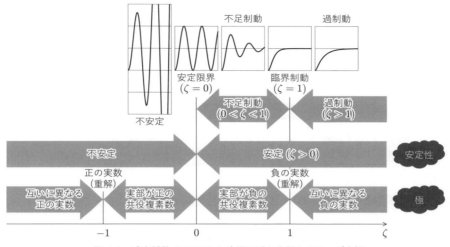

図 4.5　減衰係数 ζ による 2 次遅れ系の分類とステップ応答

であることがいえる．通常，2 次遅れ系は安定な場合を考えるので $\zeta > 0$ であり，この範囲で極が実数か複素数かで分類すると，

---
2 次遅れ系の分類

- **不足制動 $(0 < \zeta < 1)$**：極は「実部が負の共役複素数」
- **臨界制動 $(\zeta = 1)$**：極は「負の実数 (重解)」
- **過制動 $(\zeta > 1)$**：極は「互いに異なる負の実数」

となる．これらの結果をまとめたのが**図 4.5** である．以下では，それぞれの場合の単位ステップ応答[注5]について説明する．

4.2.2　不足制動 $(0 < \zeta < 1)$

2 次遅れ系のなかで実用上，最も重要なのがここで説明する不足制動である．不足制動 $(0 < \zeta < 1)$ であるときの 2 次遅れ要素 $P(s)$ の極は，実部が負の共役複素数

$$s = -\left(\zeta\omega_\mathrm{n} \pm j\omega_\mathrm{d}\right), \quad \omega_\mathrm{d} = \omega_\mathrm{n}\sqrt{1 - \zeta^2}$$

である．このとき，

$$s^2 + 2\zeta\omega_\mathrm{n}s + \omega_\mathrm{n}^2 = (s + \zeta\omega_\mathrm{n})^2 + \omega_\mathrm{d}^2$$

なので，2 次遅れ系 (4.9) 式の単位ステップ応答のラプラス変換は

$$y(s) = P(s)\frac{1}{s} = \frac{K\omega_\mathrm{n}^2}{s(s^2 + 2\zeta\omega_\mathrm{n}s + \omega_\mathrm{n}^2)} = K\left(\frac{1}{s} - \frac{s + 2\zeta\omega_\mathrm{n}}{s^2 + 2\zeta\omega_\mathrm{n}s + \omega_\mathrm{n}^2}\right)$$

[注5] MATLAB により 2 次遅れ系の単位ステップ応答を描画し，過渡特性の指標 (行き過ぎ時間やオーバーシュート) を表示する例を，**4.3.2 項** (p. 78) に示す．

$$= K\left[\frac{1}{s} - \left\{\frac{s + \zeta\omega_n}{(s + \zeta\omega_n)^2 + \omega_d^2} + \frac{\zeta\omega_n}{\omega_d}\frac{\omega_d}{(s + \zeta\omega_n)^2 + \omega_d^2}\right\}\right]$$

$$= K\left[\frac{1}{s} - \left\{\frac{s + \zeta\omega_n}{(s + \zeta\omega_n)^2 + \omega_d^2} + \frac{\zeta}{\sqrt{1 - \zeta^2}}\frac{\omega_d}{(s + \zeta\omega_n)^2 + \omega_d^2}\right\}\right] \quad (4.10)$$

のように部分分数分解できる．したがって，不足制動の 2 次遅れ系の単位ステップ応答は

---

2 次遅れ系の単位ステップ応答：不足制動 $(0 < \zeta < 1)$

$$y(t) = K\left\{1 - e^{-\zeta\omega_n t}\left(\cos\omega_d t + \frac{\zeta}{\sqrt{1 - \zeta^2}}\sin\omega_d t\right)\right\} \quad (t \geq 0) \quad (4.11)$$

となり，定常値 $y_\infty = K$ に収束する[注6]．

つぎに，単位ステップ応答 (4.11) 式の過渡特性の指標を求めてみよう．

(a) 行き過ぎ時間 T_p，オーバーシュート A_{max}

(4.11) 式の時間微分は，

$$\dot{y}(t) = \frac{K\omega_n}{\sqrt{1 - \zeta^2}}e^{-\zeta\omega_n t}\sin\omega_d t \quad (t \geq 0) \quad (4.12)$$

となるので，**例 3.3** (p. 55) と同様の手順で極大値，極小値を通る曲線が求まる．

- $t = \underline{t}_k = 2k\pi/\omega_d$ $(k = 0, 1, 2, \ldots)$ のとき，次式の曲線上に極小値を持つ．

$$\underline{y}(t) = K(1 - e^{-\zeta\omega_n t}) \quad (t \geq 0) \quad (4.13)$$

- $t = \overline{t}_k = (2k - 1)\pi/\omega_d$ $(k = 1, 2, 3, \ldots)$ のとき，次式の曲線上に極大値を持つ．

$$\overline{y}(t) = K(1 + e^{-\zeta\omega_n t}) \quad (t \geq 0) \quad (4.14)$$

したがって，単位ステップ応答 (4.11) 式は**図 4.6** のようになる．ここで，

$$A_k := y_\infty - y(\overline{t}_k) = y_\infty - \overline{y}(\overline{t}_k) = Ke^{-\zeta\omega_n \overline{t}_k} \quad (4.15)$$

なので，行き過ぎ時間 $T_p = \overline{t}_1$，オーバーシュート $A_{max} = A_1$ は次式となる．

行き過ぎ時間 T_p，オーバーシュート A_{max}

$$T_p = \frac{\pi}{\omega_d} = \frac{\pi}{\omega_n\sqrt{1 - \zeta^2}} \quad (4.16)$$

$$A_{max} = Ke^{-\zeta\omega_n T_p} = K\exp\left(-\frac{\pi\zeta}{\sqrt{1 - \zeta^2}}\right) \quad (4.17a)$$

$$\implies \widetilde{A}_{max} = \exp\left(-\frac{\pi\zeta}{\sqrt{1 - \zeta^2}}\right) \times 100 \, [\%] \quad (4.17b)$$

(b) 振動周期 T，減衰率 λ

極大となる隣り合う 2 点から

[注6] 最終値の定理 (3.5) 式 (p. 50) より $y_\infty = P(0) = K$ のように求めることもできる．

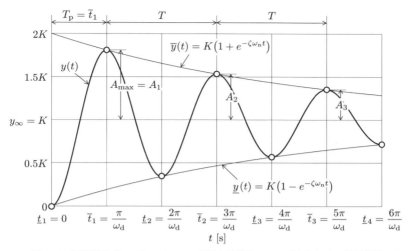

図 4.6　不足制動 ($0 < \zeta < 1$) の 2 次遅れ系単位ステップ応答とその過渡特性

$$T_k := \bar{t}_{k+1} - \bar{t}_k = \frac{2\pi}{\omega_\mathrm{d}}, \quad \lambda_k := \frac{A_{k+1}}{A_k} = e^{-\zeta\omega_\mathrm{n}T_k} \tag{4.18}$$

となるので，振動周期 $T = T_1 = T_2 = \cdots$，減衰率 $\lambda = \lambda_1 = \lambda_2 = \cdots$ は

振動周期 T，減衰率 λ

$$T = \frac{2\pi}{\omega_\mathrm{d}} = \frac{2\pi}{\omega_\mathrm{n}\sqrt{1 - \zeta^2}} \tag{4.19}$$

$$\lambda = e^{-\zeta\omega_\mathrm{n}T} = \exp\left(-\frac{2\pi\zeta}{\sqrt{1 - \zeta^2}}\right) \tag{4.20}$$

となる.

不足制動の単位ステップ応答 (4.11) 式の過渡特性は以下のようになる.

---

2 次遅れ系の単位ステップ応答の過渡特性：不足制動 ($0 < \zeta < 1$)

- 一定周期 T で振動しながら定常値 $y_\infty = K$ に収束する.

- (4.16), (4.19) 式からわかるように，行き過ぎ時間 T_p や振動周期 T は固有角周波数 ω_n に反比例する．つまり，**$\omega_\mathbf{n}$ を N 倍すると，反応が N 倍はやくなる** (行き過ぎ時間 T_p や振動周期 T が $1/N$ 倍となる).

- (4.17), (4.20) 式からわかるように，オーバーシュート $\widetilde{A}_\mathrm{max}$ [%] や減衰率 λ は減衰係数 ζ のみに依存しており，図 4.7 のように単調減少する．つまり，**$\zeta \to 0$ とするとオーバーシュート $A_\mathbf{max}$ は大きくなり**(注7)，逆に **$\zeta \to 1$ とするとオー**

(注7) (4.11) 式において $\zeta = 0$ とすると $y(t) = K(1 - \cos\omega_\mathrm{n}t)$ であり，持続振動となるので，オーバーシュートは $A_\mathrm{max} = K$ ($\widetilde{A}_\mathrm{max} = 100$ [%]) である.

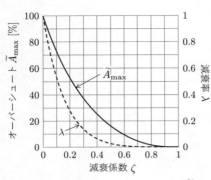

図 4.7　減衰係数 ζ とオーバーシュート $\tilde{A}_{\max}$,
減衰率 λ

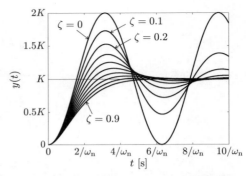

図 4.8　2 次遅れ系の単位ステップ応答：安定限界
（$\zeta = 0$）および不足制動（$0 < \zeta < 1$）

　　バーシュート $A_{\max}$ は **0** に近づく．図 4.8 に $\zeta = 0, 0.1, \ldots, 0.9$ としたとき
の単位ステップ応答を示す．

なお，後述のように，$\zeta \geq 1$ のときはオーバーシュートを生じない．

例 4.2　………………………… マス・ばね・ダンパ系の単位ステップ応答とオーバーシュート

マス・ばね・ダンパ系のステップ応答がオーバーシュートを生じるような条件式を導出する．
例 1.5（p. 15）で示したように，マス・ばね・ダンパ系の伝達関数表現は

$$y(s) = P(s)u(s), \quad P(s) = \frac{1}{Ms^2 + cs + k} \tag{4.21}$$

である．(4.21) 式を 2 次遅れ系の標準形 (4.9) 式の形式で記述すると，**例 1.9**（p. 22）で示
したように，

$$\omega_{\mathrm{n}} = \sqrt{\frac{k}{M}}, \quad \zeta = \frac{c}{2\sqrt{kM}}, \quad K = \frac{1}{k} \tag{4.22}$$

となる．したがって，オーバーシュートを生じるような条件式は

$$0 < \zeta = \frac{c}{2\sqrt{kM}} < 1 \tag{4.23}$$

である．たとえば，$M = 1$, $k = 1$ であるとき，

$$0 < \zeta = \frac{c}{2\sqrt{kM}} = \frac{c}{2} < 1 \quad \Longrightarrow \quad 0 < c < 2 \tag{4.24}$$

であればオーバーシュートを生じる．同様に，$c = 1$, $k = 1$ であるとき，

$$0 < \zeta = \frac{c}{2\sqrt{kM}} = \frac{1}{2\sqrt{M}} < 1 \quad \Longrightarrow \quad M > \frac{1}{4} \tag{4.25}$$

であればオーバーシュートを生じる．

問題 4.3　$u(t) = v_{\mathrm{in}}(t)$, $y(t) = q(t)$ とした RLC 回路の伝達関数表現は，**問題 1.3**（p. 13）
で求めたように，

$$y(s) = P(s)u(s), \quad P(s) = \frac{C}{LCs^2 + RCs + 1}$$

である．L, C の値が与えられたとき，オーバーシュートを生じるような R の条件式を示せ．

問題 4.4　例 1.5 (p. 15) で示したマス・ばね・ダンパ系に $u(t) = 1$ [N] $(t \geq 0)$ を加えたとき，$T_\mathrm{p} = 2$ [s]，$y(T_\mathrm{p}) = 0.6$ [m]，$y_\infty = 0.5$ [m] であった (図 4.9)．パラメータ同定に関する以下の設問に答えよ．

(1)　y_∞ の値から K を定めよ．また，(4.16)，(4.17a) 式を利用して，$A_\max, y_\infty, T_\mathrm{p}$ の値から $\xi := \zeta\omega_\mathrm{n}, \omega_\mathrm{n}, \zeta$ の値を定めよ．

(2)　(1) で求めた $\zeta, \omega_\mathrm{n}, K$ の値から M, c, k の値を定めよ．

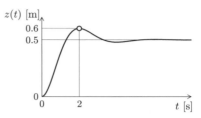

図 4.9　マス・ばね・ダンパ系の単位ステップ応答

4.2.3　臨界制動 ($\zeta = 1$)

臨界制動 ($\zeta = 1$) であるときの 2 次遅れ要素 $P(s)$ の極は，負の実数 (重解) $s = -\omega_\mathrm{n}$ である．このとき，2 次遅れ系 (4.9) 式の単位ステップ応答のラプラス変換は

$$y(s) = P(s)\frac{1}{s} = \frac{K\omega_\mathrm{n}^2}{s(s + \omega_\mathrm{n})^2} = K\left\{\frac{1}{s} - \frac{\omega_\mathrm{n}}{(s + \omega_\mathrm{n})^2} - \frac{1}{s + \omega_\mathrm{n}}\right\} \quad (4.26)$$

のように部分分数分解できる．したがって，臨界制動の 2 次遅れ系の単位ステップ応答は

> **2 次遅れ系の単位ステップ応答：臨界制動 ($\zeta = 1$)**
>
> $$y(t) = K\left\{1 - e^{-\omega_\mathrm{n}t}(\omega_\mathrm{n}t + 1)\right\} \quad (t \geq 0) \quad (4.27)$$

となる．単位ステップ応答 (4.27) 式の時間微分を求めると，

$$\dot{y}(t) = K\omega_\mathrm{n}^2 t e^{-\omega_\mathrm{n}t} \quad (t \geq 0) \quad (4.28)$$

となるので，$\dot{y}(t) = 0$ となるのは $t = 0, \infty$ のみであり，それ以外では $t e^{-\omega_\mathrm{n}t} > 0$ となる．

臨界制動の 2 次遅れ系に対する単位ステップ応答 (4.27) 式の過渡特性を以下にまと

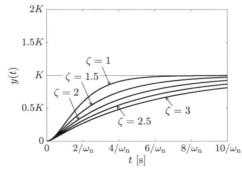

図 4.10　2 次遅れ系の単位ステップ応答：臨界制動 ($\zeta = 1$) および過制動 ($\zeta > 1$)

める (図 4.10 参照).

2次遅れ系の単位ステップ応答の過渡特性：臨界制動 $(\zeta = 1)$

- (4.28) 式より $K > 0$ であるとき $\dot{y}(t) > 0$ $(0 < t < \infty)$ なので，単位ステップ応答 (4.27) 式は単調増加であり，ぎりぎり振動せずに（ぎりぎりオーバーシュートを生じずに）定常値 $y_\infty = K$ に収束する.

- 単位ステップ応答 (4.27) 式は $\tau = \omega_\mathrm{n} t$ の関数なので，固有角周波数 ω_n を N 倍すると，反応が N 倍はやくなる.

4.2.4　過制動 $(\zeta > 1)$

過制動 $(\zeta > 1)$ であるときの2次遅れ要素 $P(s)$ の極は，互いに異なる負の実数 $s = p_1, p_2$ である. ただし，

$$p_1 = -(\zeta + \sqrt{\zeta^2 - 1})\omega_\mathrm{n}, \quad p_2 = -(\zeta - \sqrt{\zeta^2 - 1})\omega_\mathrm{n}$$

である. このとき，

$$s^2 + 2\zeta\omega_\mathrm{n}s + \omega_\mathrm{n}^2 = (s - p_1)(s - p_2), \quad \omega_\mathrm{n}^2 = p_1 p_2$$

なので，2次遅れ系 (4.9) 式の単位ステップ応答のラプラス変換は

$$
\begin{aligned}
y(s) = P(s)\frac{1}{s} &= \frac{K p_1 p_2}{s(s - p_1)(s - p_2)} \\
&= K\left\{\frac{1}{s} + \frac{1}{p_1 - p_2}\left(\frac{p_2}{s - p_1} - \frac{p_1}{s - p_2}\right)\right\}
\end{aligned}
\tag{4.29}
$$

のように部分分数分解できる. したがって，過制動の2次遅れ系の単位ステップ応答は

2次遅れ系の単位ステップ応答：過制動 $(\zeta > 1)$

$$y(t) = K\left\{1 + \frac{1}{p_1 - p_2}\left(p_2 e^{p_1 t} - p_1 e^{p_2 t}\right)\right\} \quad (t \geq 0) \tag{4.30}$$

となる. 単位ステップ応答 (4.30) 式の時間微分を求めると，

$$\dot{y}(t) = \frac{K p_1 p_2}{p_1 - p_2}\left(e^{p_1 t} - e^{p_2 t}\right) = \frac{K\omega_\mathrm{n}}{2\sqrt{\zeta^2 - 1}}\left(e^{p_2 t} - e^{p_1 t}\right) \quad (t \geq 0) \tag{4.31}$$

となるので，$\dot{y}(t) = 0$ となるのは $t = 0, \infty$ のみである. また，$p_1 < p_2 < 0$ なので $0 < e^{p_1 t} < e^{p_2 t}$ $(0 < t < \infty)$ である.

過制動の2次遅れ系に対する単位ステップ応答 (4.30) 式の過渡特性を以下にまとめる (図 4.10 参照).

2次遅れ系の単位ステップ応答の過渡特性：過制動 $(\zeta > 1)$

- (4.31) 式より $K > 0$ であるとき $\dot{y}(t) > 0$ $(0 < t < \infty)$ なので，単位ステップ

応答 (4.30) 式は<u>単調増加</u>であり，振動せずに定常値 $y_\infty = K$ に収束する．

- 単位ステップ応答 (4.30) 式は $\tau = \omega_n t$ の関数なので，固有角周波数 ω_n を N 倍すると，反応が N 倍はやくなる．

なお，$\zeta \gg 1$ であるとき $|p_1| \gg |p_2|$ なので，$0 < e^{p_1 t} \ll e^{p_2 t}\ (0 < t < \infty)$ であり，p_2 が代表極[注8]となる．つまり，単位ステップ応答 (4.30) 式は

$$y(t) \simeq K\left(1 - \frac{p_1}{p_1 - p_2}e^{p_2 t}\right) \simeq K\left(1 - e^{p_2 t}\right) \quad (t \geq 0) \tag{4.32}$$

のように近似される．(4.32) 式は1次遅れ系

$$y(s) = P(s)u(s), \quad P(s) = \frac{K}{1 + Ts}, \quad T = -\frac{1}{p_2} > 0 \tag{4.33}$$

の単位ステップ応答であるから，$\zeta \gg 1$ であるような2次遅れ系 (4.9) 式は近似的に1次遅れ系 (4.33) 式となる．図 4.11 に $\zeta = 2$ としたときの単位ステップ応答を示す．

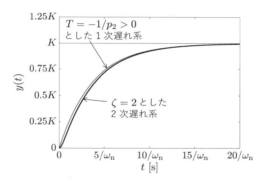

図 4.11　**$\zeta = 2$** としたときの2次遅れ系の単位ステップ応答とその近似

例 4.3 ······························ マス・ばね・ダンパ系の単位ステップ応答の過渡特性と定常特性

例 4.2 (p. 72) で説明したように，マス・ばね・ダンパ系は2次遅れ系であり，標準形で表したときのパラメータは (4.22) 式

$$\omega_n = \sqrt{\frac{k}{M}}, \quad \zeta = \frac{c}{2\sqrt{kM}}, \quad K = \frac{1}{k}$$

であった．ここでは，M, c, k を変化させたときの単位ステップ応答のふるまいを考察する．

(a) 質量 M

質量 M は固有角周波数 ω_n，減衰係数 ζ に含まれているので，速応性，安定度に影響を与える．「$M \to$ 大」とすると，「$\omega_n \to$ 小」となるので反応が遅くなり，「$\zeta \to$ 小」となるのでオーバーシュートが大きくなる．これは，慣性を大きくすると，動かしにくく止めにくいことを意味している．また，質量 M はゲイン K に含まれていないので，定常値 $y_\infty = K$ には関係しない．図 4.12 に質量 M を変化させたときの単位ステップ応答を示す．

[注8] 代表極については **3.3.2 項** (p. 58) を参照すること．

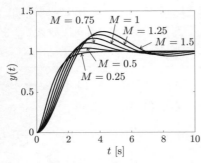

図 4.12 **M** のみを変化 ($c = 1$, $k = 1$)

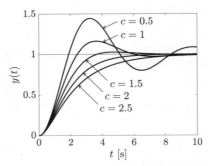

図 4.13 **c** のみを変化 ($M = 1$, $k = 1$)

(b) ダンパ係数 c

ダンパ係数 c は減衰係数 ζ にのみ含まれ，両者は比例関係にあるので「$c \to$ 大」とすることと「$\zeta \to$ 大」とすることは等価である．つまり，「$c \to$ 大」とする (粘性を高める) とオーバーシュートが小さくなり，$c \geq 2\sqrt{kM}$ ($\zeta \geq 1$) となるとオーバーシュートは 0 になる．このように，**ダンパには振動を抑える効果がある**ことがわかる．一方で，ダンパ係数 c は固有角周波数 ω_{n} に含まれていないので，速応性にはほとんど関係しない．また，ダンパ係数 c はゲイン K にも含まれていないので，定常値 $y_\infty = K$ には関係しない．図 4.13 にダンパ係数 c を変化させたときの単位ステップ応答を示す．

(c) ばね係数 k

ばね係数 k は固有角周波数 ω_{n}，減衰係数 ζ，ゲイン K のすべてに含まれているので，速応性，安定度，定常値のいずれにも影響を与える．「$k \to$ 大」とする (ばねを強くする) と，「$\omega_{\mathrm{n}} \to$ 大」となるので反応がはやくなり，「$\zeta \to$ 小」となるのでオーバーシュート $\widetilde{A}_{\max}$ [%] が大きくなる．これは，ばねを強くすると位置変位 $y(t)$ に対して大きな力が加わるので，反応がはやくなるが，その分，行き過ぎてしまうので，安定度が低くなることを意味している．また，「$K = 1/k \to$ 小 (0)」となるので定常値 $y_\infty = K$ は小さくなる．これは，ばねを強くすると反力が大きくなるため，台車の移動距離が小さくなることを意味している．図 4.14 にばね係数 k を変化させたときの単位ステップ応答を示す．

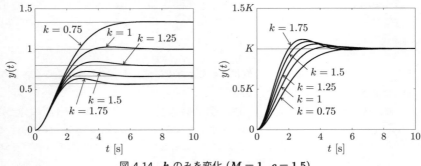

図 4.14 **k** のみを変化 ($M = 1$, $c = 1.5$)

4.3 MATLAB を利用した演習

4.3.1 1 次遅れ系

1 次遅れ系 (4.1) 式 (p. 65) において，時定数 T やゲイン K を変化させたときの単位ステップ応答 $y(t)$ を描画するための M ファイルは以下のようになる．

M ファイル "step_1st_T.m"

```
 1    t = 0:0.001:5;   ……  時間 t のデータ生成
 2
 3    K = 1;           ……  K = 1
 4    for T = 0.5:0.5:2    …… T = 0.5, 1, 1.5, 2
 5        sysP = tf([K],[T 1]);
 6        y = step(sysP,t);
 7                         …… 1 次遅れ系の単位ステップ
 8        figure(1)        応答 y(t) を計算し,
 9        plot(t,y)        Figure 1 に描画
10        hold on      ……  グラフの保持
11        plot(T,0.632*K,'ko')
12        plot(T*[1 1],K*[0 1],'k:')
13    end              ……  特徴点を黒丸で, 補助線を
14                         黒の点線で描画
15    figure(1)
16    plot([0 5],0.632*K*[1 1],'k:')
17                     ……  補助線を黒の点線で描画
18    xlabel('t [s]')  ……  横軸のラベル
19    ylabel('y(t)')   ……  縦軸のラベル
20    hold off         ……  グラフの解放
```

M ファイル "step_1st_K.m"

```
 1    t = 0:0.001:5;   ……  時間 t のデータ生成
 2
 3    T = 1;           ……  T = 1
 4    for K = 0.5:0.5:2    …… K = 0.5, 1, 1.5, 2
 5        sysP = tf([K],[T 1]);
 6        y = step(sysP,t);
 7                         …… 1 次遅れ系の単位ステップ
 8        figure(1)        応答 y(t) を計算し,
 9        plot(t,y)        Figure 1 に描画
10        hold on      ……  グラフの保持
11        plot(T,0.632*K,'ko')
12        plot([0 5],0.632*K*[1 1],'k:')
13    end              ……  特徴点を黒丸で, 補助線を
14                         黒の点線で描画
15    figure(1)
16    plot(T*[1 1],K*[0 1],'k:')
17                     ……  補助線を黒の点線で描画
18    xlabel('t [s]')  ……  横軸のラベル
19    ylabel('y(t)')   ……  縦軸のラベル
20    hold off         ……  グラフの解放
```

これらの M ファイルを実行した結果をそれぞれ **図 4.15, 4.16** に示す．**図 4.15** からわかるように，時定数 $T > 0$ は単位ステップ応答の定常値 $y_\infty = 1$ の約 $63.2\,\%$ に至る時間であり，T の大きさと立ち上がりのはやさが比例関係にある．また，**図 4.16** からわかるように，ゲイン K は単位ステップ応答の定常値 y_∞ に等しい．

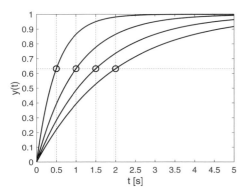

図 4.15 M ファイル "step_1st_T.m" の実行結果 ($T = 0.5, 1, 1.5, 2, K = 1$)

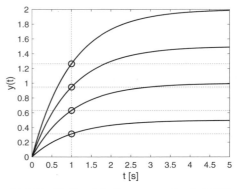

図 4.16 M ファイル "step_1st_K.m" の実行結果 ($T = 1, K = 0.5, 1, 1.5, 2$)

4.3.2　2 次遅れ系

2 次遅れ系 (4.9) 式 (p. 68) においてゲインを $K=1$ に固定し，減衰係数 ζ や固有角周波数 ω_n を変化させたときの単位ステップ応答 $y(t)$ を描画する．そして，行き過ぎ時間 T_p [s] とオーバーシュート $\widetilde{A}_{\max}$ [%] を表示するための M ファイルは以下のようになる[注9]．

```
M ファイル "step_2nd_zeta.m"
1   t = 0:0.001:10; …… 時間 t のデータ生成
2
3   K = 1;           …… K = 1
4   yinf = K;        …… y∞ = K
5
6   wn = 1;          …… ωn = 1
7   for zeta = 0.1:0.1:0.9
8     sysP = tf([K*wn^2],[1 2*zeta*wn wn^2]);
9     y = step(sysP,t);
10                      ζ = 0, 0.2, ..., 0.9
11    figure(1)         としたときの単位ステップ
12    plot(t,y)         応答 y(t) の計算と描画
13    hold on       …… グラフの保持
14
15    S = stepinfo(y,t,yinf);
16    Tp   = S.PeakTime;   …… Tp [s]
17    Amax = S.Overshoot;  …… Ãmax [%]
18    fprintf('zeta = %2.1f, ',zeta)
19    fprintf(  'wn = %2.1f, ',wn)
20    fprintf(  'Tp = %4.3e, ',Tp)
21    fprintf('Amax = %4.3e¥n',Amax)
22  end            …… ζ, ωn, Tp, Amax の表示
23
24  figure(1)
25  ylim([0 2])    …… 縦軸の範囲指定
26  xlabel('t [s]') …… 横軸のラベル
27  ylabel('y(t)')  …… 縦軸のラベル
28  hold off       …… グラフの解放
29  grid on        …… 補助線の表示
```

```
M ファイル "step_2nd_wn.m"
1   t = 0:0.001:10; …… 時間 t のデータ生成
2
3   K = 1;           …… K = 1
4   yinf = K;        …… y∞ = K
5
6   zeta = 0.2;      …… ζ = 0.2
7   for wn = [0.5 1 2]
8     sysP = tf([K*wn^2],[1 2*zeta*wn wn^2]);
9     y = step(sysP,t);
10                      ωn = 0.5, 1, 2
11    figure(1)         としたときの単位ステップ
12    plot(t,y)         応答 y(t) の計算と描画
13    hold on       …… グラフの保持
14
15    S = stepinfo(y,t,yinf);
16    Tp   = S.PeakTime;   …… Tp [s]
17    Amax = S.Overshoot;  …… Ãmax [%]
18    fprintf('zeta = %2.1f, ',zeta)
19    fprintf(  'wn = %2.1f, ',wn)
20    fprintf(  'Tp = %4.3e, ',Tp)
21    fprintf('Amax = %4.3e¥n',Amax)
22  end            …… ζ, ωn, Tp, Amax の表示
23
24  figure(1)
25  ylim([0 2])    …… 縦軸の範囲指定
26  xlabel('t [s]') …… 横軸のラベル
27  ylabel('y(t)')  …… 縦軸のラベル
28  hold off       …… グラフの解放
29  grid on        …… 補助線の表示
```

M ファイル "step_2nd_zeta.m" を実行すると，図 4.17 の単位ステップ応答 $y(t)$ が描画され，行き過ぎ時間 T_p [s] とオーバーシュート $\widetilde{A}_{\max}$ [%] が

```
M ファイル "step_2nd_zeta.m" の実行結果
>> step_2nd_zeta ↵
zeta = 0.1, wn = 1.0, Tp = 3.157e+00, Amax = 7.292e+01  …… ζ = 0.1, ωn = 1 に対する Tp, Ãmax
zeta = 0.2, wn = 1.0, Tp = 3.206e+00, Amax = 5.266e+01  …… ζ = 0.2, ωn = 1 に対する Tp, Ãmax
zeta = 0.3, wn = 1.0, Tp = 3.293e+00, Amax = 3.723e+01  …… ζ = 0.3, ωn = 1 に対する Tp, Ãmax
zeta = 0.4, wn = 1.0, Tp = 3.428e+00, Amax = 2.538e+01  …… ζ = 0.4, ωn = 1 に対する Tp, Ãmax
zeta = 0.5, wn = 1.0, Tp = 3.628e+00, Amax = 1.630e+01  …… ζ = 0.5, ωn = 1 に対する Tp, Ãmax
zeta = 0.6, wn = 1.0, Tp = 3.927e+00, Amax = 9.478e+00  …… ζ = 0.6, ωn = 1 に対する Tp, Ãmax
zeta = 0.7, wn = 1.0, Tp = 4.399e+00, Amax = 4.599e+00  …… ζ = 0.7, ωn = 1 に対する Tp, Ãmax
zeta = 0.8, wn = 1.0, Tp = 5.236e+00, Amax = 1.516e+00  …… ζ = 0.8, ωn = 1 に対する Tp, Ãmax
zeta = 0.9, wn = 1.0, Tp = 7.207e+00, Amax = 1.524e-01  …… ζ = 0.9, ωn = 1 に対する Tp, Ãmax
```

[注9] stepinfo(sysP) とすると荒い精度で特徴点が抽出されるので，stepinfo(y,t,yinf) としている．

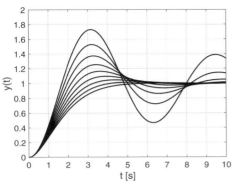

図 4.17　M ファイル "step_2nd_zeta.m" の実行結果

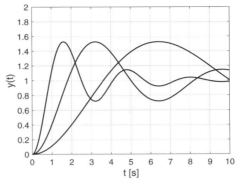

図 4.18　M ファイル "step_2nd_wn.m" の実行結果

のように表示される．したがって，減衰係数 ζ を 0 に近づけるとオーバーシュート $\widetilde{A}_{\max}$ が 100 [%] に近づき，減衰係数 ζ を 1 に近づけるとオーバーシュート $\widetilde{A}_{\max}$ が 0 [%] に近づくことがわかる．

一方，M ファイル "step_2nd_wn.m" を実行すると，**図 4.18** の単位ステップ応答 $y(t)$ が描画され，行き過ぎ時間 T_{p} [s] とオーバーシュート $\widetilde{A}_{\max}$ [%] が

M ファイル "step_2nd_wn.m" の実行結果

```
>> step_2nd_wn ↵
zeta = 0.2, wn = 0.5, Tp = 6.413e+00, Amax = 5.266e+01   ······ ζ = 0.2, ωₙ = 0.5 に対する Tₚ, Ãₘₐₓ
zeta = 0.2, wn = 1.0, Tp = 3.206e+00, Amax = 5.266e+01   ······ ζ = 0.2, ωₙ = 1 に対する Tₚ, Ãₘₐₓ
zeta = 0.2, wn = 2.0, Tp = 1.603e+00, Amax = 5.266e+01   ······ ζ = 0.2, ωₙ = 2 に対する Tₚ, Ãₘₐₓ
```

のように表示される．したがって，減衰係数 ζ の値を固定し，固有角周波数 ω_{n} を k 倍すると，行き過ぎ時間 T_{p} は $1/k$ 倍になるが，オーバーシュート $\widetilde{A}_{\max}$ [%] は変化しないことがわかる．

第**5**章

s 領域での制御系解析/設計

　本章ではまず，複数の伝達関数や信号で記述される複数の関係式を視覚的に表すため，これらをブロック線図で記述する方法について説明する．ついで，フィードバック制御系の構成について議論する．フィードバック制御系を構成するとき，満足すべき最も基本的な事項は，安定性の確保である．そこで，フィードバック制御系の安定判別を s 領域で行うためのいくつかの方法を説明する．ついで，目標値追従と外乱抑制の観点から，フィードバック制御系の定常特性を改善するための条件について考察する．

5.1　ブロック線図

　制御工学の分野では，伝達関数 (要素) を $\boxed{}$，信号の流れを $\longrightarrow$，加減算を表す加え合わせ点を $\bigcirc$，引き出し点を $\bullet$ のように視覚的に表すことが多い．たとえば，信号 $u(s), v(s), w(s), y(s), z(s)$ と伝達関数 $P(s)$ で表される関係式

$$y(s) = P(s)u(s), \quad y(s) = -u(s) + v(s) - w(s), \quad y(s) = z(s) = u(s)$$

は，それぞれ**図 5.1** のように図示することができる．これらの基本操作を利用すると，

$$\begin{cases} y(s) = P_1(s)v(s) \\ v(s) = P_2(s)u(s) \end{cases} \implies \quad \text{図 5.2 (a)} \tag{5.1}$$

$$\begin{cases} y_1(s) = P_1(s)u(s) \\ y_2(s) = P_2(s)u(s) \\ y(s) = y_1(s) + y_2(s) \end{cases} \implies \quad \text{図 5.2 (b)} \tag{5.2}$$

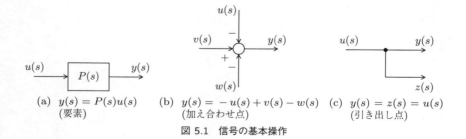

(a) $y(s) = P(s)u(s)$　　(b) $y(s) = -u(s) + v(s) - w(s)$　(c) $y(s) = z(s) = u(s)$
　　　(要素)　　　　　　　　　　　(加え合わせ点)　　　　　　　　　(引き出し点)

図 5.1　信号の基本操作

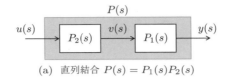

(a) 直列結合 $P(s) = P_1(s)P_2(s)$

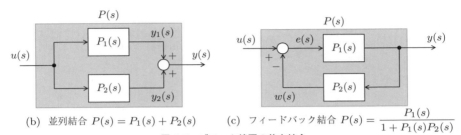

(b) 並列結合 $P(s) = P_1(s) + P_2(s)$ (c) フィードバック結合 $P(s) = \dfrac{P_1(s)}{1 + P_1(s)P_2(s)}$

図 5.2　ブロック線図の基本結合

$$\left\{ \begin{array}{l} y(s) = P_1(s)e(s) \\ e(s) = u(s) - w(s) \\ w(s) = P_2(s)y(s) \end{array} \right. \quad \Longrightarrow \quad \text{図 5.2 (c)} \tag{5.3}$$

などといった複数の式を，図 5.2 に示す**ブロック線図**で図示することができる．逆に，図 5.2 のように図示されたブロック線図は，入力を $u(s)$，出力を $y(s)$ とした一つの伝達関数 $P(s)$ に結合することができる [注1]．

(a) 直列結合

図 5.2 (a) に示す直列結合では，$u(s)$ から $y(s)$ への伝達関数 $P(s)$ は

$$(5.1) \text{ 式} \quad \Longrightarrow \quad y(s) = P(s)u(s), \quad P(s) = P_1(s)P_2(s) \tag{5.4}$$

のようになる．

(b) 並列結合

図 5.2 (b) に示す並列結合では，$u(s)$ から $y(s)$ への伝達関数 $P(s)$ は

$$(5.2) \text{ 式} \quad \Longrightarrow \quad y(s) = P(s)u(s), \quad P(s) = P_1(s) + P_2(s) \tag{5.5}$$

のようになる．

(c) フィードバック結合

図 5.2 (c) に示すフィードバック結合では，$u(s)$ から $y(s)$ への伝達関数 $P(s)$ は

$$\begin{aligned} (5.3) \text{ 式} \quad \Longrightarrow \quad y(s) &= P_1(s)e(s) = P_1(s)(u(s) - w(s)) \\ &= P_1(s)(u(s) - P_2(s)y(s)) \\ \Longrightarrow \quad & \big(1 + P_1(s)P_2(s)\big)y(s) = P_1(s)u(s) \end{aligned}$$

[注1] MATLAB によりブロック線図を結合する方法を 5.5.1 項 (p. 96) で説明する．また，Simulink によりブロック線図を結合する方法を 5.6.1 項 (p. 101) で説明する．

$$\implies \quad y(s) = P(s)u(s), \quad P(s) = \frac{P_1(s)}{1 + P_1(s)P_2(s)} \tag{5.6}$$

のようになる.

例 5.1 .... フィードバック制御系のブロック線図

制御対象

$$y(s) = P(s)v(s), \quad v(s) = u(s) + d(s) \tag{5.7}$$

とコントローラ[(注2)]

$$u(s) = C(s)e(s), \quad e(s) = r(s) - y(s) \tag{5.8}$$

とで構成される, 図 5.3 のフィードバック制御系を考える. ただし, $u(t)$：操作量 (制御入力), $y(t)$：制御量 (制御出力), $e(t)$：偏差, $r(t)$：目標値, $d(t)$：外乱である. このとき,

- $G_{yr}(s)$：$r(s)$ から $y(s)$ への伝達関数
- $G_{yd}(s)$：$d(s)$ から $y(s)$ への伝達関数
- $G_{er}(s)$：$r(s)$ から $e(s)$ への伝達関数
- $G_{ed}(s)$：$d(s)$ から $e(s)$ への伝達関数

を求めてみよう. 図 5.3 より $y(s)$ を出発点として信号をたどっていくと,

$$\begin{cases} y(s) = P(s)v(s) \\ v(s) = u(s) + d(s) \\ u(s) = C(s)e(s) \\ e(s) = r(s) - y(s) \end{cases} \implies \begin{cases} y(s) = P(s)v(s) \\ \quad = P(s)\big(u(s) + d(s)\big) \\ \quad = P(s)\big(C(s)e(s) + d(s)\big) \\ \quad = P(s)\big\{C(s)\big(r(s) - y(s)\big) + d(s)\big\} \end{cases}$$

$$\implies \quad \big(1 + P(s)C(s)\big)y(s) = P(s)C(s)r(s) + P(s)d(s)$$

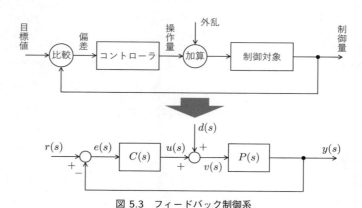

図 5.3　フィードバック制御系

[(注2)] コントローラの形式には様々なものがあるが, たとえば, PI コントローラ

$$u(t) = k_{\mathrm{P}}e(t) + k_{\mathrm{I}}\int_0^t e(t)\mathrm{d}t \iff u(s) = C(s)e(s), \quad C(s) = k_{\mathrm{P}} + \frac{k_{\mathrm{I}}}{s} = \frac{k_{\mathrm{P}}s + k_{\mathrm{I}}}{s}$$

が用いられる (詳細は**第 6 章** (p. 105) を参照).「PI コントローラを設計する」ことは,「所望の制御性能が得られるようにパラメータ k_{P}, k_{I} の値を定める (調整する)」ことを意味する.

$$\implies \quad y(s) = G_{yr}(s)r(s) + G_{yd}(s)d(s), \quad \begin{cases} G_{yr}(s) = \dfrac{P(s)C(s)}{1 + P(s)C(s)} \\ G_{yd}(s) = \dfrac{P(s)}{1 + P(s)C(s)} \end{cases} \tag{5.9}$$

のように伝達関数 $G_{yr}(s)$, $G_{yd}(s)$ が得られる．同様に，$e(s)$ を出発点とすると，

$$\begin{cases} e(s) = r(s) - y(s) \\ y(s) = P(s)v(s) \\ v(s) = u(s) + d(s) \\ u(s) = C(s)e(s) \end{cases} \implies \begin{cases} e(s) = r(s) - y(s) \\ \quad = r(s) - P(s)v(s) \\ \quad = r(s) - P(s)\big(u(s) + d(s)\big) \\ \quad = r(s) - P(s)\big(C(s)e(s) + d(s)\big) \end{cases}$$

$$\implies \quad \big(1 + P(s)C(s)\big)e(s) = r(s) - P(s)d(s)$$

$$\implies \quad e(s) = G_{er}(s)r(s) + G_{ed}(s)d(s), \quad \begin{cases} G_{er}(s) = \dfrac{1}{1 + P(s)C(s)} \\ G_{ed}(s) = -\dfrac{P(s)}{1 + P(s)C(s)} \end{cases} \tag{5.10}$$

のように伝達関数 $G_{er}(s)$, $G_{ed}(s)$ が得られる．

問題 5.1　図 5.4 の 2 自由度制御系において，$r(s)$ から $y(s)$ への伝達関数 $G_{yr}(s)$ および $r(s)$ から $e(s)$ への伝達関数 $G_{er}(s)$ を求めよ．

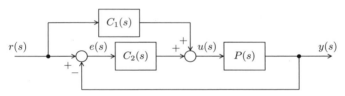

図 5.4　2 自由度制御系

問題 5.2　図 5.5 のカスケード制御系では，制御対象

$$\begin{cases} y(s) = P_1(s)v(s) \\ v(s) = P_2(s)u(s) \end{cases} \iff \quad y(s) = P(s)u(s), \quad P(s) = P_1(s)P_2(s) \tag{5.11}$$

に対して，制御量 $y(s)$ のフィードバックだけでなく，内部信号 $v(s)$ もフィードバックさせた二重ループのコントローラにより制御を行う．内側のループをマイナーループ，外側のループをメジャーループという．$w(s)$ から $v(s)$ への伝達関数 (マイナーループの伝達関数) $G_{vw}(s)$ を求めよ．また，$r(s)$ から $y(s)$ への伝達関数 $G_{yr}(s)$ を求めよ．

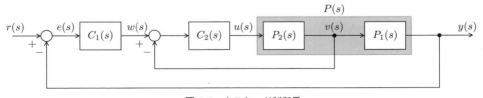

図 5.5　カスケード制御系

5.2　フィードフォワード制御とフィードバック制御

5.2.1　フィードフォワード制御とその問題点

　フィードフォワード制御系は，制御対象に外乱が加わっていない，制御対象のパラメータ変動が生じない，などといった理想的な状況では有効であるが，理想的な状況とは異なる場合，以下の例に示すように，目標値に追従させることができない.

例 5.2　...　フィードフォワード制御の問題点 (1)

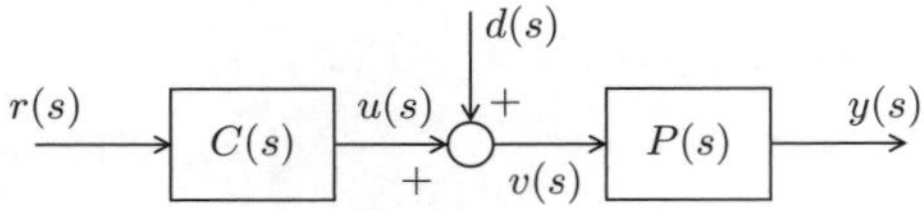

図 5.6　フィードフォワード制御系

　図 5.6 に示すフィードフォワード制御系を構成し，安定な制御対象

$$y(s) = P(s)\big(u(s) + d(s)\big), \quad P(s) = \frac{K}{1 + Ts} \quad (T > 0) \tag{5.12}$$

の制御量 $y(t)$ をその目標値 $r(t) = 1 \ (t \geq 0)$ に追従させることを考えよう.

　制御対象のパラメータ T, K が既知であるとし，フィードフォワードコントローラ

$$u(s) = C(s)r(s), \quad C(s) = \frac{1 + Ts}{K(1 + T_{\mathrm{m}}s)} \quad (T_{\mathrm{m}} > 0) \tag{5.13}$$

を利用することを考える．ただし，$T_{\mathrm{m}} > 0$ は $G_{yr}(s)$ と一致させたい規範モデル $G_{\mathrm{m}}(s) = 1/(1 + T_{\mathrm{m}}s)$ の時定数であり，設計者により与えられる．このとき，

$$y(s) = G_{yr}(s)r(s) + G_{yd}(s)d(s), \quad \begin{cases} G_{yr}(s) = P(s)C(s) = \dfrac{1}{1 + T_{\mathrm{m}}s} \\ G_{yd}(s) = P(s) = \dfrac{K}{1 + Ts} \end{cases} \tag{5.14}$$

となるので，外乱が $d(t) = 0$ のとき，目標値

$$r(t) = \begin{cases} 0 & (t < 0) \\ 1 & (t \geq 0) \end{cases} \iff r(s) = \frac{1}{s} \tag{5.15}$$

に対する制御量 $y(t)$ は，設計者が指定した理想的な応答波形

$$y(s) = G_{yr}(s)r(s) = \frac{1}{s(1 + T_{\mathrm{m}}s)} \implies y(t) = 1 - e^{-\frac{1}{T_{\mathrm{m}}}t} \tag{5.16}$$

となり，定常値は $y_{\infty} = 1$ となる．しかしながら，以下のような問題がある.

問題点 1：　制御対象に外乱[注3]

$$d(t) = \begin{cases} 0 & (t < 10) \\ 1 & (t \geq 10) \end{cases} \iff d(s) = e^{-10s}\frac{1}{s} \tag{5.17}$$

[注3] $f(t) = \begin{cases} 0 & (t < 0) \\ 1 & (t \geq 0) \end{cases}$ のとき，$d(t) = f(t - t_{\mathrm{d}}) = \begin{cases} 0 & (t < t_{\mathrm{d}}) \\ 1 & (t \geq t_{\mathrm{d}}) \end{cases}$ なので，例 1.10 (p. 22) で説明したむだ時間要素の考え方により，$d(s)$ は次式となる.

$$d(s) = \mathcal{L}\big[f(t - t_{\mathrm{d}})\big] = e^{-t_{\mathrm{d}}s}f(s) = e^{-t_{\mathrm{d}}s}\frac{1}{s}$$

が加わったとする. このとき, 制御量 $y(t)$ の定常値は, **付録 A.2 (p. 217)** に示す最終値の定理より

$$y_\infty = \lim_{s \to 0} sy(s) = \lim_{s \to 0} s\big(G_{yr}(s)r(s) + G_{yd}(s)d(s)\big) = 1 + K \tag{5.18}$$

となり, 目標値 $r(t) = 1$ と一致しない (図 5.7 (a) 参照).

<u>問題点 2</u>:　パラメータが変動し, 実際の制御対象が

$$P'(s) = \frac{K'}{1 + T's} \quad (T' > 0,\ K' \neq K) \tag{5.19}$$

である場合を考える. このとき, 外乱 $d(t)$ が加わっていない ($d(t) = 0$) としても,

$$y(s) = G'_{yr}(s)r(s), \quad G'_{yr}(s) = P'(s)C(s) = \frac{K'(1 + Ts)}{K(1 + T's)(1 + T_\mathrm{m}s)} \tag{5.20}$$

であるから, 目標値 $r(t) = 1\ (t \geq 0)$ に対する制御量 $y(t)$ の定常値は

$$y_\infty = G'_{yr}(0) = \frac{K'}{K} \tag{5.21}$$

となり, 目標値 $r(t) = 1$ と一致しない (図 5.7 (b) 参照).

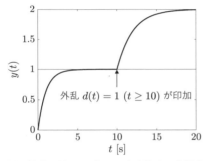
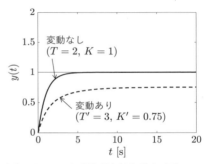

(a)　外乱 $d(t) = 1\ (t \geq 10)$ が加わった場合　(b)　パラメータ変動が生じた場合 ($T' = 3$,
　　$(T = 2,\ K = 1)$　　　　　　　　　　　　　　　$K' = 0.75,\ d(t) = 0$)
図 5.7　フィードフォワード制御のシミュレーション結果 ($T_\mathrm{m} = 1$)

また, つぎの例で示すように, 制御対象が不安定である場合, フィードフォワード制御では安定化できない.

例 5.3 .... フィードフォワード制御の問題点 (2)

　例 5.2 において, 制御対象が不安定 ($T < 0$) であるとき, $G_{yd}(s)$ の極は不安定であるので, 外乱 $d(t)$ が加わると発散する. また, 外乱が $d(t) = 0$ であったとしても, $P(s)$ と $C(s)$ とで不安定な**極零相殺** ($P(s)$ と $C(s)$ との間で $1 + Ts$ が約分され, $P(s)$ の不安定極 $s = -1/T > 0$ と $C(s)$ の不安定零点 $s = -1/T > 0$ が相殺される) を起こすため, 以下で説明するように, 制御量の初期値 $y(0)$ が完全に 0 でないとき $y(t)$ は発散する.

　$d(t) = 0$ とした制御対象 (5.12) 式を微分方程式で表現すると,

$$y(t) + T\dot{y}(t) = Ku(t) \quad (T > 0) \tag{5.22}$$

となる. 初期値 $y(0) = y_0$ を考慮して (5.22) 式をラプラス変換すると,

$$y(s) + T(sy(s) - y_0) = Ku(s)$$
$$\implies \quad y(s) = \frac{K}{1 + Ts}u(s) + \frac{T}{1 + Ts}y_0 \tag{5.23}$$

となるので，フィードフォワードコントローラ (5.13) 式を用いると，

$$y(s) = \frac{1}{1 + T_m s}r(s) + \frac{T}{1 + Ts}y_0 \tag{5.24}$$

となる．したがって，目標値を $r(t) = 1$ $(t \geq 0)$ としたときの制御量 $y(t)$ は

$$y(t) = 1 - e^{-\frac{1}{T_m}t} + e^{-\frac{1}{T}t}y_0 \tag{5.25}$$

となるから，$T < 0$ $(-1/T > 0)$ のとき，$y_0 \neq 0$ であれば $y(t)$ が発散してしまう．

5.2.2 フィードバック制御とその利点

フィードバック制御を行うと，以下の例で示すように，フィードフォワード制御における上記の問題に対処することができる．

例 5.4 ··· フィードバック制御の利点

図 5.3 (p. 82) のフィードバック制御系における制御対象を (5.12) 式，コントローラを

$$u(s) = C(s)e(s), \quad C(s) = \frac{k_P s + k_I}{s} \tag{5.26}$$

とすると，(5.9) 式 (p. 83) における伝達関数は

$$G_{yr}(s) = \frac{P(s)C(s)}{1 + P(s)C(s)} = \frac{K(k_P s + k_I)}{Ts^2 + (1 + Kk_P)s + Kk_I} \tag{5.27}$$

$$G_{yd}(s) = \frac{P(s)}{1 + P(s)C(s)} = \frac{Ks}{Ts^2 + (1 + Kk_P)s + Kk_I} \tag{5.28}$$

となる．ここで，$G_{yr}(s), G_{yd}(s)$ の極，すなわち，

$$Ts^2 + (1 + Kk_P)s + Kk_I = 0 \tag{5.29}$$

の解の実部がすべて負となるようにコントローラ (5.26) 式のパラメータ k_P, k_I が選ばれているとする．このとき，(5.15) 式の目標値 $r(t)$ および (5.17) 式の外乱 $d(t)$ が加わったとき，制御量 $y(t)$ の定常値は，最終値の定理より

$$y_\infty = \lim_{s \to 0} sy(s) = \lim_{s \to 0} s\big(G_{yr}(s)r(s) + G_{yd}(s)d(s)\big) = 1 \tag{5.30}$$

となり，目標値 $r(t) = 1$ と一致する (図 5.8 (a) 参照).

つぎに，パラメータが変動し，実際の制御対象が (5.19) 式の $P'(s)$ である場合を考える．このとき，

$$y(s) = G'_{yr}(s)r(s) + G'_{yd}(s)d(s) \tag{5.31}$$

$$G'_{yr}(s) = \frac{P'(s)C(s)}{1 + P'(s)C(s)} = \frac{K'(k_P s + k_I)}{T's^2 + (1 + K'k_P)s + K'k_I}$$

$$G'_{yd}(s) = \frac{P'(s)}{1 + P'(s)C(s)} = \frac{K's}{T's^2 + (1 + K'k_P)s + K'k_I}$$

なので，$G_{yr}(s), G_{yd}(s)$ の極の実部だけでなく $G'_{yr}(s), G'_{yd}(s)$ の極の実部がすべて負とな

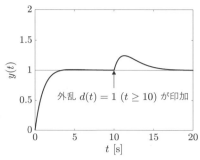
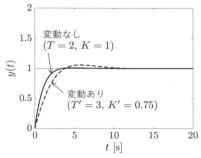

(a) 外乱 $d(t) = 1$ $(t \geq 10)$ が加わった場合 $(T = 2, K = 1)$ 　(b) パラメータ変動が生じた場合 $(T' = 3,$ $K' = 0.75,$ $d(t) = 0)$

図 5.8　フィードバック制御のシミュレーション結果 $(T_{\mathrm{m}} = 1)$

るようにコントローラ (5.26) 式のパラメータ k_{P}, k_{I} が選ばれているのであれば，$y_\infty = 1$ となり，目標値 $r(t) = 1$ と一致する (図 5.8 (b) 参照)．

5.3　フィードバック制御系の安定性

5.3.1　内部安定性

図 5.3 (p. 82) のフィードバック制御系における伝達関数を

$$P(s) = \frac{N_{\mathrm{p}}(s)}{D_{\mathrm{p}}(s)}, \quad C(s) = \frac{N_{\mathrm{c}}(s)}{D_{\mathrm{c}}(s)}$$

と記述する．ただし，$N_{\mathrm{p}}(s)$, $D_{\mathrm{p}}(s)$, $N_{\mathrm{c}}(s)$, $D_{\mathrm{c}}(s)$ は s の多項式である．このとき，$r(s)$, $d(s)$ から $y(s)$, $u(s)$ への伝達関数 $G_{yr}(s)$, $G_{yd}(s)$, $G_{ur}(s)$, $G_{ud}(s)$ は，それぞれ

$$G_{yr}(s) = \frac{P(s)C(s)}{1 + P(s)C(s)} = \frac{N_{\mathrm{p}}(s)N_{\mathrm{c}}(s)}{D_{\mathrm{p}}(s)D_{\mathrm{c}}(s) + N_{\mathrm{p}}(s)N_{\mathrm{c}}(s)} \tag{5.32}$$

$$G_{yd}(s) = \frac{P(s)}{1 + P(s)C(s)} = \frac{N_{\mathrm{p}}(s)D_{\mathrm{c}}(s)}{D_{\mathrm{p}}(s)D_{\mathrm{c}}(s) + N_{\mathrm{p}}(s)N_{\mathrm{c}}(s)} \tag{5.33}$$

$$G_{ur}(s) = \frac{C(s)}{1 + P(s)C(s)} = \frac{D_{\mathrm{p}}(s)N_{\mathrm{c}}(s)}{D_{\mathrm{p}}(s)D_{\mathrm{c}}(s) + N_{\mathrm{p}}(s)N_{\mathrm{c}}(s)} \tag{5.34}$$

$$G_{ud}(s) = -\frac{P(s)C(s)}{1 + P(s)C(s)} = -\frac{N_{\mathrm{p}}(s)N_{\mathrm{c}}(s)}{D_{\mathrm{p}}(s)D_{\mathrm{c}}(s) + N_{\mathrm{p}}(s)N_{\mathrm{c}}(s)} \tag{5.35}$$

となる．したがって，フィードバック制御に関する以下の安定条件が得られる[注4]．

フィードバック制御系の内部安定性

図 5.3 のフィードバック制御系は，**特性方程式**

[注4] MATLAB により内部安定性を判別する方法については，5.5.2 項 (p. 98) で説明する．

$$1 + P(s)C(s) = 0 \quad \Longrightarrow \quad \Delta(s) := D_\mathrm{p}(s)D_\mathrm{c}(s) + N_\mathrm{p}(s)N_\mathrm{c}(s) = 0 \quad (5.36)$$

の解の実部がすべて負であれば，そのときに限り内部安定である．

$\Delta(s)$ を**特性多項式**と呼ぶ．ここでいう安定性は，フィードバック制御系に外部から $r(t)$（目標値），$d(t)$（外乱）が加わったとき，出力信号 $y(t)$（制御量）だけでなく内部信号 $u(t)$（操作量）も発散しないことを保証しているため，**内部安定性**と呼ばれる．

　以下に，内部安定性を判別する例を示す．

例 5.5 ‥‥‥‥‥‥‥‥‥‥‥‥‥‥‥‥‥‥‥‥‥‥‥‥ フィードバック制御系の内部安定性の判別

　図 5.3 のフィードバック制御系において，

$$P(s) = \frac{1}{s-1}, \quad C(s) = \frac{2s+1}{s}$$
$$\Longrightarrow \quad \begin{cases} N_\mathrm{p}(s) = 1 \\ D_\mathrm{p}(s) = s-1 \end{cases}, \quad \begin{cases} N_\mathrm{c}(s) = 2s+1 \\ D_\mathrm{c}(s) = s \end{cases} \quad (5.37)$$

であるときの内部安定性を判別する．特性方程式

$$\Delta(s) := D_\mathrm{p}(s)D_\mathrm{c}(s) + N_\mathrm{p}(s)N_\mathrm{c}(s) = s^2 + s + 1 = 0 \quad (5.38)$$

の解は $s = -\dfrac{1}{2} \pm \dfrac{\sqrt{3}}{2}j$ であり，解の実部がすべて負となるため，内部安定である．

通常はこの例のように，$P(s)$ と $C(s)$ の積 $P(s)C(s)$ に約分が生じないため，四つの伝達関数 $G_{yr}(s), G_{yd}(s), G_{ur}(s), G_{ud}(s)$ の極は特性方程式の解に等しい．このような場合，たとえば，$G_{yr}(s)$ の極のみで内部安定性を判別できる．

　それに対し，$P(s)$ と $C(s)$ の積に約分（極と零点の相殺）が生じている場合，四つの伝達関数 $G_{yr}(s), G_{yd}(s), G_{ur}(s), G_{ud}(s)$ のうちのいずれかは，その極が特性方程式の解の一部でしかない．そのため，以下の例で示すように，$P(s)$ と $C(s)$ の積に<u>不安定な極零相殺がある場合，内部安定ではない</u>ので，注意が必要である．

例 5.6 ‥‥‥‥‥‥‥‥‥‥‥‥‥‥‥‥‥‥‥‥‥‥‥‥ フィードバック制御系の内部安定性の判別

(1)　**【$P(s)$ の不安定極と $C(s)$ の不安定零点の相殺】**　　図 5.3 のフィードバック制御系において，

$$P(s) = \frac{1}{s-1}, \quad C(s) = \frac{s-1}{s+1}$$
$$\Longrightarrow \quad \begin{cases} N_\mathrm{p}(s) = 1 \\ D_\mathrm{p}(s) = s-1 \end{cases}, \quad \begin{cases} N_\mathrm{c}(s) = s-1 \\ D_\mathrm{c}(s) = s+1 \end{cases} \quad (5.39)$$

であるときの内部安定性を判別する．特性方程式

$$\Delta(s) := D_\mathrm{p}(s)D_\mathrm{c}(s) + N_\mathrm{p}(s)N_\mathrm{c}(s) = (s-1)(s+2) = 0 \quad (5.40)$$

の解は $s = -2, 1$ であり，実部が正の解を含むため，**図 5.3 のフィードバック制御系は内部安定ではない**．実際，

$$G_{yr}(s) = -G_{ud}(s) = \frac{P(s)C(s)}{1 + P(s)C(s)} = \frac{s-1}{(s-1)(s+2)} = \frac{1}{s+2} \quad (5.41)$$

$$G_{ur}(s) = \frac{C(s)}{1 + P(s)C(s)} = \frac{(s-1)^2}{(s-1)(s+2)} = \frac{s-1}{s+2} \quad (5.42)$$

は安定な伝達関数であるが，

$$G_{yd}(s) = \frac{P(s)}{1 + P(s)C(s)} = \frac{s+1}{(s-1)(s+2)} \quad (5.43)$$

は不安定な伝達関数である．つまり，外乱 $d(t)$ が加わったとき，制御量 $y(t)$ は発散してしまう．

(2) **【$P(s)$ の不安定零点と $C(s)$ の不安定極の相殺】** 図 5.3 のフィードバック制御系において，

$$P(s) = \frac{s-1}{s+1}, \quad C(s) = \frac{1}{s-1}$$

$$\implies \begin{cases} N_{\mathrm{p}}(s) = s-1 \\ D_{\mathrm{p}}(s) = s+1 \end{cases}, \quad \begin{cases} N_{\mathrm{c}}(s) = 1 \\ D_{\mathrm{c}}(s) = s-1 \end{cases} \quad (5.44)$$

であるときの内部安定性を判別する．特性方程式

$$\Delta(s) := D_{\mathrm{p}}(s)D_{\mathrm{c}}(s) + N_{\mathrm{p}}(s)N_{\mathrm{c}}(s) = (s-1)(s+2) = 0 \quad (5.45)$$

の解は $s = -2, 1$ であり，実部が正の解を含むため，図 5.3 のフィードバック制御系は内部安定ではない．実際，

$$G_{yr}(s) = -G_{ud}(s) = \frac{P(s)C(s)}{1 + P(s)C(s)} = \frac{s-1}{(s-1)(s+2)} = \frac{1}{s+2} \quad (5.46)$$

$$G_{yd}(s) = \frac{P(s)}{1 + P(s)C(s)} = \frac{(s-1)^2}{(s-1)(s+2)} = \frac{s-1}{s+2} \quad (5.47)$$

は安定な伝達関数であるが，$G_{ur}(s)$ は

$$G_{ur}(s) = \frac{C(s)}{1 + P(s)C(s)} = \frac{s+1}{(s-1)(s+2)} \quad (5.48)$$

のように不安定な伝達関数である．したがって，目標値 $r(t)$ が加わったとき，内部信号である操作量 $u(t)$ が発散してしまう．

問題 5.3 図 5.3 のフィードバック制御系において，$P(s)$, $C(s)$ が以下のように与えられたとき，特性方程式 (5.36) 式の解を求めることによって内部安定性を調べよ．

(1) $P(s) = \dfrac{1}{(s-1)(s+2)}$, $C(s) = 1$

(2) $P(s) = \dfrac{s+1}{(s+2)(s+3)}$, $C(s) = \dfrac{1}{s+1}$

(3) $P(s) = \dfrac{s-1}{s^2 + 3s + 1}$, $C(s) = \dfrac{1}{s-1}$

5.3.2 フルビッツの安定判別法

図 5.3 のフィードバック制御系に対する特性方程式 (5.36) 式 (p. 88) は n 次方程式

$$\Delta(s) := D_{\mathrm{p}}(s)D_{\mathrm{c}}(s) + N_{\mathrm{p}}(s)N_{\mathrm{c}}(s)$$
$$= a_n s^n + a_{n-1}s^{n-1} + \cdots + a_1 s + a_0 = 0 \tag{5.49}$$

となる．特性方程式が高次である場合やパラメータを含む場合，3.1.3 項 (p. 51) で説明したフルビッツの安定判別法 [注5] を利用して，内部安定であるかどうかを調べる．

── フルビッツの安定判別法 (簡略化した条件) による内部安定性の判別 ──

$a_n > 0$ であるような特性方程式 (5.49) 式を考える [注6]．このとき，以下の条件を満足するならば，そのときに限り，図 5.3 のフィードバック制御系は内部安定である．

　条件 A　　$\Delta(s)$ のすべての係数 a_i が正

　条件 B″　$\begin{cases} n \text{ が偶数のとき，} H_3, H_5, \ldots, H_{n-1} \text{ がすべて正} \\ n \text{ が奇数のとき，} H_2, H_4, \ldots, H_{n-1} \text{ がすべて正} \end{cases}$

ただし，H_i は (5.49) 式に対して定義される (3.7) 式 (p .51) のフルビッツ行列 $\boldsymbol{H}$ の主座小行列式である．また，$n = 1, 2$ のとき，条件 B″ は不要である．

例 5.7　　……………………… フルビッツの安定判別法 (簡略化した条件) による内部安定性の判別

　例 1.5 (p. 15) のマス・ばね・ダンパ系において，$M = 0.2, c = 0.4, k = 0.4$ とした

$$P(s) = \frac{1}{Ms^2 + cs + k} = \frac{5}{s^2 + 2s + 2} \tag{5.50}$$

を制御対象とする．このとき，図 5.3 のフィードバック制御系が内部安定となるような PI コントローラ

$$C(s) = k_{\mathrm{P}} + \frac{k_{\mathrm{I}}}{s} = \frac{k_{\mathrm{P}}s + k_{\mathrm{I}}}{s} \quad (k_{\mathrm{I}} \neq 0) \tag{5.51}$$

のパラメータ $k_{\mathrm{P}}, k_{\mathrm{I}}$ の範囲を求めてみよう．
　特性方程式 (5.49) 式は次式となる．

$$\Delta(s) = s(s^2 + 2s + 2) + 5(k_{\mathrm{P}}s + k_{\mathrm{I}})$$
$$= a_3 s^3 + a_2 s^2 + a_1 s + a_0 = 0, \quad \begin{cases} a_3 = 1, \quad a_2 = 2, \\ a_1 = 2 + 5k_{\mathrm{P}}, \quad a_0 = 5k_{\mathrm{I}} \end{cases} \tag{5.52}$$

条件 A　　$a_3 = 1 > 0, a_2 = 2 > 0$ であるから，$\Delta(s)$ の係数がすべて正であるためには次式が成立せねばならない．

$$a_1 = 2 + 5k_{\mathrm{P}} > 0, \quad a_0 = 5k_{\mathrm{I}} > 0 \tag{5.53}$$

条件 B″　　$n = 3$ としたフルビッツ行列

$$\boldsymbol{H} = \begin{bmatrix} a_2 & a_0 & 0 \\ a_3 & a_1 & 0 \\ 0 & a_2 & a_0 \end{bmatrix} = \begin{bmatrix} 2 & 5k_{\mathrm{I}} & 0 \\ 1 & 2 + 5k_{\mathrm{P}} & 0 \\ 0 & 2 & 5k_{\mathrm{I}} \end{bmatrix} \tag{5.54}$$

[注5] MATLAB の Symbolic Math Toolbox を利用すると，フルビッツの安定判別法により例 5.7 の結果を得ることができる．その手順を 5.5.3 項 (p. 98) に示す．

[注6] $a_n < 0$ である場合には $\Delta(s)$ に -1 をかけることで，$a_n > 0$ となるように式変形する．

に対して $H_2 > 0$ を満足すれば良いので，次式の条件が得られる．

$$H_2 = \begin{vmatrix} a_2 & a_0 \\ a_3 & a_1 \end{vmatrix} = \begin{vmatrix} 2 & 5k_I \\ 1 & 2 + 5k_P \end{vmatrix} = 2(2 + 5k_P) - 5k_I > 0 \tag{5.55}$$

(5.53), (5.55) 式よりコントローラ (5.51) 式のパラメータ k_P, k_I を

$$0 < k_I < \frac{2}{5}(2 + 5k_P) \tag{5.56}$$

であるように選べば，図 5.3 のフィードバック制御系は内部安定である．

たとえば，$k_P = 0.5$ としたとき，(5.56) 式より内部安定であるような k_I の範囲は

$$0 < k_I < 1.8 \tag{5.57}$$

となる．図 5.9 は $k_P = 0.5$, $k_I = 0.25, 0.5, 1, 2$ としたシミュレーション結果である．これより，(5.57) 式を満足しているとき ($k_I = 0.25, 0.5, 1$) は内部安定であるが，k_I を大きくするにしたがい安定度が低くなり，振動的となる．そして，(5.57) 式を満足しなくなると ($k_I = 2$)，不安定となっていることが確認できる．

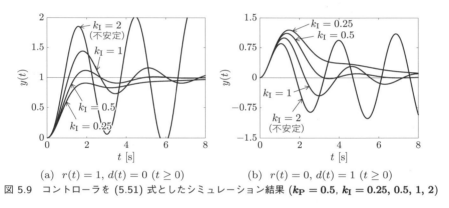

(a) $r(t) = 1, d(t) = 0 \ (t \geq 0)$ (b) $r(t) = 0, d(t) = 1 \ (t \geq 0)$

図 5.9 コントローラを (5.51) 式としたシミュレーション結果 (**$k_P = 0.5$, $k_I = 0.25, 0.5, 1, 2$**)

問題 5.4   図 5.3 のフィードバック制御系において，制御対象が

$$P(s) = \frac{2}{s^3 + 4s^2 + 5s - 1} \tag{5.58}$$

であるとき，以下の設問に答えよ．

(1) コントローラを $C(s) = k_P$ としたとき，内部安定となる k_P の範囲をフルビッツの安定判別法により求めよ．

(2) コントローラを $C(s) = \dfrac{4s + k_I}{s}$ ($k_I \neq 0$) としたとき，内部安定となる k_I の範囲をフルビッツの安定判別法により求めよ．

5.4 フィードバック制御系の定常特性

5.4.1 目標値応答と外乱応答

例 5.1 (p. 82) で導出したように，図 5.3 のフィードバック制御系においては，

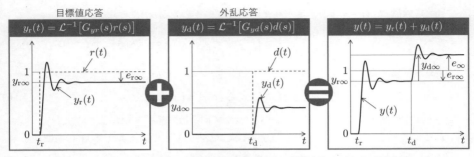

図 5.10 フィードバック制御系の目標値応答 $y_\mathrm{r}(t)$, 外乱応答 $y_\mathrm{d}(t)$ と時間応答 $y(t)$

$$y(s) = G_{yr}(s)r(s) + G_{yd}(s)d(s) \qquad (5.59)$$
$$G_{yr}(s) = \frac{P(s)C(s)}{1 + P(s)C(s)}, \quad G_{yd}(s) = \frac{P(s)}{1 + P(s)C(s)}$$
$$e(s) = G_{er}(s)r(s) + G_{ed}(s)d(s) = G_{er}(s)r(s) - G_{yd}(s)d(s) \qquad (5.60)$$
$$G_{er}(s) = \frac{1}{1 + P(s)C(s)}, \quad G_{ed}(s) = -G_{yd}(s)$$

という関係式が成立する. (5.59) 式を逆ラプラス変換すると, フィードバック制御系の制御量 $y(t)$ は

フィードバック制御系の制御量

$$y(t) = y_\mathrm{r}(t) + y_\mathrm{d}(t), \quad \begin{cases} y_\mathrm{r}(t) = \mathcal{L}^{-1}\big[G_{yr}(s)r(s)\big] \\ y_\mathrm{d}(t) = \mathcal{L}^{-1}\big[G_{yd}(s)d(s)\big] \end{cases} \qquad (5.61)$$

のように

- 目標値応答 $y_\mathrm{r}(t)$：外乱 $d(t)$ を 0 としたときの目標値 $r(t)$ に対する時間応答
- 外乱応答 $y_\mathrm{d}(t)$：目標値 $r(t)$ を 0 としたときの外乱 $d(t)$ に対する時間応答

の和で表されることがわかる (図 5.10). 同様に, (5.60) 式を逆ラプラス変換すると, フィードバック制御系の偏差 $e(t) = r(t) - y(t)$ は次式となる.

フィードバック制御系の偏差

$$e(t) = e_\mathrm{r}(t) - y_\mathrm{d}(t), \quad e_\mathrm{r}(t) = \mathcal{L}^{-1}\big[G_{er}(s)r(s)\big] \qquad (5.62)$$

したがって, 以下の議論では, 目標値応答および外乱応答それぞれに対して解析を行うことにする.

5.4.2　目標値応答と目標値追従特性

図 5.3 のフィードバック制御系において外乱が $d(t) = 0$ であるとき, (5.60) 式は

$$e(s) = e_\mathrm{r}(s) = G_{er}(s)r(s), \quad G_{er}(s) = \frac{1}{1 + L(s)} \qquad (5.63)$$

となる. ここで, $L(s) := P(s)C(s)$ を**開ループ伝達関数**という. したがって, **図 5.3** の
フィードバック制御系が内部安定であれば, 最終値の定理 (**付録 A.2** (p. 217) を参照)
により偏差 $e(t)$ の定常値 $e_{r\infty}$ が次式のように求まる.

目標値に対する定常偏差

$$e_{r\infty} = \lim_{t \to \infty} e_r(t) = \lim_{s \to 0} s e_r(s) = \lim_{s \to 0} s G_{er}(s) r(s) \tag{5.64}$$

ここで, (5.64) 式を目標値に対する**定常偏差**と呼ぶ. とくに, 目標値が単位ステップ関
数である場合, $r(t) = 1 \ (t \geq 0)$ より $r(s) = 1/s$ なので, (5.64) 式は

定常位置偏差 (単位ステップ関数の目標値に対する定常偏差)

$$e_{r\infty} = e_p := G_{er}(0) = \frac{1}{1 + L(0)} \tag{5.65}$$

となる. (5.65) 式を**定常位置偏差**と呼ぶ. (5.65) 式より以下のことがいえる.

コントローラの構造と定常位置偏差との関係

- コントローラを $C(s) = k_P$ のように定数としたとき [注7], 「$k_P \to$ 大」とする
  と, 定常位置偏差 e_p は 0 に近づく.
- 定常位置偏差 e_p が完全に 0 となるのは, $|L(0)| = \infty$ であるとき, すなわち,

$$L(s) := P(s)C(s) = \boxed{\frac{1}{s}} \times \frac{b_m s^m + \cdots + b_1 s + b_0}{a_n s^n + \cdots + a_1 s + a_0} \tag{5.66}$$

  のように $L(s)$ が積分器 $1/s$ を少なくとも一つ含むときである. このような制
  御系を **1 型の制御系**と呼ぶ. たとえば, 制御対象 $P(s)$ が微分器 s を含まない
  のであれば, **コントローラ $C(s)$ に積分器 $1/s$ を一つ含ませる**ことで, 1 型の
  制御系となる.

例 5.8 ⋯⋯⋯⋯⋯⋯⋯⋯⋯⋯⋯⋯⋯⋯ 定常位置偏差 ($L(s)$ に積分器を含まない場合)

例 5.7 で示したマス・ばね・ダンパ系 (5.50) 式 (p. 90) に対し, P コントローラ

$$u(t) = k_P e(t) \iff u(s) = C(s)e(s), \quad C(s) = k_P > 0 \tag{5.67}$$

を用いた場合の目標値応答を考えてみよう. 定常位置偏差 (5.65) 式は

$$G_{er}(s) = \frac{1}{1 + L(s)} = \frac{s^2 + 2s + 2}{s^2 + 2s + 2 + 5k_P} \implies e_p = G_{er}(0) = \frac{2}{2 + 5k_P} \tag{5.68}$$

となる. つまり, $L(0) = 5k_P/2$ が有限の値なので, 必ず定常位置偏差 $e_p \neq 0$ が残ってし
まう. たとえば, $k_P = 1, 2, 4$ としたときの定常位置偏差 e_p は

- $k_P = 1 : e_p = \dfrac{2}{7}$ - $k_P = 2 : e_p = \dfrac{1}{6}$ - $k_P = 4 : e_p = \dfrac{1}{11}$

[注7] $C(s) = k_P$ という形式を P コントローラと呼ぶ (詳細は**第 6 章** (p. 105) を参照).

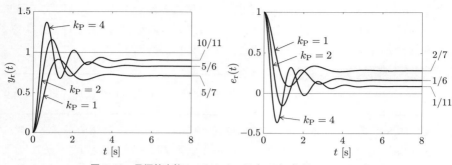

図 5.11 目標値応答：コントローラ (5.67) 式 ($k_P = 1, 2, 4$)

となり，k_P を大きくすると定常位置偏差 e_p は 0 に近づくが，0 となることはない．$r(t) = 1$，$d(t) = 0$ $(t \geq 0)$ とした目標値応答 $y(t) = y_r(t)$ および $e(t) = e_r(t)$ を図 5.11 に示す．

例 5.9 ································· 定常位置偏差 ($L(s)$ に積分器を含む場合)

例 5.8 において，(5.67) 式に偏差 $e(t)$ の積分の項を付加した PI コントローラ

$$u(t) = k_P e(t) + k_I \int_0^t e(t)\mathrm{d}t \iff u(s) = C(s)e(s), \quad C(s) = \frac{k_P s + k_I}{s} \quad (5.69)$$

を用いることを考える．ただし，(5.56) 式 (p. 91) を満足するように k_P, k_I が選ばれており，内部安定であるとする．このとき，定常位置偏差 (5.65) 式は

$$G_{er}(s) = \frac{s(s^2 + 2s + 2)}{s^3 + 2s^3 + (2 + 5k_P)s + 5k_I} \implies e_p = G_{er}(0) = 0 \quad (5.70)$$

となる．つまり，コントローラ $C(s)$ に積分器 $1/s$ を含ませることで，$L(0) = P(0)C(0) = \infty$ とすることができ，定常位置偏差 e_p が 0 となる．図 5.12 に目標値応答を示す．

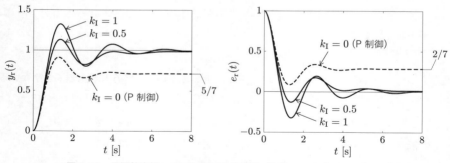

図 5.12 目標値応答：コントローラ (5.69) 式 ($k_P = 1$, $k_I = 0, 0.5, 1$)

問題 5.5 問題 5.4 (p. 91) において，コントローラ $C(s)$ を以下のように選んだとき，定常位置偏差 e_p を求めよ．

(1) $C(s) = 4$ (2) $C(s) = \dfrac{4s + 1}{s}$

5.4.3 外乱応答と外乱抑制特性

図 5.3 のフィードバック制御系において目標値が $r(t) = 0$ であるとき，(5.59) 式は

$$y(s) = y_{\mathrm{d}}(s) = G_{yd}(s)d(s), \quad G_{yd}(s) = \frac{P(s)}{1 + P(s)C(s)} \tag{5.71}$$

となる．したがって，フィードバック制御系が内部安定であれば，定常値 $y_{\mathrm{d}\infty}$ が

> **外乱に対する定常値**
>
> $$y_{\mathrm{d}\infty} = \lim_{t \to \infty} y_{\mathrm{d}}(t) = \lim_{s \to 0} s y_{\mathrm{d}}(s) = \lim_{s \to 0} s G_{yd}(s)d(s) \tag{5.72}$$

のように求まる．とくに，単位ステップ外乱 (外乱が単位ステップ関数) である場合，$d(t) = 1 \ (t \geq 0)$ より $d(s) = 1/s$ なので，(5.72) 式は

> **単位ステップ外乱に対する定常値**
>
> $$y_{\mathrm{d}\infty} = y_{\mathrm{s}} := G_{yd}(0) = \frac{P(0)}{1 + P(0)C(0)} \tag{5.73}$$

となる．(5.73) 式を書き換えると，

$$y_{\mathrm{s}} = \frac{1}{\dfrac{1}{P(0)} + C(0)} \tag{5.74}$$

となるので，以下のことがいえる．

> **コントローラの構造と単位ステップ外乱に対する定常値との関係**
>
> - $C(s) = k_{\mathrm{P}}$ としたとき，「$k_{\mathrm{P}} \to$ 大」とすると，単位ステップ外乱に対する定常値 y_{s} は 0 に近づく．
> - 単位ステップ外乱に対する定常値 y_{s} が完全に 0 となるのは，
>
> $$|C(0)| = \infty \quad \text{もしくは} \quad \frac{1}{|P(0)|} = \infty$$
>
> であるとき，すなわち，
> - コントローラ $C(s)$ が積分器 $1/s$ を少なくとも一つ含む
> - 制御対象 $P(s)$ が微分器 s を少なくとも一つ含む
> のいずれかのときである．

例 5.10 ･･････････････ 単位ステップ外乱に対する定常値 ($C(s)$ に積分器を含まない場合)

マス・ばね・ダンパ系 (5.50) 式 (p. 90) に対し，P コントローラ (5.67) 式 (p. 93) を用いた場合，$r(t) = 0, d(t) = 1 \ (t \geq 0)$ とした外乱応答 $y(t) = y_{\mathrm{d}}(t)$ の定常値 (5.73) 式は

$$G_{yd}(s) = \frac{P(s)}{1 + P(s)C(s)} = \frac{5}{s^2 + 2s + 2 + 5k_{\mathrm{P}}}$$

$$\implies \quad y_{\mathrm{s}} = G_{yd}(0) = \frac{5}{2 + 5k_{\mathrm{P}}} \tag{5.75}$$

となる. つまり, $C(0) = k_P$ や $1/P(0) = 2/5$ は有限の値なので, $y_s \neq 0$ である. たとえば, $k_P = 1, 2, 4$ としたとき,

- $k_P = 1 : y_s = \dfrac{5}{7}$

- $k_P = 2 : y_s = \dfrac{5}{12}$

- $k_P = 4 : y_s = \dfrac{5}{22}$

となり, k_P を大きくすると定常値 y_s は 0 に近づくが, 0 になることはない. 外乱応答 $y(t) = y_d(t)$ を図 5.13 に示す.

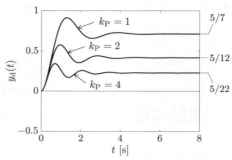

図 5.13 外乱応答：コントローラ (5.67) 式 ($k_P = 1, 2, 4$)

例 5.11 .... 単位ステップ外乱に対する定常値 ($C(s)$ に積分器を含む場合)

マス・ばね・ダンパ系 (5.50) 式 (p. 90) に対し, 積分器 $1/s$ を含む PI コントローラ (5.69) 式 (p. 94) を用いた場合を考える. ただし, (5.56) 式 (p. 91) を満足するように k_P, k_I が選ばれており, 内部安定であるとする. このとき, $r(t) = 0, d(t) = 1$ ($t \geq 0$) とした外乱応答 $y(t) = y_d(t)$ の定常値 (5.73) 式は,

$$G_{yd}(s) = \frac{5s}{s^3 + 2s^2 + (2+5k_P)s + 5k_I}$$
$$\implies \quad y_s = G_{yd}(0) = 0 \qquad (5.76)$$

となる. つまり, $C(0) = \infty$ ($k_I \neq 0$) なので $y_s = 0$ となる. その結果, 外乱応答 $y(t) = y_d(t)$ は図 5.14 に示すようになる.

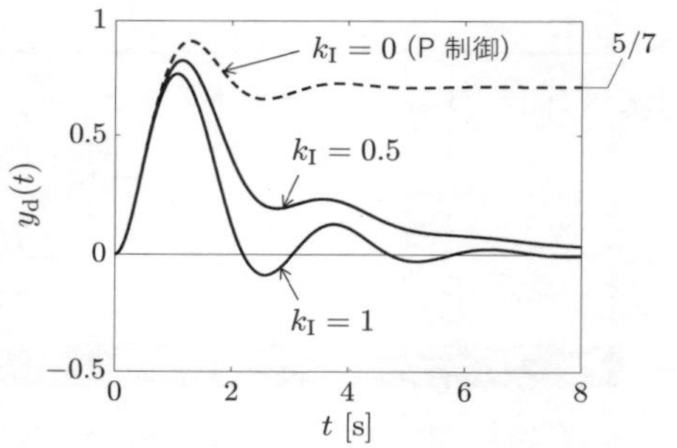

図 5.14 外乱応答：コントローラ (5.69) 式 ($k_P = 1, k_I = 0, 0.5, 1$)

問題 5.6 問題 5.4 (p. 91) において, コントローラ $C(s)$ を以下のように選んだとき, 単位ステップ外乱に対する定常値 y_s を求めよ.

(1) $C(s) = 4$ (2) $C(s) = \dfrac{4s+1}{s}$

5.5 MATLAB を利用した演習

5.5.1 ブロック線図の結合 (+, -, *, /, minreal, feedback)

MATLAB では, 演算子 "+", "−", "*", "/" や関数 "feedback" を用いることによって, ブロック線図の結合を行うことができる. たとえば, 伝達関数

$$P_1(s) = \frac{1}{s+2}, \quad P_2(s) = \frac{2}{10s+1} \qquad (5.77)$$

の直列結合 $P(s) = P_1(s)P_2(s)$，並列結合 $P(s) = P_1(s) + P_2(s)$ は

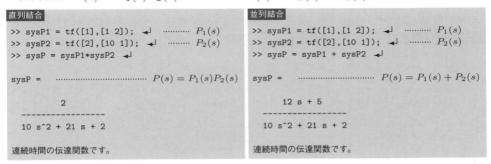

のように求まる．同様に，フィードバック結合 $P(s) = P_1(s)/(1 + P_1(s)P_2(s))$ も

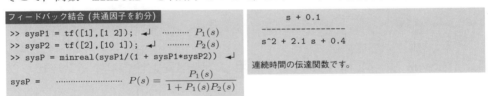

のように得られる．しかし，関数 "**zpkdata**" により求めた極と零点にはともに -2 が含まれており，$P(s)$ の分母と分子の共通因子 $s + 2$ が約分されていないことがわかる．そこで，関数 "**minreal**" を利用することで，以下のように共通因子を約分する．

フィードバック結合 (共通因子を約分)	$\dfrac{s + 0.1}{s^2 + 2.1\,s + 0.4}$
`>> sysP1 = tf([1],[1 2]);` ↵ ·········· $P_1(s)$	
`>> sysP2 = tf([2],[10 1]);` ↵ ········· $P_2(s)$	連続時間の伝達関数です．
`>> sysP = minreal(sysP1/(1 + sysP1*sysP2))` ↵	
`sysP =` ···················· $P(s) = \dfrac{P_1(s)}{1 + P_1(s)P_2(s)}$	

なお，$P_1(s)$ と $P_2(s)$ との間で約分を生じるような場合には，

```
>> sysP = minreal(sysP1/(1 + minreal(sysP1*sysP2)))  ↵
```

とする必要があることに注意する．また，関数 "**feedback**" を利用すれば，

フィードバック結合 (関数 "feedback")	$\dfrac{10\,s + 1}{10\,s^2 + 21\,s + 4}$
`>> sysP1 = tf([1],[1 2]);` ↵ ·········· $P_1(s)$	
`>> sysP2 = tf([2],[10 1]);` ↵ ········· $P_2(s)$	連続時間の伝達関数です．
`>> sysP = feedback(sysP1,sysP2)` ↵	
`sysP =` ···················· $P(s) = \dfrac{P_1(s)}{1 + P_1(s)P_2(s)}$	

のように，簡便にフィードバック結合を求めることができる．

5.5.2　内部安定性

　MATLAB を利用し，例 5.5 (p. 88) の結果を得るための M ファイルを以下に示す.

```
M ファイル "internal_stability1.m" (特性方程式の求解)
1    sysP = tf([1],[1 -1]);              ……… P(s) = N_p(s)/D_p(s) の定義
2    sysC = tf([2 1],[1 0]);             ……… C(s) = N_c(s)/D_c(s) の定義
3
4    [numP denP] = tfdata(sysP,'v');     ……… N_p(s), D_p(s) の抽出
5    [numC denC] = tfdata(sysC,'v');     ……… N_c(s), D_c(s) の抽出
6
7    Delta = conv(denP,denC) + conv(numP,numC);  ……… Δ(s) = D_p(s)D_c(s) + N_p(s)N_c(s) の係数
8    sysDelta = tf(Delta,[1])            ……… Δ(s) の表示
9    roots(Delta)                        ……… 特性方程式 Δ(s) = 0 の求解
```

M ファイル "`internal_stability1.m`" を実行すると,

```
M ファイル "internal_stability1.m" の実行結果
>> internal_stability1 ↵

sysDelta =      ……… Δ(s) = s² + s + 1

  s^2 + s + 1
```

連続時間の伝達関数です.

ans =   ……… $\Delta(s) = 0$ の解 $s = -\dfrac{1}{2} \pm \dfrac{\sqrt{3}}{2}j$
  -0.5000 + 0.8660i
  -0.5000 - 0.8660i

となり，特性方程式 $\Delta(s) = 0$ の解の実部がすべて負なので，内部安定である.

　また，$\Delta(s)$ が $1 + P(s)C(s)$ の分子であることを踏まえると，$\Delta(s) = 0$ の解は $1 + P(s)C(s)$ の零点に等しい．ただし，$P(s)$ と $C(s)$ とで極零相殺を行わないものとする．したがって，以下の M ファイルで特性方程式の解を求めることができる.

```
M ファイル "internal_stability2.m" (特性方程式の求解)
1    sysP = tf([1],[1 -1]);              ……… P(s) = N_p(s)/D_p(s) の定義
2    sysC = tf([2 1],[1 0]);             ……… C(s) = N_c(s)/D_c(s) の定義
3
4    zero(1 + sysP*sysC)                 ……… 1 + P(s)C(s) の零点 (特性方程式 Δ(s) = 0 の解)
```

5.5.3　Symbolic Math Toolbox を利用した内部安定性の判別 (フルビッツの安定判別条件)

　例 5.7 (p. 90) や問題 5.4 (p. 91) のように，フィードバック制御系が内部安定となるようなコントローラのパラメータの範囲を，フルビッツの安定判別法により求めることを考える．MATLAB の Symbolic Math Toolbox を利用してフルビッツの安定判別法を実装した M ファイルを以下に示す.

```
M ファイル "hurwitz_sym.m" (フルビッツの安定判別条件)
1    alpha = coeffs(Delta,s);            ……… Δ(s) = a_n s^n + ⋯ + a_1 s + a_0 の係数 a_i を要素とするベクトル
2                                              α = [α_1 α_2 ⋯ α_N] = [a_0 a_1 ⋯ a_n] の定義
3    N = length(alpha);                  ……… α の要素数 N
4    n = N - 1;                          ……… Δ(s) の次数 n (n 次多項式)
5
6    % ===== 条件 A ====================
7    disp('----- 条件 A：a_i > 0 ------')
```

```
8    for i = 0:n
9        str = ['a', num2str(i), '= alpha(i+1)'];      ········ a₀ = α₁, a₁ = α₂, ..., aₙ = α_N を
10       eval(str)                                               定義し, コマンドウィンドウに表示
11   end
12
13   cond_A = ' ';                    ········ i = 0, 1, ..., n に対して aᵢ > 0 (条件 A) を文字列として定義
14   for i = 0:n
15       if i == 0
16           cond_A = strcat(cond_A,['simplify(a' num2str(i) '> 0)']);
17       else
18           cond_A = strcat(cond_A,[' & simplify(a' num2str(i) '> 0)']);
19       end
20   end
21
22   % ===== 条件 B" =====================
23   for i = 1:n                              ········ i = 1, 2, ..., n として繰り返す
24       for j = 1:n                          ········ j = 1, 2, ..., n として繰り返す
25           k = (N - 1) + (i - 1) - 2*(j - 1);  ········ k = (N-1) + (i-1) - 2(j-1)
26
27           if k >= 1 & k <= N              ········ k ≥ 1 かつ k ≤ N ならば hᵢⱼ = αₖ
28               H(i,j) = alpha(k);
29           else                           ········ k < 1 もしくは k > N ならば hᵢⱼ = 0
30               H(i,j) = 0;
31           end
32       end
33   end
34
35   disp('----- フルビッツ行列 H ------')
36   H                                  ········ フルビッツ行列 H = [h₁₁ ⋯ h₁ₙ; ⋮ ⋱ ⋮; hₙ₁ ⋯ hₙₙ] の表示: (3.7) 式 (p.51)
37
38   if mod(n,2) == 0                   ········ n を 2 で割った余りが 0 であれば (n が偶数であれば)
39       i_min = 3;   i_max = n - 1;          i_min = 3, i_max = n - 1
40   else                               ········ そうでなければ (n が奇数であれば),
41       i_min = 2;   i_max = n - 1;          i_min = 2, i_max = n - 1
42   end
43
44   disp('----- 条件 B" : H_i > 0 ------')
45   for i = i_min:2:i_max              ········ i = i_min, i_min + 2, ..., i_max として繰り返す
46       h = det(H(1:i,1:i));          ········ 主座小行列式 Hᵢ を計算して表示
47       str = ['H', num2str(i), '= h'];      ( n が偶数:H₃, H₅, ..., H_{n-1}
48       eval(str)                              n が奇数:H₂, H₄, ..., H_{n-1} )
49   end
50
51   cond_B = ' ';                     ········ Hᵢ > 0 (条件 B″) を文字列として定義
52   for i = i_min:2:i_max                   ( n が偶数:H₃, H₅, ..., H_{n-1}
53       if i == i_min                        n が奇数:H₂, H₄, ..., H_{n-1} )
54           cond_B = strcat(cond_B,['simplify(H' num2str(i) '> 0)']);
55       else
56           cond_B = strcat(cond_B,[' & simplify(H' num2str(i) '> 0)']);
57       end
58   end
59
60   % ===== 安定条件 =====================
61   disp('----- 安定条件 ------')      ········ 条件 A と条件 B″ を満足するようなパラメータの条件
62   simplify(eval(cond_A) & eval(cond_B))   を簡略化して表示
```

$k_P = 0.5$ としたときの例 5.7 (p. 90) の結果を得るには,

```
M ファイル "sample_hurwitz_sym.m" (例 5.7)
 1   syms s                          ········· ラプラス演算子 s の定義 (s は複素数)
 2   syms kP kI real                 ········· 比例ゲイン kP，積分ゲイン kI を実数として定義
 3
 4   P = 5/(s^2 + 2*s + 2);          ········· 制御対象 P(s) の定義
 5   C = (kP*s + kI)/s;              ········· コントローラ C(s) の定義
 6
 7   [Np Dp] = numden(P);            ········· P(s) = Np(s)/Dp(s) の分子 Np(s)，分母 Dp(s) の抽出
 8   [Nc Dc] = numden(C);            ········· C(s) = Nc(s)/Dc(s) の分子 Nc(s)，分母 Dc(s) の抽出
 9   Delta = Dp*Dc + Np*Nc;          ········· 特性多項式 Δ(s) = Dp(s)Dc(s) + Np(s)Nc(s) の定義
10   Delta = collect(Delta,s)        ········· Δ(s) を整理し，s^k ごとに係数をまとめる
11
12   Delta = subs(Delta,kP,0.5)      ········· Δ(s) に kP = 0.5 を代入
13
14   hurwitz_sym                     ········· M ファイル "hurwitz_sym.m" を実行
```

を実行すれば良い．M ファイル "**sample_hurwitz_sym.m**" を実行すると，

```
M ファイル "sample_hurwitz_sym.m" の実行結果          a3 =     ·············· a3 > 0
>> sample_hurwitz_sym ↵                              1
Delta =     ·············· Δ(s)：(5.52) 式           ----- フルビッツ行列 H ------
s^3 + 2*s^2 + (5*kP + 2)*s + 5*kI                    H =      ·········· フルビッツ行列 H：(5.54) 式
Delta =     ·············· kP = 0.5 を代入した結果    [ 2, 5*kI,    0]
s^3 + 2*s^2 + (9*s)/2 + 5*kI                         [ 1, 9/2,    0]
----- 条件 A：a_i > 0 -----                          [ 0,   2, 5*kI]
a0 =     ·············· a0 > 0                        ----- 条件 B"：H_i > 0 ------
5*kI                                                 H2 =     ·············· H2 > 0：(5.55) 式
a1 =     ·············· a1 > 0                        9 - 5*kI
9/2                                                  ----- 安定条件 ------
a2 =     ·············· a2 > 0                        ans =     ·············· 0 < kI < 9/5：(5.57) 式
2                                                    0 < kI & kI < 9/5
```

のように，(5.57) 式 (p. 91) の結果が得られる．

5.5.4 目標値応答と外乱応答

例 5.9 (p. 94) および例 5.11 (p. 96) の結果を MATLAB により得るための M ファイルを以下に示す．

```
M ファイル "plot_fbk.m" (フィードバック制御の目標値応答と外乱応答)
 1   sysP = tf([5],[1 2 2]);         ········· 制御対象 P(s) = 5/(s^2 + 2s + 2) の定義
 2
 3   t = 0:0.001:8;                  ········· 時間 t のデータ生成
 4
 5   line_type = char('--','-.','-'); ········· 線種を指定するための文字列を定義
 6   n = 0;                          ········· インデックス n の初期化
 7
 8   kP = 1;                         ········· 比例ゲイン kP = 1
 9   for kI = 0:0.5:1                ········· 積分ゲインを kI = 0, 0.5, 1 として反復処理
10      n = n + 1;                   ········· インデックス n を 1 ずつ増加
11
12      sysC = tf([kP kI],[1 0]);    ········· PI コントローラ C(s) = (kI s + kP)/s の定義
13
14      sysGyr = minreal(sysP*sysC/(1 + sysP*sysC));  ········· Gyr(s)
15      sysGyd = minreal(    sysP/(1 + sysP*sysC));   ········· Gyd(s)
```

```
16
17        yr = step(sysGyr,t);              ……… 目標値応答 y_r(t) を計算
18        yd = step(sysGyd,t);              ……… 外乱応答 y_d(t) を計算
19
20        figure(1)                         ……… Figure 1 を指定
21        plot(t,yr,line_type(n,:))         ……… 目標値応答 y_r(t) を描画
22        hold on                           ……… グラフの保持
23
24        figure(2)                         ……… Figure 2 を指定
25        plot(t,yd,line_type(n,:))         ……… 外乱応答 y_d(t) を描画
26        hold on                           ……… グラフの保持
27    end
28
29    yaxis_label = char('{y}_{r}(t)','{y}_{d}(t)');    ……… 縦軸のラベルを指定するための文字列を定義
30    for i = 1:2                           ……… i = 1, 2 として反復処理
31        figure(i)                         ……… Figure i を指定
32        hold off                          ……… グラフの解放
33        xlabel('t [s]')                   ……… 横軸のラベル
34        ylabel(yaxis_label(i,:))          ……… 縦軸のラベル
35        legend({'{k}_{I}=0','{k}_{I}=0.5','{k}_{I}=1'},'NumColumns',3)
36        grid on                           ……… 凡例を 3 列で表示し，補助線を表示
37    end
```

M ファイル "`plot_fbk.m`" を実行すると，図 5.15 のグラフが描画される.

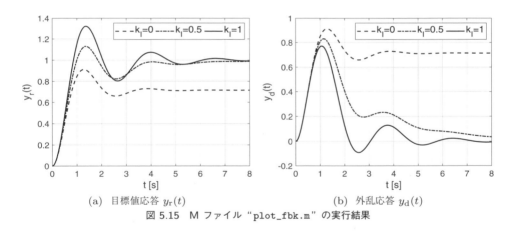

(a) 目標値応答 $y_r(t)$　　　　　　　(b) 外乱応答 $y_d(t)$

図 5.15　M ファイル "`plot_fbk.m`" の実行結果

5.6　Simulink を利用した演習

5.6.1　ブロック線図の結合 (`linmod`)

制御対象およびコントローラの伝達関数をそれぞれ

$$P(s) = \frac{5}{s^2 + 2s + 2}, \quad C(s) = \frac{s+1}{s} \tag{5.78}$$

としたとき，図 5.3 (p. 82) のフィードバック制御系において，(5.59), (5.60) 式 (p. 92) に示した伝達関数 $G_{yr}(s)$, $G_{yd}(s)$, $G_{er}(s)$, $G_{ed}(s)$ を，Simulink により求めてみよう.

まず，以下の手順で Simulink モデルを作成する．

ステップ 1 図 5.16 のように Simulink ブロックを配置した後，**表** 5.1 のように設定する [注8]．そして，図 5.17 のように結線する．

ステップ 2 図 5.17 の Simulink モデルを "connect_fbk.slx" という名前で作業したいフォルダ (カレントディレクトリ) に保存する．

つぎに，Simulink モデル "connect_fbk.slx" と同じフォルダに M ファイル

```
M ファイル "sample_linmod.m"（ブロック線図の結合）
1  [A B C D] = linmod('connect_fbk');   ……… Simulink モデル "connect_fbk.slx" から入力を In1,
2  sys = ss(A,B,C,D);                         In2, 出力を Out1, Out2 とした状態空間表現を生成
3  sys = tf(sys);                       ……… 状態空間表現を伝達関数表現に変換
4
5  sysGyr = sys(1,1)                    ……… r(s) (In1) から y(s) (Out1) への伝達関数 G_{yr}(s)
6  sysGyd = sys(1,2)                    ……… d(s) (In2) から y(s) (Out1) への伝達関数 G_{yd}(s)
7  sysGer = sys(2,1)                    ……… r(s) (In1) から e(s) (Out2) への伝達関数 G_{er}(s)
8  sysGed = sys(2,2)                    ……… d(s) (In2) から e(s) (Out2) への伝達関数 G_{ed}(s)
```

を保存する．M ファイル "sample_linmod.m" では，

$$\begin{bmatrix} y(s) \\ e(s) \end{bmatrix} = \begin{bmatrix} G_{yr}(s) & G_{yd}(s) \\ G_{er}(s) & G_{ed}(s) \end{bmatrix} \begin{bmatrix} r(s) \\ d(s) \end{bmatrix} \iff \begin{bmatrix} \text{Out1} \\ \text{Out2} \end{bmatrix} = \begin{bmatrix} \text{sys}(1,1) & \text{sys}(1,2) \\ \text{sys}(2,1) & \text{sys}(2,2) \end{bmatrix} \begin{bmatrix} \text{In1} \\ \text{In2} \end{bmatrix}$$

という関係式に基づいて，sys に $r(s)$, $d(s)$ (In1, In2) から $y(s)$, $e(s)$ (Out1, Out2) への四つの伝達関数 $G_{yr}(s)$, $G_{yd}(s)$, $G_{er}(s)$, $G_{ed}(s)$ が格納される．したがって，M ファイル "sample_linmod.m" を実行すると，以下の結果が得られる．

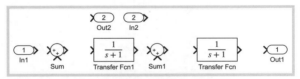

図 5.16 Simulink ブロックの配置

表 5.1 Simulink ブロックのパラメータ設定

Simulink ブロック	変更するパラメータ	Simulink ブロック	変更するパラメータ
Transfer Fcn	分子係数：[5]，分母係数：[1 2 2]	Sum	符号リスト：|+-
Transfer Fcn1	分子係数：[1 1]，分母係数：[1 0]	Sum1	符号リスト：++|

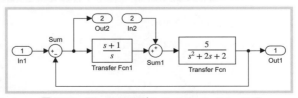

図 5.17 Simulink モデル "connect_fbk.slx"

[注8] Simulink ブロック "Sum" のパラメータ設定については表 C.2 (p. 246) を参照すること．

M ファイル "`sample_linmod.m`" の実行結果

```
>> sample_linmod ↵
```

sysGyr = ………… $G_{yr}(s) = \dfrac{P(s)C(s)}{1 + P(s)C(s)}$

```
         5 s + 5
    ---------------------
    s^3 + 2 s^2 + 7 s + 5
```

連続時間の伝達関数です.

sysGyd = ………… $G_{yd}(s) = \dfrac{P(s)}{1 + P(s)C(s)}$

```
          5 s
    ---------------------
    s^3 + 2 s^2 + 7 s + 5
```

連続時間の伝達関数です.

sysGer = ………… $G_{er}(s) = \dfrac{1}{1 + P(s)C(s)}$

```
    s^3 + 2 s^2 + 2 s
    ---------------------
    s^3 + 2 s^2 + 7 s + 5
```

連続時間の伝達関数です.

sysGed = ………… $G_{ed}(s) = -\dfrac{P(s)}{1 + P(s)C(s)}$

```
         -5 s
    ---------------------
    s^3 + 2 s^2 + 7 s + 5
```

連続時間の伝達関数です.

5.6.2 フィードバック制御のシミュレーション

制御対象およびコントローラの伝達関数 $P(s), C(s)$ を (5.78) 式としたフィードバック制御系において,目標値 $r(t)$,外乱 $d(t)$ をそれぞれ

$$r(t) = \begin{cases} 0 & (t < 0) \\ 1 & (t \geq 0) \end{cases}, \quad d(t) = \begin{cases} 0 & (t < 8) \\ 1 & (t \geq 8) \end{cases}$$

としたときのシミュレーションを,Simulink により行ってみよう.

まず,以下の手順で Simulink モデルを作成する.

ステップ 1 モデルコンフィギュレーションパラメータを**表** 5.2 のように設定する.

表 5.2 モデルコンフィギュレーションパラメータの設定

ソルバ/シミュレーション時間	開始時間	0	終了時間	16
ソルバ/ソルバの選択	タイプ	固定ステップ	ソルバ	ode4 (Runge-Kutta)
ソルバ/ソルバの詳細	固定ステップサイズ	0.001		
データのインポート/エクスポート	ワークスペースまたはファイルに保存		「単一のシミュレーション出力」のチェックを外す	

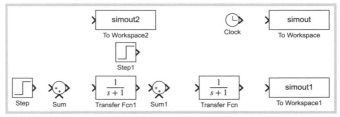

図 5.18 Simulink ブロックの配置

表 5.3　Simulink ブロックのパラメータ設定

Simulink ブロック	変更するパラメータ	Simulink ブロック	変更するパラメータ
To Workspace	変数名：t, 保存形式：配列	Step	ステップ時間：0
To Workspace1	変数名：y, 保存形式：配列	Step1	ステップ時間：8
To Workspace2	変数名：e, 保存形式：配列		

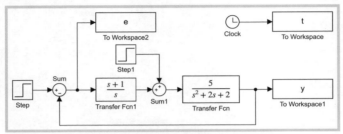

図 5.19　Simulink モデル "sim_fbk.slx"

ステップ 2　図 5.18 のように Simulink ブロックを配置した後, **表 5.1** および **表 5.3** のように設定する. そして, **図 5.19** のように結線する.

ステップ 3　図 5.19 の Simulink モデルを "sim_fbk.slx" という名前で作業したい フォルダ (カレントディレクトリ) に保存する.

つぎに, Simulink モデルを "sim_fbk.slx" と同じフォルダに M ファイル

M ファイル "plot_sim_fbk.m"

```
 1   sim('sim_fbk')      …… Simulink モデルの実行
 2
 3   figure(1)           …… Figure 1 を指定
 4   plot(t,y)           …… y(t) を描画
 5   xlabel('t [s]')     …… 横軸のラベル
 6   ylabel('y(t)')      …… 縦軸のラベル
 7   grid on             …… 補助線の表示
 8
 9   figure(2)           …… Figure 2 を指定
10   plot(t,e)           …… e(t) を描画
11   xlabel('t [s]')     …… 横軸のラベル
12   ylabel('e(t)')      …… 縦軸のラベル
13   grid on             …… 補助線の表示
```

を保存して実行すると, **図 5.20** のシミュレーション結果が得られる.

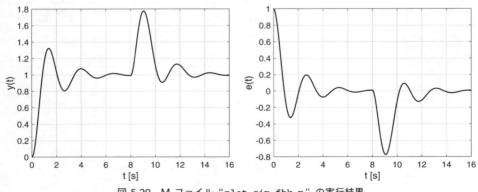

図 5.20　M ファイル "plot_sim_fbk.m" の実行結果

第 **6** 章

PID 制御

PID 制御は実際の現場で最も多く使われているフィードバック制御である．"P"，"I"，"D" がそれぞれ Proportional (比例), Integral (積分), Derivative (微分) の頭文字であることからもわかるように，PID 制御は偏差に関する現在，過去，未来の情報を操作量に反映させており，直感的に理解しやすい．ここでは，いくつかの数値例によって，s 領域における PID コントローラの設計法について説明する．

6.1　PID 制御

6.1.1　標準型 PID 制御

PID 制御 (比例・積分・微分制御) には，以下の三つの動作が含まれる．

- 比例動作 (P 動作)：制御量 $y(t)$ とその目標値 $r(t)$ の偏差 $e(t) := r(t) - y(t)$ が大きければ操作量 $u(t)$ を大きくし，偏差 $e(t)$ が小さければ操作量 $u(t)$ を小さくする (偏差 $e(t)$ の現在の情報を反映)．

- 積分動作 (I 動作)：比例動作だけの場合，操作量 $u(t)$ と静止摩擦などの反力がつり合って定常偏差を生じることが多い．この問題に対処するため，偏差 $e(t)$ を時々刻々と蓄積 (積分) することで，反力に打ち勝つような制御を行い，定常特性を改善する (偏差 $e(t)$ の過去の情報を反映)．

- 微分動作 (D 動作)：比例動作や積分動作を強くすると，勢いがついてオーバー

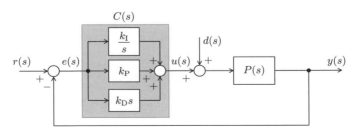

図 6.1　PID 制御系

シュートが大きくなり，安定度が低くなってしまう．この問題に対処するため，偏差 $e(t)$ の変化量 (微分値) を利用し，安定度を高める (偏差 $e(t)$ の**動向を予見**)．

図 6.1 に示すように，これら三つの動作を組み合わせた標準型の PID コントローラは，

標準型 PID コントローラ

$$
\begin{aligned}
u(t) &= k_{\mathrm{P}}\left(e(t) + \frac{1}{T_{\mathrm{I}}}\int_0^t e(t)\mathrm{d}t + T_{\mathrm{D}}\dot{e}(t) \right) \\
&= \underbrace{k_{\mathrm{P}}e(t)}_{\text{比例動作}} + \underbrace{k_{\mathrm{I}}\int_0^t e(t)\mathrm{d}t}_{\text{積分動作}} + \underbrace{k_{\mathrm{D}}\dot{e}(t)}_{\text{微分動作}}
\end{aligned}
$$

$$
\Longleftrightarrow \quad
\begin{cases}
u(s) = C(s)e(s) \\
C(s) = k_{\mathrm{P}}\left(1 + \dfrac{1}{T_{\mathrm{I}}s} + T_{\mathrm{D}}s \right) = k_{\mathrm{P}} + \dfrac{k_{\mathrm{I}}}{s} + k_{\mathrm{D}}s
\end{cases}
\tag{6.1}
$$

となる [注1]．ここで，k_{P}：**比例ゲイン**，T_{I}：**積分時間**，T_{D}：**微分時間**，$k_{\mathrm{I}} := k_{\mathrm{P}}/T_{\mathrm{I}}$：**積分ゲイン**，$k_{\mathrm{D}} := k_{\mathrm{P}}T_{\mathrm{D}}$：**微分ゲイン**と呼ぶ．PID 制御では，三つのパラメータ k_{P}, T_{I}, T_{D} もしくは k_{P}, k_{I}, k_{D} を適切に与えることで，制御性能の向上を目指している．

k_{P}, k_{I}, k_{D} のいくつかを 0 とすることによって，PID 制御は以下の制御方式を含んだものとなっている．

▶ **P 制御 (比例制御)**

(6.1) 式において $k_{\mathrm{I}} = 0$, $k_{\mathrm{D}} = 0$ としたとき，P 制御と呼ぶ．また，このコントローラ

$$
u(s) = C(s)e(s), \quad C(s) = k_{\mathrm{P}}
\tag{6.2}
$$

を P コントローラと呼ぶ．P 制御は最も単純なフィードバック制御である．

▶ **PI 制御 (比例・積分制御)**

(6.1) 式において $k_{\mathrm{D}} = 0$ としたとき，PI 制御と呼ぶ．また，このコントローラ

$$
u(s) = C(s)e(s), \quad C(s) = k_{\mathrm{P}} + \frac{k_{\mathrm{I}}}{s} = \frac{k_{\mathrm{P}}s + k_{\mathrm{I}}}{s}
\tag{6.3}
$$

を PI コントローラと呼ぶ．PI コントローラには積分器 $1/s$ が含まれているため，ステップ状の目標値や外乱に対する定常偏差を完全に 0 とすることができる．

▶ **PD 制御 (比例・微分制御)**

(6.1) 式において $k_{\mathrm{I}} = 0$ としたとき，PD 制御と呼ぶ．また，このコントローラ

$$
u(s) = C(s)e(s), \quad C(s) = k_{\mathrm{P}} + k_{\mathrm{D}}s
\tag{6.4}
$$

を PD コントローラと呼ぶ．

[注1] MATLAB では，関数 "`pidtune`" や "`pidTuner`" により PID コントローラの係数パラメータを自動調整することができる．8.5.3 項 (p. 187) に関数 "`pidtune`" の使用例を示す．

6.1.2 PI–D 制御 (微分先行型 PID 制御)

一般に，操作量の大きさは $|u(t)| \leq u_{\max}$ のように制限されている．しかし，標準型の PID 制御では，微分動作に偏差の微分値 $\dot{e}(t) = \dot{r}(t) - \dot{y}(t)$ を利用しているため，目標値 $r(t)$ がステップ関数のように急激に変化すると $\dot{r}(t)$ が過大となってしまい (図 6.2)，結果として，操作量 $u(t)$ の大きさが制限値 $u_{\max}$ を超えてしまう．このような問題に対処するため，実用上，偏差の微分値 $\dot{e}(t)$ の代わりに制御量の微分値 $-\dot{y}(t)$ を用いることが多い．$\dot{e}(t)$ の代わりに $-\dot{y}(t)$ を用いた PID 制御を PI-D 制御 (微分先行型 PID 制御) という．PI–D 制御のコントローラは

> **PI–D コントローラ (微分先行型 PID コントローラ)**
>
> $$u(t) = k_{\mathrm{P}}e(t) + k_{\mathrm{I}}\int_0^t e(t)\mathrm{d}t - k_{\mathrm{D}}\dot{y}(t)$$
> $$\Longleftrightarrow \quad u(s) = \left(k_{\mathrm{P}} + \frac{k_{\mathrm{I}}}{s}\right)e(s) - k_{\mathrm{D}}sy(s) \tag{6.5}$$

である (図 6.3)．また，PI–D 制御は以下の制御方式を含んでいる．

▶ **P–D 制御 (微分先行型 PD 制御)**

(6.5) 式において，とくに $k_{\mathrm{I}} = 0$ としたとき，P–D 制御 (微分先行型 PD 制御) と呼ぶ．また，このときのコントローラ

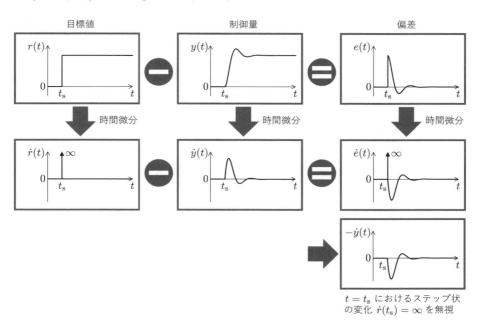

図 6.2　ステップ状に変化する目標値に対する偏差の時間微分

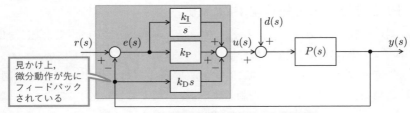

図 6.3 PI–D 制御系 (微分先行型 PID 制御系)

$$u(t) = k_P e(t) - k_D \dot{y}(t) \quad \Longleftrightarrow \quad u(s) = k_P e(s) - k_D s y(s) \tag{6.6}$$

を P–D コントローラ (微分先行型 PD コントローラ) と呼ぶ.

PID, PI–D 制御における $r(s)$ から $y(s)$ への伝達関数 $G_{yr}(s)$ は

PID 制御 ： $$G_{yr}(s) = \frac{P(s)C_1(s)}{1 + P(s)C_1(s)} \tag{6.7}$$

PI–D 制御 ： $$G_{yr}(s) = \frac{P(s)C_2(s)}{1 + P(s)C_1(s)} \tag{6.8}$$

のように異なるが, $d(s)$ から $y(s)$ への伝達関数 $G_{yd}(s)$ はともに

$$G_{yd}(s) = \frac{P(s)}{1 + P(s)C_1(s)} \tag{6.9}$$

のように同一の形式となる. ただし,

$$C_1(s) = k_P + \frac{k_I}{s} + k_D s, \quad C_2(s) = k_P + \frac{k_I}{s} \tag{6.10}$$

である. したがって, $\boldsymbol{k_P}$, $\boldsymbol{k_I}$, $\boldsymbol{k_D}$ を同じ値としたとき, PID (PD) 制御と PI–D (P–D) 制御とでは目標値応答は異なるが, 外乱応答は変わらない.

6.1.3 不完全微分

一般に, フィードバック制御系では, 制御量 $y(t)$ をセンサにより検出する. 検出時にはノイズなどの影響で高周波信号 $n(t)$ が加算され, 図 6.4 (b) に示すように, 実際には $y_n(t) := y(t) + n(t)$ がコントローラにフィードバックされる. しかし, $y_n(t)$ の時間微分 $\dot{y}_n(t) = \dot{y}(t) + \dot{n}(t)$ には無視できないほど大きな高周波成分 $\dot{n}(t)$ が含まれるため, $\dot{y}_n(t)$ をそのまま微分動作に使用すると, 機器が損傷してしまう恐れがある. そこで, 高周波成分 $\dot{n}(t)$ を除去する**ローパスフィルタ**(注2) を利用する. つまり, 微分器 s の代わりに, ローパスフィルタ $1/(1 + T_f s)$ と微分器 s の直列結合である**不完全微分器** $s/(1 + T_f s)$ を用い,

---

(注2) ローパスフィルタには 1 次遅れ要素 $1/(1 + T_f s)$ ($T_f > 0$) が利用される. その周波数特性については, 7.3.1 節 (p. 146) で説明する.

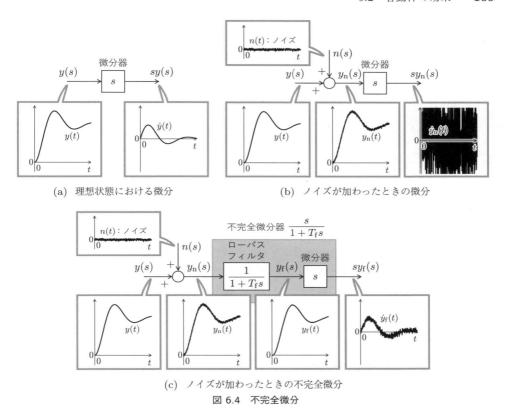

(a) 理想状態における微分 (b) ノイズが加わったときの微分

(c) ノイズが加わったときの不完全微分

図 6.4 不完全微分

不完全微分を利用した PI–D コントローラ

$$u(s) = \left(k_\mathrm{P} + \frac{k_\mathrm{I}}{s} \right) e(s) - k_\mathrm{D} \frac{s}{1 + T_\mathrm{f} s} y(s) \tag{6.11}$$

とする. 不完全微分を利用したときの信号の流れを**図 6.4 (c)** に示す.

6.2 各動作の効果

6.2.1 比例動作

P コントローラ (6.2) 式を用いた場合, 一般に, ステップ状に変化する目標値 $r(t)$ や外乱 $d(t)$ に対して定常偏差が残る. 比例ゲイン k_P を大きくすれば, 定常偏差は小さくなり, 速応性も向上するが, その代償として, オーバーシュートが大きくなり, 安定度は低くなる (場合によっては不安定になってしまう). また, 入力の大きさ $|u(t)|$ には上限 u_max があり, むやみに比例ゲイン k_P を大きくすることはできない.

例 6.1 ·· マス・ばね・ダンパ系の P 制御

例 1.5 (p. 15) で示したマス・ばね・ダンパ系

$$P(s) = \frac{1}{Ms^2 + cs + k} = \frac{b_0}{s^2 + a_1 s + a_0} \tag{6.12}$$

$$a_0 = \frac{k}{M} = 2, \quad a_1 = \frac{c}{M} = 2, \quad b_0 = \frac{1}{M} = 5$$

において,台車の位置 $y(t)$ をその目標値 $r(t)$ に追従させるため,例 5.8 (p. 93) や例 5.10 (p. 95) と同様,P コントローラ (6.2) 式を用いてみよう.

このとき,$k_I = k_D = 0$ とした (6.7), (6.9), (6.10) 式より

$$\begin{cases} G_{yr}(s) = \dfrac{b_0 k_P}{s^2 + a_1 s + a_0 + b_0 k_P} = \dfrac{k_P}{Ms^2 + cs + \boxed{k + k_P}} \\[3mm] G_{yd}(s) = \dfrac{b_0}{s^2 + a_1 s + a_0 + b_0 k_P} = \dfrac{1}{Ms^2 + cs + \boxed{k + k_P}} \end{cases} \tag{6.13}$$

となるので,「比例ゲイン k_P を大きくする」ことは「人為的にばねを強くする」ことに相当する.P 制御の目標値応答と外乱応答はそれぞれ例 5.8 (p. 93),例 5.10 (p. 95) に示したとおりであり,以下のことがいえる.

- **目標値応答 $y_r(t)$**:図 5.11 (p. 94) より,「$k_P \to$ 大」とすると,目標値応答 $y_r(t)$ の定常値 $y_{r\infty}$ は目標値 $r(t) = 1$ に近づく(定常位置偏差 e_p は 0 に近づく).また,「$k_P \to$ 大」とするとばねの効果が強くなるため,台車位置 $y_r(t)$ ははやく反応するが,振動的になってしまう.

- **外乱応答 $y_d(t)$**:図 5.13 (p. 96) より,「$k_P \to$ 大」とすると,外乱応答 $y_d(t)$ の定常値 $y_{d\infty} = y_s$ は 0 に近づく.

つぎに,2 次遅れ系の解析により説明する.(6.13) 式は 2 次遅れ要素の標準形

$$G_{yr}(s) = \frac{K_1 \omega_n^2}{s^2 + 2\zeta\omega_n s + \omega_n^2}, \quad G_{yd}(s) = \frac{K_2 \omega_n^2}{s^2 + 2\zeta\omega_n s + \omega_n^2} \tag{6.14}$$

$$\begin{cases} \omega_n = \sqrt{a_0 + b_0 k_P}, \quad \zeta = \dfrac{a_1}{2\sqrt{a_0 + b_0 k_P}} \\[3mm] K_1 = \dfrac{b_0 k_P}{a_0 + b_0 k_P}, \quad K_2 = \dfrac{b_0}{a_0 + b_0 k_P} \end{cases}$$

で記述することができる.したがって,P 制御においては以下のことがいえる.

- 比例ゲインを「$k_P \to$ 大」とすると,固有角周波数は「$\omega_n \to$ 大」となるので速応性が向上するが,減衰係数は「$\zeta \to 0$」となるので安定度が低くなる(振動的になる).
- 比例ゲイン k_P によって指定できるのは固有角周波数 ω_n,減衰係数 ζ のいずれかのみである.つまり,速応性か安定度のどちらか一方しか指定できない.たとえば,ω_n を指定した値 ω_m とするには,比例ゲイン k_P を次式のように選べば良い.

$$a_0 + b_0 k_P = \omega_m^2 \quad \Longrightarrow \quad k_P = \frac{\omega_m^2 - a_0}{b_0} \tag{6.15}$$

このとき,$\zeta = a_1 / 2\omega_m$ となるので,「$\omega_m \to$ 大」とすると「$\zeta \to 0$」となり,安定度が低くなる.

- $r(t) = 1$, $d(t) = 0$ $(t \geq 0)$ とした目標値応答 $y_r(t)$ は定常位置偏差

$$e_p = 1 - G_{yr}(0) = 1 - K_1 = \frac{a_0}{a_0 + b_0 k_P} \tag{6.16}$$

が残る．また，$r(t) = 0$, $d(t) = 1$ $(t \geq 0)$ とした外乱応答 $y_\mathrm{d}(t)$ の定常値は

$$y_\mathrm{s} = G_{yd}(0) = K_2 = \frac{b_0}{a_0 + b_0 k_\mathrm{P}} \tag{6.17}$$

である．これらの値 e_p, y_s はともに，比例ゲインを「$k_\mathrm{P} \to$ 大」とすると小さくなるが，0 となることはない．

ω_n の値が $\omega_\mathrm{m} = 4, 6$ となるように，(6.15) 式により比例ゲイン k_P を定めたときの目標値応答 $y_\mathrm{r}(t)$ と外乱応答 $y_\mathrm{d}(t)$ を図 6.5 に示す．

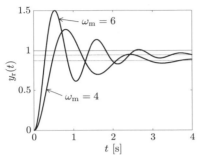
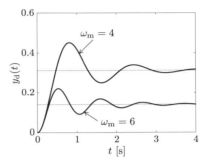

(a) 目標値応答：$r(t) = 1$, $d(t) = 0$ $(t \geq 0)$ (b) 外乱応答：$r(t) = 0$, $d(t) = 1$ $(t \geq 0)$

図 6.5 P 制御 ($\boldsymbol{\omega_\mathrm{m} = 4, 6}$)

問題 6.1   例 6.1 において，(6.13), (6.14) 式を導出せよ．また，(6.14) 式の減衰係数 ζ を指定した値 ζ_m となるように比例ゲイン k_P を定めよ．

6.2.2 微分動作

　P 制御では，比例ゲイン k_P を大きくすると速応性や定常特性を改善できるが，振動的になってしまうという問題があった．この問題に対処するために利用されるのが微分動作であり，粘性を高めることに相当する効果がある．

例 6.2 ··· マス・ばね・ダンパ系の P–D 制御

　例 6.1 (p. 110) において，P コントローラの代わりに P–D コントローラ (6.6) 式を用いると，$k_\mathrm{I} = 0$ とした (6.8)〜(6.10) 式より

$$\begin{cases} G_{yr}(s) = \dfrac{b_0 k_\mathrm{P}}{s^2 + (a_1 + b_0 k_\mathrm{D})s + a_0 + b_0 k_\mathrm{P}} = \dfrac{k_\mathrm{P}}{M s^2 + (c + k_\mathrm{D})s + k + k_\mathrm{P}} \\[3mm] G_{yd}(s) = \dfrac{b_0}{s^2 + (a_1 + b_0 k_\mathrm{D})s + a_0 + b_0 k_\mathrm{P}} = \dfrac{1}{M s^2 + (c + k_\mathrm{D})s + k + k_\mathrm{P}} \end{cases} \tag{6.18}$$

となる．(6.18) 式からわかるように，「微分ゲイン $\boldsymbol{k_\mathrm{D}}$ を大きくする」ことは「人為的にダンパを強くする (台車の粘性を高める)」ことに相当する．比例ゲインを $k_\mathrm{P} = 4$ に固定し，微分ゲイン k_D を大きくしたときの P–D 制御の結果を，図 6.6 に示す．図 6.6 からわかるように，微分ゲイン k_D を大きくするにしたがい，粘性が強くなるため，振動を抑制することができる．しかし，定常値はすべて同じであり，微分動作は定常特性と無関係である．

　以上のことを 2 次遅れ系の解析により説明しよう．(6.18) 式を 2 次遅れ要素の標準形

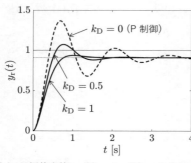
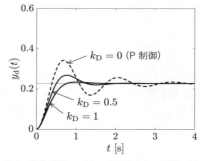

(a) 目標値応答：$r(t) = 1$, $d(t) = 0$ $(t \geq 0)$　(b) 外乱応答：$r(t) = 0$, $d(t) = 1$ $(t \geq 0)$

図 6.6 P–D 制御 ($k_\mathrm{P} = 4$, $k_\mathrm{D} = 0.5, 1$) と P 制御 ($k_\mathrm{P} = 4$)

$$G_{yr}(s) = \frac{K_1 \omega_\mathrm{n}^2}{s^2 + 2\zeta\omega_\mathrm{n}s + \omega_\mathrm{n}^2}, \quad G_{yd}(s) = \frac{K_2 \omega_\mathrm{n}^2}{s^2 + 2\zeta\omega_\mathrm{n}s + \omega_\mathrm{n}^2} \tag{6.19}$$

$$\begin{cases} \omega_\mathrm{n} = \sqrt{a_0 + b_0 k_\mathrm{P}}, \quad \zeta = \dfrac{a_1 + b_0 k_\mathrm{D}}{2\sqrt{a_0 + b_0 k_\mathrm{P}}} \\ K_1 = \dfrac{b_0 k_\mathrm{P}}{a_0 + b_0 k_\mathrm{P}}, \quad K_2 = \dfrac{b_0}{a_0 + b_0 k_\mathrm{P}} \end{cases}$$

で記述する．(6.14) 式 (p. 110) と (6.19) 式との違いは，減衰係数 ζ の分子に微分ゲイン k_D を含むかどうかであり，以下のことがいえる．

- k_P, k_D を
$$\begin{cases} \omega_\mathrm{m}^2 = a_0 + b_0 k_\mathrm{P} \\ 2\zeta_\mathrm{m}\omega_\mathrm{m} = a_1 + b_0 k_\mathrm{D} \end{cases} \implies k_\mathrm{P} = \frac{\omega_\mathrm{m}^2 - a_0}{b_0}, \quad k_\mathrm{D} = \frac{2\zeta_\mathrm{m}\omega_\mathrm{m} - a_1}{b_0} \tag{6.20}$$

と選べば，固有角周波数 ω_n，減衰係数 ζ を任意の値 ω_m, ζ_m に指定できる．したがって，P 制御と比べて過渡特性を改善できる．

- P 制御の場合とゲイン K_1, K_2 が同じであるため，P 制御と同一の k_P を用いたとき，定常特性は改善できない．

$\omega_\mathrm{m} = 6$, $\zeta_\mathrm{m} = 0.7, 1$ とし，(6.20) 式により k_P, k_D を定めたときの目標値応答 $y_\mathrm{r}(t)$ と外乱応答 $y_\mathrm{d}(t)$ を図 6.7 に示す．

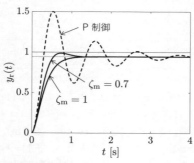
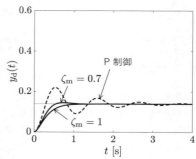

(a) 目標値応答：$r(t) = 1$, $d(t) = 0$ $(t \geq 0)$　(b) 外乱応答：$r(t) = 0$, $d(t) = 1$ $(t \geq 0)$

図 6.7 P–D 制御 ($\omega_\mathrm{m} = 6$, $\zeta_\mathrm{m} = 0.7, 1$) と P 制御 ($\omega_\mathrm{m} = 6$)

問題 6.2　例 6.2 において，(6.18), (6.19) 式を導出せよ．

6.2.3　積分動作

コントローラに積分器 $1/s$ を含ませると，1 型の制御系が構成される．そのため，5.4 節 (p. 91) で説明したように，ステップ状に変化する目標値 $r(t)$ や外乱 $d(t)$ に対して定常偏差を 0 とすることができる．

例 6.3　... マス・ばね・ダンパ系の PI–D 制御

例 6.2 (p. 111) において，PI–D コントローラ (6.5) 式を用いると，

$$
\begin{cases}
G_{yr}(s) = \dfrac{b_0(k_{\mathrm{P}}s + k_{\mathrm{I}})}{s^3 + (a_1 + b_0 k_{\mathrm{D}})s^2 + (a_0 + b_0 k_{\mathrm{P}})s + b_0 k_{\mathrm{I}}} \\[3mm]
G_{yd}(s) = \dfrac{b_0 s}{s^3 + (a_1 + b_0 k_{\mathrm{D}})s^2 + (a_0 + b_0 k_{\mathrm{P}})s + b_0 k_{\mathrm{I}}}
\end{cases}
\tag{6.21}
$$

となる．ただし，各ゲインは $k_{\mathrm{P}} > 0$, $k_{\mathrm{I}} > 0$, $k_{\mathrm{D}} > 0$ かつフルビッツの安定判別条件 (5.3.2 項 (p. 89) 参照) より

$$
k_{\mathrm{P}} > 0, \quad k_{\mathrm{D}} > 0, \quad 0 < k_{\mathrm{I}} < \frac{(a_0 + b_0 k_{\mathrm{P}})(a_1 + b_0 k_{\mathrm{D}})}{b_0} = \frac{(2 + 5k_{\mathrm{P}})(2 + 5k_{\mathrm{D}})}{5}
\tag{6.22}
$$

を満足するものとする．このとき，PI–D 制御の定常特性については以下のことがいえる．

- $G_{yr}(0) = 1$, $G_{yd}(0) = 0$ なので，$r(t) = 1$, $d(t) = 0$ $(t \geq 0)$ とした目標値応答 $y_{\mathrm{r}}(t)$ の定常位置偏差 e_{p} および $r(t) = 0$, $d(t) = 1$ $(t \geq 0)$ とした外乱応答 $y_{\mathrm{d}}(t)$ の定常値 y_{s} はそれぞれ次式となる．

$$
e_{\mathrm{p}} = 1 - G_{yr}(0) = 0, \quad y_{\mathrm{s}} = G_{yd}(0) = 0
\tag{6.23}
$$

比例ゲインを $k_{\mathrm{P}} = 4$，微分ゲインを $k_{\mathrm{D}} = 1$ で固定し，(6.22) 式を満足する範囲で積分ゲイン k_{I} を大きくしたときの PI–D 制御の結果を，図 6.8 に示す．図 6.8 より，PI–D 制御の過渡特性については以下のことがいえる．

- 積分ゲイン k_{I} を大きくするとオーバーシュートが大きくなり，安定度が低くなる．

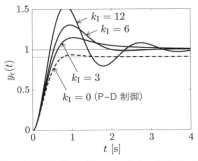　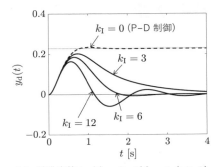

(a) 目標値応答：$r(t) = 1$, $d(t) = 0$ $(t \geq 0)$　　(b) 外乱応答：$r(t) = 0$, $d(t) = 1$ $(t \geq 0)$

図 6.8　PI–D 制御 ($k_{\mathrm{P}} = 4$, $k_{\mathrm{I}} = 3, 6, 12$, $k_{\mathrm{D}} = 1$) と P–D 制御 ($k_{\mathrm{P}} = 4$, $k_{\mathrm{D}} = 1$)

一般に，積分ゲイン k_I を大きくする (積分時間 T_I を小さくする) と，オーバーシュートが大きくなる．これは，PI–D コントローラ (6.5) 式を利用した場合，伝達関数 $G_{yr}(s)$ の極や零点が以下のようになるためである [注3]．

- k_I を大きくすると $G_{yr}(s)$ の極の虚部が大きくなる．
- $G_{yr}(s)$ は零点を持つ (PI–D コントローラ (6.5) 式の零点 $s = -k_I/k_P$ を含む).

問題 6.3　例 6.3 において，(6.21)，(6.22) 式を導出せよ．

問題 6.4　外乱を $d(t) = 0$ とした制御対象

$$y(s) = P(s)u(s), \quad P(s) = \frac{1}{s-1} \tag{6.24}$$

に対し，比例ゲインを $k_P = 4$ とした PI コントローラ (6.3) 式 (p.106) により制御量 $y(t)$ をその目標値 $r(t) = 1 \ (t \geq 0)$ に追従させることを考える (図 6.9)．以下の設問に答えよ．

(1) $r(s)$ から $y(s)$ への伝達関数 $G_{yr}(s)$ の極が複素数となる k_I の範囲を示せ．また，このとき，k_I を大きくするにしたがって極の虚部が大きくなることを確かめよ．

(2) $k_I = 2$ としたとき，伝達関数 $G_{yr}(s)$ の極と零点を求めよ．

(3) $k_I = 2$ としたとき，

$$y(t) = 1 + 2e^{-t} - 3e^{-2t} \quad (t \geq 0)$$

となることを示せ．また，行き過ぎ時間 T_p とオーバーシュート A_{max} を求めよ．

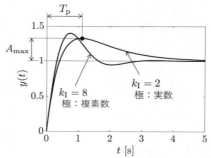

図 6.9　PI 制御 ($k_P = 2, \ k_I = 2, 4$)

6.2.4　I–PD 制御 (比例・微分先行型 PID 制御)

PI–D 制御では，微分動作を制御量 $y(t)$ のみに働くようにしたが，I–PD 制御 (比例・微分先行型 PID 制御) では，さらに比例動作も制御量 $y(t)$ のみに働くようにした

┌─ **I–PD コントローラ (比例・微分先行型 PID コントローラ)** ─────

$$u(t) = -k_P y(t) + k_I \int_0^t e(t)\mathrm{d}t - k_D \dot{y}(t)$$

$$\Longleftrightarrow \quad u(s) = \frac{k_I}{s}e(s) - (k_P + k_D s)y(s) \tag{6.25}$$

を用いる (図 6.10)．また，I–PD 制御は以下の制御方式を含んでいる．

▶ **I–P 制御 (比例先行型 PI 制御)**

(6.25) 式において，$k_D = 0$ としたとき，I–P 制御 (比例先行型 PI 制御) と呼び，

[注3] 極と過渡特性の関係については 3.3.1 項 (p. 56) を，零点と過渡特性の関係については 3.3.3 項 (p. 59) を，再度，確認すること．

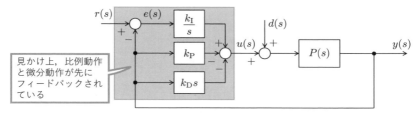

図 6.10　I–PD 制御系 (比例・微分先行型 PID 制御系)

I–P コントローラ (比例先行型 PI コントローラ) は

$$u(t) = -k_{\mathrm{P}}y(t) + k_{\mathrm{I}}\int_0^t e(t)\mathrm{d}t \iff u(s) = \frac{k_{\mathrm{I}}}{s}e(s) - k_{\mathrm{P}}y(s) \quad (6.26)$$

となる.

I–PD 制御における $r(s)$ から $y(s)$ への伝達関数 $G_{yr}(s)$ は

$$\boxed{\text{I–PD 制御}} : G_{yr}(s) = \frac{P(s)C_3(s)}{1 + P(s)C_1(s)}, \quad C_3(s) = \frac{k_{\mathrm{I}}}{s} \quad (6.27)$$

のように PID, PI–D 制御の場合 (それぞれ (6.7), (6.8) 式) と異なるが, $d(s)$ から $y(s)$ への伝達関数 $G_{yd}(s)$ は PID, PI–D 制御の場合と同じ (6.9) 式となる. したがって, **k_{P},k_{I}, k_{D} を同じ値としたとき, I–PD 制御 (I–P 制御) は PID, PI–D 制御 (PI 制御) と目標値応答は異なるが, 外乱応答は同じである**. また, (6.27) 式の分子における $C_3(s)$ は零点を持たない ((6.27) 式はコントローラの構造に起因する零点を持たない) ので, PID, PI–D 制御と比べて I–PD 制御は目標値応答のオーバーシュートが小さくなる.

つぎに, I–PD 制御の構造を詳しくみてみよう. I–PD コントローラ (6.25) 式を書き換えると,

$$u(s) = C_1(s)\big(C_{\mathrm{ff}}(s)r(s) - y(s)\big) \quad (6.28)$$

$$\begin{cases} C_1(s) = k_{\mathrm{P}} + \dfrac{k_{\mathrm{I}}}{s} + k_{\mathrm{D}}s & : \text{標準型 PID コントローラ} \\[2mm] C_{\mathrm{ff}}(s) = \dfrac{k_{\mathrm{I}}}{k_{\mathrm{D}}s^2 + k_{\mathrm{P}}s + k_{\mathrm{I}}} & : \text{目標値フィルタ (2 次遅れ要素)} \end{cases}$$

となる. したがって, 図 6.10 の I–PD 制御系は図 6.11 に示す **2 自由度制御系**と等価であり, $r(s)$, $d(s)$ から $y(s)$ への伝達関数 $G_{yr}(s)$, $G_{yd}(s)$ はそれぞれ

$$G_{yr}(s) = \frac{P(s)C_1(s)}{1 + P(s)C_1(s)}C_{\mathrm{ff}}(s), \quad G_{yd}(s) = \frac{P(s)}{1 + P(s)C_1(s)} \quad (6.29)$$

となる. つまり, I–PD 制御では, 目標値 $r(t)$ を 2 次遅れ要素の目標値フィルタ $C_{\mathrm{ff}}(s)$ に通して滑らかにした後, 標準型 PID 制御を行っているので, 目標値応答の反応は遅くなるがオーバーシュートは小さくなる.

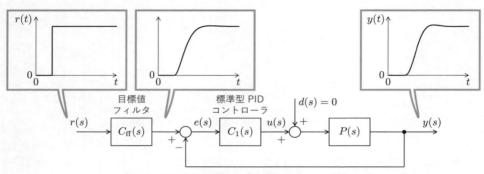

図 6.11   I–PD 制御系の 2 自由度制御系による等価表現

例 6.4 .... マス・ばね・ダンパ系の I–PD 制御

例 6.2 (p. 111) において，PI–D コントローラ (6.5) 式の代わりに I–PD コントローラ (6.25) 式を用いると，

$$\begin{cases} G_{yr}(s) = \dfrac{b_0 k_{\mathrm{I}}}{s^3 + (a_1 + b_0 k_{\mathrm{D}})s^2 + (a_0 + b_0 k_{\mathrm{P}})s + b_0 k_{\mathrm{I}}} \\ G_{yd}(s) = \dfrac{b_0 s}{s^3 + (a_1 + b_0 k_{\mathrm{D}})s^2 + (a_0 + b_0 k_{\mathrm{P}})s + b_0 k_{\mathrm{I}}} \end{cases} \tag{6.30}$$

となる．(6.30) 式より $G_{yr}(s)$ はコントローラの構造に起因する零点を含まないので，零点に起因するオーバーシュートは生じない．

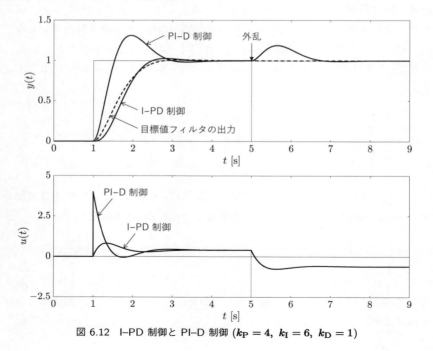

図 6.12   I–PD 制御と PI–D 制御 ($k_{\mathrm{P}} = 4$, $k_{\mathrm{I}} = 6$, $k_{\mathrm{D}} = 1$)

$k_P = 4$, $k_I = 6$, $k_D = 1$ としたとき，I–PD 制御と PI–D 制御を比較した結果を図 6.12 に示す．ただし，$r(t) = 1$ $(t \geq 1)$，$d(t) = 1$ $(t \geq 5)$ である．積分ゲイン k_I の値が大きいため PI–D 制御では大きなオーバーシュートを生じている．それに対し，I–PD 制御ではステップ状に変化する目標値 $r(t)$ を目標値フィルタ (2 次遅れ要素)

$$C_{\mathrm{ff}}(s) = \frac{6}{s^2 + 4s + 6} = \frac{\omega_n^2}{s^2 + 2\zeta\omega_n s + \omega_n^2}, \quad \begin{cases} \omega_n = \sqrt{6} \\ \zeta = \dfrac{2}{\sqrt{6}} \simeq 0.8165 \end{cases} \tag{6.31}$$

に通過させて滑らかにし，オーバーシュートを抑えている．ただし，I–PD 制御は PI–D 制御に比べて目標値応答の反応は遅い．一方，外乱応答は両者に違いはない．目標値 $r(t)$ がステップ状に変化した瞬間の入力 $u(t)$ をみると，PI–D 制御は $u(1) = k_P r(1) = 4$ が加わるが，I–PD 制御は $u(1) = 0$ であり，$|u(t)|$ の最大値は I–PD 制御の方が小さい．そのため，I–PD 制御では，$|u(t)|$ の最大値を PI–D 制御と同程度になるまで各動作のゲインを大きくすることで，目標値追従特性における速応性と外乱抑制特性を同時に改善することができる．

6.3 ジーグラ・ニコルスのパラメータ調整法

PID コントローラの三つのパラメータを決定する方法には様々なものが知られている．たとえば，実際の現場では，ジーグラ・ニコルス (Ziegler Nichols) の**限界感度法**や**ステップ応答法** (過渡応答法) といった経験に基づく調整法が古くから利用されている．

6.3.1 限界感度法

限界感度法では以下のようにしてパラメータ調整を行う．

限界感度法によるパラメータ調整

ステップ 1　ステップ状の目標値 $r(t) = r_c$ $(t \geq 0)$ に対する P 制御の予備実験を行い，比例ゲイン k_P を小さな値から徐々に大きくする．そして，安定限界となる比例ゲイン (限界ゲイン) $k_P = k_{Pc}$ を調べる．安定限界では，図 6.13 に示すように，$y(t)$ は収束も発散もしない持続振動となるので，このときの振動周期 (限界周期) T_c を調べる．

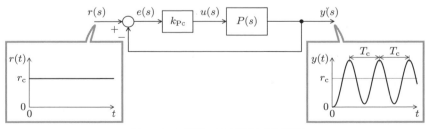

図 6.13　P 制御の持続振動と限界周期

ステップ 2 k_{Pc} と T_{c} の値を基にして PID コントローラ (6.1) 式 (p. 106) のパラメータ $k_{\mathrm{P}}, T_{\mathrm{I}}, T_{\mathrm{D}}$ を**表** 6.1 のように決定する.

ステップ 3 必要に応じて,$k_{\mathrm{P}}, T_{\mathrm{I}}, T_{\mathrm{D}}$ の値を微調整する.

表 6.1 限界感度法によるパラメータ調整

	k_{P}	T_{I}	T_{D}	k_{I}	k_{D}
P 制御	$0.5k_{\mathrm{Pc}}$	—	—	0	0
PI 制御	$0.45k_{\mathrm{Pc}}$	$0.83T_{\mathrm{c}}$	—	$k_{\mathrm{P}}/T_{\mathrm{I}}$	0
PID 制御	$0.6k_{\mathrm{Pc}}$	$0.5T_{\mathrm{c}}$	$0.125T_{\mathrm{c}}$	$k_{\mathrm{P}}/T_{\mathrm{I}}$	$k_{\mathrm{P}}T_{\mathrm{D}}$

限界感度法は,**図** 6.14 に示す減衰率 A_2/A_1 を 1/4 程度にすること (1/4 減衰) を目安とした方法である. この方法は,制御対象のモデリングが不要であるという利点があるが,限界ゲインを見つけるのに多くの試行回数を要するという欠点がある.

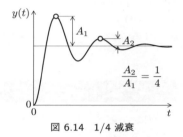

図 6.14 1/4 減衰

6.3.2 ステップ応答法

ステップ応答法は,制御対象が**図** 6.15 (a) に示す

定位系 (むだ時間要素 + 1 次遅れ要素)
$$y(s) = P(s)u(s), \quad P(s) \simeq \frac{K}{1+Ts}e^{-Ls} \tag{6.32}$$

もしくは**図** 6.15 (b) に示す

無定位系 (むだ時間要素 + 積分要素)
$$y(s) = P(s)u(s), \quad P(s) \simeq \frac{R}{s}e^{-Ls} \tag{6.33}$$

で近似できる場合に有用である. ステップ応答法も限界感度法と同様,1/4 減衰を目安としている. ステップ応答法によるパラメータ調整の手順を以下に示す.

ステップ応答法によるパラメータ調整

ステップ 1 目標値 $r(t) = 1$ $(t \geq 0)$ を加えたときの $y(t)$ を計測する. そして,$y(t)$ の波形に応じて以下のように近似する.

(i) $y(t)$ が振動することなくある一定値 $y_\infty = K$ に収束するのであれば,**図** 6.15 (a) のようにむだ時間 L と時定数 T を定め,定位系 (6.32) 式で近似する. また,$R = K/T$ とする.

(ii) $y(t)$ が振動することなく傾きが一定 R の漸近線に収束するのであれば,**図** 6.15 (b) のようにむだ時間 L を定め,無定位系 (6.33) 式で近似する.

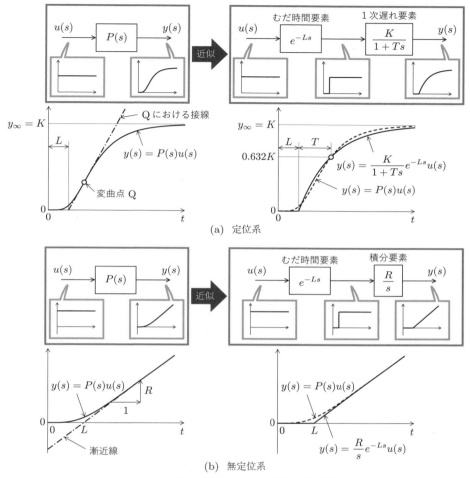

(a) 定位系

(b) 無定位系

図 6.15 ステップ応答法における制御対象の近似

ステップ 2 L, K, T の値を基にして PID コントローラ (6.1) 式 (p. 106) のパラメータ k_P, T_I, T_D を**表 6.2** のように決定する.

ステップ 3 必要に応じて,k_P, T_I, T_D の値を微調整する.

表 6.2 ステップ応答法によるパラメータ調整

	k_P	T_I	T_D	k_I	k_D
P 制御	$1/RL$	—	—	0	0
PI 制御	$0.9/RL$	$3.33L$	—	k_P/T_I	0
PID 制御	$1.2/RL$	$2L$	$0.5L$	k_P/T_I	$k_P T_D$

6.4　部分的モデルマッチング法

ここでは，制御対象の出力 $y(t)$ を規範モデルの出力 $y_\mathrm{m}(t)$ と近似的に一致させる部分的モデルマッチング法 (北森の方法) による設計について説明する.

6.4.1　規範モデル

理想的なステップ応答 $y_\mathrm{m}(t)$ が得られる伝達関数

$$G_{\mathrm{m}2}(s) = \frac{\omega_\mathrm{m}^2}{s^2 + \alpha_1\omega_\mathrm{m}s + \omega_\mathrm{m}^2} \tag{6.34}$$

$$G_{\mathrm{m}3}(s) = \frac{\omega_\mathrm{m}^3}{s^3 + \alpha_2\omega_\mathrm{m}s^2 + \alpha_1\omega_\mathrm{m}^2s + \omega_\mathrm{m}^3} \tag{6.35}$$

を規範モデルと呼ぶ. ただし，$\omega_\mathrm{m} > 0$ は速応性のパラメータ (固有角周波数)，$\alpha_i > 0$ は安定度のパラメータである. 2 次の規範モデル (6.34) 式の場合，$\alpha_1 = 2\zeta_\mathrm{m}$ (ζ_m は減衰係数) である. たとえば，α_i は**表 6.3** のように選ばれ，その単位ステップ応答 $y_\mathrm{m}(t)$ は**図 6.16** のようになる. これら標準形はそれぞれ以下のような特徴がある.

(a) 2 項係数標準形

極が重解 $-\omega_\mathrm{m}$ となるような

表 6.3　規範モデルのパラメータ

	2 項係数標準形	バターワース標準形	ITAE 最小標準形[注4]
$G_{\mathrm{m}2}(s)$	$\alpha_1 = 2\ (\zeta_\mathrm{m} = 1)$	$\alpha_1 = \sqrt{2} \simeq 1.4\ (\zeta_\mathrm{m} = 1/\sqrt{2} \simeq 0.7)$	$\alpha_1 = 1.4$
$G_{\mathrm{m}3}(s)$	$\alpha_1 = \alpha_2 = 3$	$\alpha_1 = \alpha_2 = 2$	$\alpha_1 = 2.15,\ \alpha_2 = 1.75$

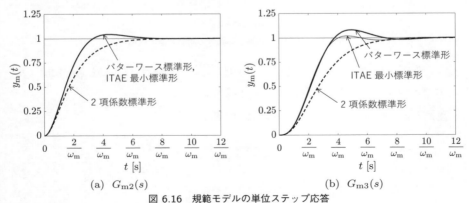

(a) $G_{\mathrm{m}2}(s)$　　　　(b) $G_{\mathrm{m}3}(s)$

図 6.16　規範モデルの単位ステップ応答

[注4] D. Graham and R. C. Lathrop: The Synthesis of Optimum Response: Criteria ans Standard Forms, Part 2, Transactions of the AIEE, Vol. 72, No. 11, pp. 273–288 (1953)

$$G_{\mathrm{m2}}(s) = \frac{\omega_{\mathrm{m}}^2}{(s+\omega_{\mathrm{m}})^2} = \frac{\omega_{\mathrm{m}}^2}{s^2 + 2\omega_{\mathrm{m}}s + \omega_{\mathrm{m}}^2} \tag{6.36}$$

$$G_{\mathrm{m3}}(s) = \frac{\omega_{\mathrm{m}}^3}{(s+\omega_{\mathrm{m}})^3} = \frac{\omega_{\mathrm{m}}^3}{s^3 + 3\omega_{\mathrm{m}}s^2 + 3\omega_{\mathrm{m}}^2 s + \omega_{\mathrm{m}}^3} \tag{6.37}$$

を 2 項係数標準形という．この標準形は，4.2.3 項 (p. 73) で説明した 2 次遅れ要素の臨界制動 ($\zeta_{\mathrm{m}} = 1$) に相当し，オーバーシュートを生じない．

(b) バターワース標準形

極が図 6.17 のように配置された次式をバターワース標準形という．

$$G_{\mathrm{m2}}(s) = \frac{\omega_{\mathrm{m}}^2}{\left(s + \frac{1}{\sqrt{2}}\omega_{\mathrm{m}}\right)^2 + \left(\frac{1}{\sqrt{2}}\omega_{\mathrm{m}}\right)^2} = \frac{\omega_{\mathrm{m}}^2}{s^2 + \sqrt{2}\omega_{\mathrm{m}}s + \omega_{\mathrm{m}}^2} \tag{6.38}$$

$$G_{\mathrm{m3}}(s) = \frac{\omega_{\mathrm{m}}^3}{(s+\omega_{\mathrm{m}})\left\{\left(s + \frac{1}{2}\omega_{\mathrm{m}}\right)^2 + \left(\frac{\sqrt{3}}{2}\omega_{\mathrm{m}}\right)^2\right\}}$$

$$= \frac{\omega_{\mathrm{m}}^3}{(s+\omega_{\mathrm{m}})(s^2 + \omega_{\mathrm{m}}s + \omega_{\mathrm{m}}^2)} = \frac{\omega_{\mathrm{m}}^3}{s^3 + 2\omega_{\mathrm{m}}s^2 + 2\omega_{\mathrm{m}}^2 s + \omega_{\mathrm{m}}^3} \tag{6.39}$$

$G_{\mathrm{m2}}(s)$, $G_{\mathrm{m3}}(s)$ のオーバーシュートはそれぞれ約 4.3 %, 約 8.2 % である．

(c) ITAE 最小標準形

ITAE (Integral of Time weighted Absolute Error) とは，

$$J_{\mathrm{ITAE}} = \int_0^\infty t|e(t)|\mathrm{d}t, \quad e(t) = 1 - y_{\mathrm{m}}(t) \tag{6.40}$$

のように，時間 t で重み付けされた偏差 $e(t)$ の大きさ $t|e(t)|$ の積分である (図 6.18)．ITAE 最小標準形は，J_{ITAE} がほぼ最小となる[注5]．表 6.3 のように選んだとき，$G_{\mathrm{m2}}(s)$, $G_{\mathrm{m3}}(s)$ のオーバーシュートはそれぞれ約 4.3 %, 約 2.0 % である．

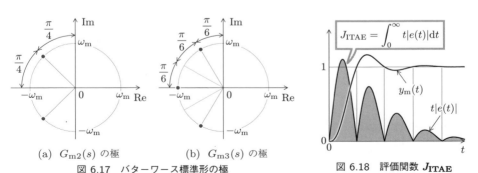

(a) $G_{\mathrm{m2}}(s)$ の極　　(b) $G_{\mathrm{m3}}(s)$ の極

図 6.17　バターワース標準形の極

図 6.18　評価関数 J_{ITAE}

[注5] 実際には，$G_{\mathrm{m2}}(s)$ は $\alpha_1 = 1.505$，$G_{\mathrm{m3}}(s)$ は $\alpha_1 = 2.171$, $\alpha_2 = 1.782$ としたときに ITAE が最小となる (室巻，川田：差分進化による k 次遅れ系の ITAE 最小化，システム制御情報学会論文誌，Vol. 30, No. 1, pp. 27–29 (2017))．

6.4.2 目標値応答に注目した場合

目標値応答に注目した部分的モデルマッチング法では，図 6.19 に示すように，$r(t) = 1$，$d(t) = 0$ とした目標値応答 $y(t) = y_r(t)$ が規範モデルの出力 $y_m(t)$ と近似的に一致するように各ゲイン k_I, k_P, k_D を決定する．

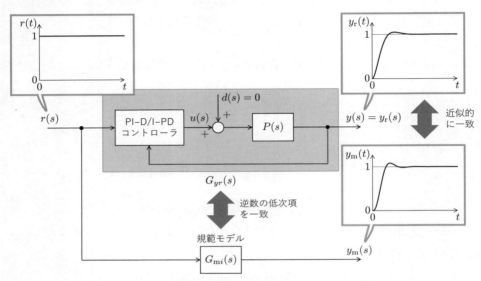

図 6.19　目標値応答に注目した部分的モデルマッチング法

まず，制御対象の伝達関数 $P(s)$ の逆数を

$$\frac{1}{P(s)} = \delta_0 + \delta_1 s + \delta_2 s^2 + \cdots \tag{6.41}$$

のように無限級数で表し，$\delta_0, \delta_1, \delta_2$ を求める．これらを求めるには，多項式の除算を筆算により行うか，もしくはマクローリン展開 (**付録 A.1** の (A.10) 式 (p. 215) を参照) により得られる

$$\delta_k = \frac{1}{k!} \frac{d^k}{ds^k}\left(\frac{1}{P(s)}\right)\bigg|_{s=0} \quad (k = 0,\, 1,\, 2,\, \ldots) \tag{6.42}$$

を利用する[注6]．

例 6.5 .... 無限級数での表現

伝達関数

$$P(s) = \frac{s + 9}{3s^2 + 6s + 9}$$

[注6] MATLAB の Symbolic Math Toolbox では，関数 "taylor" によりマクローリン展開やテイラー展開を計算することができる．6.5.3 項 (p. 132) にその使用例を示す．

の逆数 $1/P(s)$ を無限級数で表してみよう. 多項式の除算を筆算により行うと,

$$\frac{1}{P(s)} = (9 + 6s + 3s^2) \div (9 + s) \quad \Longrightarrow$$

$$
\begin{array}{r}
1 + \frac{5}{9}s + \frac{22}{81}s^2 + \cdots \\
9 + s \overline{\smash{)}\; 9 + 6s + 3s^2} \\
9 + s \\
\hline
5s + 3s^2 \\
5s + \frac{5}{9}s^2 \\
\hline
\frac{22}{9}s^2 \\
\frac{22}{9}s^2 + \frac{22}{81}s^3 \\
\hline
\vdots
\end{array}
$$

となるので, 次式のように $1/P(s)$ を無限級数で表現できる.

$$\frac{1}{P(s)} = \frac{9 + 6s + 3s^2}{9 + s} = 1 + \frac{5}{9}s + \frac{22}{81}s^2 + \cdots$$

$1/P(s)$ を (6.41) 式のように表したとき, PI–D コントローラ (6.5) 式 (p. 107) や I–PD コントローラ (6.25) 式 (p. 114) は以下のようにして設計される.

(a) PI–D 制御

(6.8) 式 (p. 108) で示した $G_{yr}(s)$ の逆数は

$$\frac{1}{G_{yr}(s)} = \frac{1 + P(s)C_1(s)}{P(s)C_2(s)} = \frac{1}{C_2(s)}\left(\frac{1}{P(s)} + C_1(s)\right) \tag{6.43}$$

である. ただし, $C_1(s), C_2(s)$ は (6.10) 式 (p. 108) で定義される. ここで, (6.41) 式および (6.10) 式より

$$\frac{1}{P(s)} + C_1(s) = \frac{1}{s}\left\{k_I + (\delta_0 + k_P)s + (\delta_1 + k_D)s^2 + \delta_2 s^3 + \cdots\right\} \tag{6.44}$$

であり, また, $C_2(s)$ の逆数を

$$\frac{1}{C_2(s)} = \frac{s}{k_I + k_P s} = s\left(\frac{1}{k_I} - \frac{k_P}{k_I^2}s + \frac{k_P^2}{k_I^3}s^2 - \frac{k_P^3}{k_I^4}s^3 + \cdots\right) \tag{6.45}$$

のように無限級数で表す. このとき, (6.44), (6.45) 式より (6.43) 式は

$$\frac{1}{G_{yr}(s)} = 1 + \frac{\delta_0}{k_I}s + \frac{(\delta_1 + k_D)k_I - \delta_0 k_P}{k_I^2}s^2$$
$$+ \frac{\delta_2 k_I^2 - (\delta_1 + k_D)k_P k_I + \delta_0 k_P^2}{k_I^3}s^3 + \cdots \tag{6.46}$$

のように, 無限級数で表すことができる.

一方, (6.34), (6.35) 式で示した 2 次もしくは 3 次の規範モデル $G_{m2}(s)$, $G_{m3}(s)$ の逆数は

$$\frac{1}{G_{\mathrm{m}i}(s)} = 1 + \gamma_{\mathrm{m}1}s + \gamma_{\mathrm{m}2}s^2 + \gamma_{\mathrm{m}3}s^3 \tag{6.47}$$

のように表すことができる. ただし,

- $G_{\mathrm{m}2}(s)$ の場合：$\gamma_{\mathrm{m}1} = \dfrac{\alpha_1}{\omega_{\mathrm{m}}}, \quad \gamma_{\mathrm{m}2} = \dfrac{1}{\omega_{\mathrm{m}}^2}, \quad \gamma_{\mathrm{m}3} = 0$

- $G_{\mathrm{m}3}(s)$ の場合：$\gamma_{\mathrm{m}1} = \dfrac{\alpha_1}{\omega_{\mathrm{m}}}, \quad \gamma_{\mathrm{m}2} = \dfrac{\alpha_2}{\omega_{\mathrm{m}}^2}, \quad \gamma_{\mathrm{m}3} = \dfrac{1}{\omega_{\mathrm{m}}^3}$

である. そこで, (6.46) 式と (6.47) 式の 3 次項までを一致させるための条件

$$\begin{cases} \dfrac{\delta_0}{k_{\mathrm{I}}} = \gamma_{\mathrm{m}1} \\ \dfrac{(\delta_1 + k_{\mathrm{D}})k_{\mathrm{I}} - \delta_0 k_{\mathrm{P}}}{k_{\mathrm{I}}^2} = \gamma_{\mathrm{m}2} \\ \dfrac{\delta_2 k_{\mathrm{I}}^2 - (\delta_1 + k_{\mathrm{D}})k_{\mathrm{P}}k_{\mathrm{I}} + \delta_0 k_{\mathrm{P}}^2}{k_{\mathrm{I}}^3} = \gamma_{\mathrm{m}3} \end{cases} \tag{6.48}$$

を満足するように, PI–D コントローラ (6.5) 式 (p. 107) の各ゲイン $k_{\mathrm{I}}, k_{\mathrm{P}}, k_{\mathrm{D}}$ を

$$\begin{cases} k_{\mathrm{I}} = \dfrac{\delta_0}{\gamma_{\mathrm{m}1}}, \quad k_{\mathrm{P}} = \dfrac{\delta_2\gamma_{\mathrm{m}1} - \delta_0\gamma_{\mathrm{m}3}}{\gamma_{\mathrm{m}1}\gamma_{\mathrm{m}2}}, \\ k_{\mathrm{D}} = \dfrac{\delta_2\gamma_{\mathrm{m}1}^2 - \delta_1\gamma_{\mathrm{m}1}\gamma_{\mathrm{m}2} + \delta_0(\gamma_{\mathrm{m}2}^2 - \gamma_{\mathrm{m}1}\gamma_{\mathrm{m}3})}{\gamma_{\mathrm{m}1}\gamma_{\mathrm{m}2}} \end{cases} \tag{6.49}$$

と決定する. ただし, $\delta_0 \neq 0$ であるとする[注7].

(b) I–PD 制御

$1/C_3(s) = s/k_{\mathrm{I}}$ なので, $G_{yr}(s)$ の逆数は

$$\frac{1}{G_{yr}(s)} = \frac{1 + P(s)C_1(s)}{P(s)C_3(s)} = \frac{1}{C_3(s)}\left(\frac{1}{P(s)} + C_1(s)\right)$$
$$= 1 + \frac{\delta_0 + k_{\mathrm{P}}}{k_{\mathrm{I}}}s + \frac{\delta_1 + k_{\mathrm{D}}}{k_{\mathrm{I}}}s^2 + \frac{\delta_2}{k_{\mathrm{I}}}s^3 + \cdots \tag{6.50}$$

のように, PI–D 制御の場合と比べて容易に無限級数で表すことができる. そこで, (6.50) 式と (6.47) 式の 3 次項までを一致させるための条件

$$\frac{\delta_0 + k_{\mathrm{P}}}{k_{\mathrm{I}}} = \gamma_{\mathrm{m}1}, \quad \frac{\delta_1 + k_{\mathrm{D}}}{k_{\mathrm{I}}} = \gamma_{\mathrm{m}2}, \quad \frac{\delta_2}{k_{\mathrm{I}}} = \gamma_{\mathrm{m}3} \tag{6.51}$$

を満足するように, I–PD コントローラ (6.25) 式 (p. 114) の各ゲイン $k_{\mathrm{I}}, k_{\mathrm{P}}, k_{\mathrm{D}}$ を

$$k_{\mathrm{I}} = \frac{\delta_2}{\gamma_{\mathrm{m}3}}, \quad k_{\mathrm{P}} = \frac{\delta_2\gamma_{\mathrm{m}1}}{\gamma_{\mathrm{m}3}} - \delta_0, \quad k_{\mathrm{D}} = \frac{\delta_2\gamma_{\mathrm{m}2}}{\gamma_{\mathrm{m}3}} - \delta_1 \tag{6.52}$$

と決定する. (6.52) 式からわかるように, $\gamma_{\mathrm{m}3} \neq 0$ でなければならないので, I–PD 制御の場合, 規範モデルとして $G_{\mathrm{m}3}(s)$ を利用する必要があることに注意する.

[注7] 制御対象の伝達関数 $P(s)$ が積分器 $1/s$ を含む場合, $\delta_0 = 0$ となるので, (6.49) 式より $k_{\mathrm{I}} = 0$ となってしまう. したがって, この設計法では, 積分動作を含ませることができない.

例 6.6 ················ マス・ばね・ダンパ系：目標値応答に注目した部分的モデルマッチング法

(6.12) 式 (p. 110) で示したマス・ばね・ダンパ系の伝達関数 $P(s)$ の逆数は 2 次式

$$\frac{1}{P(s)} = \delta_0 + \delta_1 s + \delta_2 s^2 \tag{6.53}$$

$$\delta_0 = \frac{a_0}{b_0} = \frac{2}{5}, \quad \delta_1 = \frac{a_1}{b_0} = \frac{2}{5}, \quad \delta_2 = \frac{1}{b_0} = \frac{1}{5}$$

である. 3 次の規範モデル $G_{m3}(s)$ を与え, (6.49) 式もしくは (6.52) 式により各ゲイン k_I, k_P, k_D を設計した結果を以下に示す.

(a) PI–D 制御

2 項係数標準形 ：$\omega_m = 6, \alpha_1 = \alpha_2 = 3$

$$k_I = \frac{4}{5} = 0.8, \quad k_P = \frac{106}{45} \simeq 2.36, \quad k_D = \frac{38}{45} \simeq 0.844 \tag{6.54}$$

バターワース標準形 ：$\omega_m = 6, \alpha_1 = \alpha_2 = 2$

$$k_I = \frac{6}{5} = 1.2, \quad k_P = \frac{7}{2} = 3.5, \quad k_D = \frac{5}{6} \simeq 0.833 \tag{6.55}$$

(b) I–PD 制御

2 項係数標準形 ：$\omega_m = 6, \alpha_1 = \alpha_2 = 3$

$$k_I = \frac{216}{5} = 43.2, \quad k_P = \frac{106}{5} = 21.2, \quad k_D = \frac{16}{5} = 3.2 \tag{6.56}$$

バターワース標準形 ：$\omega_m = 6, \alpha_1 = \alpha_2 = 2$

$$k_I = \frac{216}{5} = 43.2, \quad k_P = 14, \quad k_D = 2 \tag{6.57}$$

PI–D 制御と I–PD 制御を比較した結果を図 6.20 および図 6.21 に示す. これらより, 以下のことがいえる.

- I–PD 制御の場合, $G_{yr}(s) = G_{m3}(s)$ となるので, 目標値応答 $y_r(t)$ は規範モデルの出力 $y_m(t)$ と同一である. それに対し, PI–D 制御の場合は $G_{yr}(s)$ を $G_{m3}(s)$ と近似的に一致させているので, 目標値応答 $y_r(t)$ は規範モデルの出力 $y_m(t)$ と若干の差を生じている.

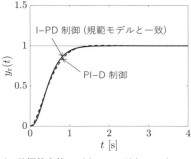

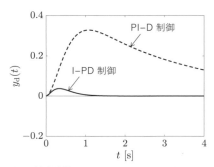

(a) 目標値応答：$r(t) = 1, d(t) = 0 \ (t \geq 0)$ \quad (b) 外乱応答：$r(t) = 0, d(t) = 1 \ (t \geq 0)$

図 6.20 目標値応答に注目した部分的モデルマッチング法 (3 次の 2 項係数標準形)

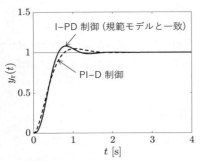
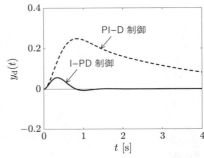

(a)　目標値応答：$r(t) = 1$, $d(t) = 0$ $(t \geq 0)$　　(b)　外乱応答：$r(t) = 0$, $d(t) = 1$ $(t \geq 0)$

図 6.21　目標値応答に注目した部分的モデルマッチング法 (3 次のバターワース標準形)

- 設計されたゲインの大きさを比べると，I–PD 制御のゲイン (6.56), (6.57) 式の方が PI–D 制御のゲイン (6.54), (6.55) 式よりも大きい．そのため，I–PD 制御の方が優れた外乱抑制特性を示している．ただし，ゲインが大きい (ハイゲインである) ため，ノイズなどの高周波信号を過度に増幅してしまい，機器に負担がかかる恐れがある．

なお，部分的モデルマッチング法はどのような制御対象に対しても有用な設計法というわけではなく，ときには，安定化すらできない場合もあることに注意する．

問題 6.5　　例 6.6 において，2 次の規範モデル $G_{m2}(s)$ を考えたとき，PI–D コントローラのゲイン k_I, k_P, k_D を (6.49) 式により設計せよ．ただし，$\omega_m = 6$, $\alpha_1 = 2$ とする．また，このとき，$G_{yr}(s)$ が約分されて次式が成立することを示せ．

$$G_{yr}(s) = G_{m2}(s) = \frac{36}{(s+6)^2} \tag{6.58}$$

問題 6.6　　$P(s)$, $G_{m3}(s)$ がそれぞれ

$$P(s) = \frac{s+1}{s^2 - s + 1}, \quad G_{m3}(s) = \frac{8}{s^3 + 4s^2 + 8s + 8} \quad (\omega_m = 2,\ \alpha_1 = \alpha_2 = 2) \tag{6.59}$$

のように与えられたとき，以下の設問に答えよ．······························6.5.3 項 (p. 132) を参照

(1)　$1/P(s)$ を (6.41) 式のように無限級数で表したとき，δ_0, δ_1, δ_2 を求めよ．

(2)　目標値応答に基づく部分的モデルマッチング法により，PI–D コントローラおよび I–PD コントローラのゲイン k_I, k_P, k_D をそれぞれ (6.49), (6.52) 式により設計せよ．

6.4.3　外乱応答に注目した場合

PI–D 制御における $G_{yd}(s)$ は (6.9) 式 (p. 108) であり，その逆数は

$$\frac{1}{G_{yd}(s)} = \frac{1 + P(s)C_1(s)}{P(s)} = \frac{1}{P(s)} + C_1(s)$$

$$= \frac{k_I}{s}\left(1 + \frac{\delta_0 + k_P}{k_I}s + \frac{\delta_1 + k_D}{k_I}s^2 + \frac{\delta_2}{k_I}s^3 + \cdots\right) \tag{6.60}$$

のように無限級数で表すことができる．したがって，(6.60) 式に s/k_I をかけた

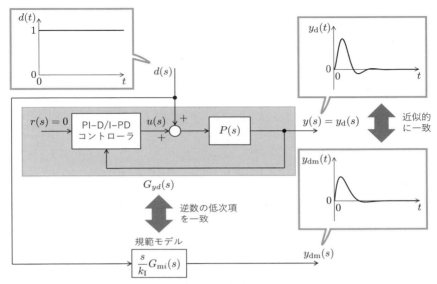

図 6.22 外乱応答に注目した部分的モデルマッチング法

$$\frac{1}{G_{yd}(s)\dfrac{k_{\mathrm{I}}}{s}} = 1 + \frac{\delta_0 + k_{\mathrm{P}}}{k_{\mathrm{I}}}s + \frac{\delta_1 + k_{\mathrm{D}}}{k_{\mathrm{I}}}s^2 + \frac{\delta_2}{k_{\mathrm{I}}}s^3 + \cdots \tag{6.61}$$

は，I–PD 制御における $G_{yr}(s)$ の逆数 (6.50) 式と同じ形式となる．そこで，外乱応答に注目した PI–D 制御の部分的モデルマッチング法では，(6.61) 式を 3 次の規範モデル $G_{\mathrm{m3}}(s)$ の逆数と比較し，3 次までの項が一致するように，ゲイン k_{I}, k_{P}, k_{D} を (6.52) 式により決定する．つまり，図 6.22 に示すように，$G_{yd}(s)$ を $sG_{\mathrm{m3}}(s)/k_{\mathrm{I}}$ と近似的に一致させていることになる．

外乱応答に注目した部分モデルマッチング法については，以下のことがいえる．

- PI–D 制御において外乱応答に注目することにより得られるゲイン k_{I}, k_{P}, k_{D} は，I–PD 制御において目標値応答に注目することにより得られるものと同じである．

- PI–D 制御と I–PD 制御の $G_{yd}(s)$ はどちらも (6.9) 式 (p. 108) で表される．そのため，ゲイン k_{I}, k_{P}, k_{D} を (6.52) 式により決定すると，両者の外乱応答は同じであるが，I–PD 制御はコントローラの構造に起因する零点を生じないので目標値応答の安定度が高い．

例 6.7 .... マス・ばね・ダンパ系：外乱応答に注目した部分的モデルマッチング法
　例 6.6 で設計した I–PD 制御のゲイン k_{I}, k_{P}, k_{D} が外乱応答に注目した PI–D 制御のゲイン k_{I}, k_{P}, k_{D} である．3 次の規範モデル $G_{\mathrm{m3}}(s)$ を 2 項係数標準形として設計された (6.56) 式を用いた場合，PI–D 制御の目標値応答と外乱応答を図 6.23 に示す．このように，

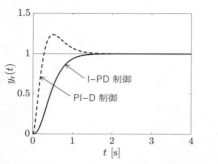
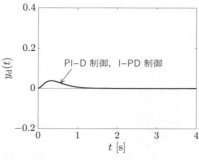

(a) 目標値応答：$r(t) = 1$, $d(t) = 0$ ($t \geq 0$)　　(b) 外乱応答：$r(t) = 0$, $d(t) = 1$ ($t \geq 0$)

図 6.23　外乱応答に注目した部分的モデルマッチング法 (3 次の 2 項係数標準形)

PI–D 制御は I–PD 制御と外乱応答は同じであるが，目標値応答が異なる．PI–D 制御の目標値応答は速応性は良いが，オーバーシュートが大きくなってしまう．

6.5　MATLAB/Simulink を利用した演習

6.5.1　鉛直面を回転するアーム系の角度制御

例 1.6 (p. 17) で示した鉛直面を回転するアーム系の角度制御を行う．ただし，目標値応答に注目して設計された PI–D コントローラ (6.5) 式 (p. 107) を用いる．

$y(t) = y_e = 0$ 近傍でのアーム系の伝達関数表現は，(1.45) 式 (p. 18) より

$$y(s) = P(s)u(s), \quad P(s) = \frac{1}{Js^2 + cs + Mgl} \tag{6.62}$$

となる．(6.62) 式の伝達関数 $P(s)$ の逆数は 2 次式

$$\frac{1}{P(s)} = \delta_0 + \delta_1 s + \delta_2 s^2, \quad \delta_0 = Mgl, \quad \delta_1 = c, \quad \delta_2 = J \tag{6.63}$$

となるので，(6.49) 式 (p. 124) によりゲインを設計できる．規範モデルを (6.34) 式 (p. 120) として設計された PI–D 制御系のシミュレーションを行う M ファイルを以下に示す．ただし，$\omega_m = 10$, $\alpha_1 = 1.4$ とし (p. 120 の**表 6.3** 参照)，ステップ状に変化する目標値 $r(t) = r_c$ ($t \geq 0$) および外乱 $d(t) = d_c$ ($t \geq 1.5$) を与えている．また，M ファイル "`arm_para.m`" (p. 25) が同じフォルダに保存されているものとする．

M ファイル "`arm_linear_pi_d_design.m`" (アーム系の PI–D コントローラ設計と線形シミュレーション)

```
1   arm_para                          ········· "arm_para.m" (p. 25) の実行
2   d0 = M*g*l;  d1 = c;  d2 = J;     ········· δ0, δ1, δ2 の定義：(6.63) 式
3   % --------------------
4   wm = 10;   a1 = 1.4;              ········· ωm = 10, α1 = 1.4
5   gamma_m1 = a1/wm;                 ········· γm1, γm2, γm3 の定義：(6.47) 式
6   gamma_m2 =  1/wm^2;
7   gamma_m3 =  0;
```

```
 8   % --------------------
 9   kI =  d0/gamma_m1                              ……… kI, kP, kD の設計：(6.49) 式
10   kP = (d2*gamma_m1 - d0*gamma_m3)/(gamma_m1*gamma_m2)
11   kD = (d2*gamma_m1^2 - d1*gamma_m1*gamma_m2 ...
12                 + d0*(gamma_m2^2 - gamma_m1*gamma_m3))/(gamma_m1*gamma_m2)
13   % --------------------
14   rc_deg = 30;  rc = rc_deg*(pi/180);   ……… rc = 30 [deg] = π/6 [rad]
15   dc = 0.5;                              ……… dc = 0.5 [N·m]
16   sim('arm_linear_sim_pi_d_cont')       ……… Simulink モデル "arm_linear_sim_pi_d_cont.slx"
17   % --------------------                     を実行
18   sysGm2 = tf([wm^2],[1 a1*wm wm^2]);   ……… 規範モデル Gm2(s) を定義：(6.34) 式
19   ym = step(sysGm2,t)*rc;               ……… 規範モデルの単位ステップ応答 ym(t)
20   % --------------------
21   figure(1)                             ……… Figure 1 を指定し，シミュレーション結果 y(t) を実線，
22   plot(t,y*(180/pi),t,ym*(180/pi),'--')     規範モデルの時間応答 ym(t) (d(t) = 0) を破線で描画
23   xlabel('t [s]')                       ……… 横軸のラベル
24   ylabel('y(t) and {y}_{m}(t) [deg]')   ……… 縦軸のラベル
25   legend({'y(t)','{y}_{m}(t) (d(t) = 0)'},'Location','SouthEast')   ……… 凡例を右下に表示
26   ylim([0 (4/3)*rc_deg])                ……… 縦軸の範囲
27   grid on                               ……… 補助線
28   % --------------------
29   s = tf('s');                          ……… ラプラス演算子 s の定義
30   sysP = 1/(J*s^2 + c*s + M*g*l);       ……… P(s)：(6.62) 式
31   sysC1 = kP + kI/s + kD*s;             ……… C1(s)：(6.10) 式
32   sysC2 = kP + kI/s;                    ……… C2(s)：(6.10) 式
33   sysGyr = zpk(minreal(sysP*sysC2/(1 + sysP*sysC1)))   ……… Gyr(s)：(6.8) 式
34   sysGyd = zpk(minreal(          1/(1 + sysP*sysC1)))   ……… Gyd(s)：(6.9) 式
```

M ファイルで使用している Simulink モデル "arm_linear_sim_pi_d_cont.slx" を
図 6.24 に，そのパラメータ設定を表 6.4, 6.5 に示す．M ファイル "arm_linear_pi_d_design.m" を実行すると，

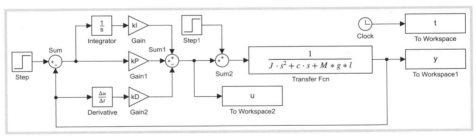

図 6.24 Simulink モデル "arm_linear_sim_pi_d_cont.slx"

表 6.4 図 6.24 における Simulink ブロックのパラメータ設定

Simulink ブロック	変更するパラメータ	Simulink ブロック	変更するパラメータ
Transfer Fcn	分母係数：[J c M*g*l]	Gain	ゲイン：kI
Step	ステップ時間：0，最終値：rc	Gain1	ゲイン：kP
Step1	ステップ時間：1.5，最終値：dc	Gain2	ゲイン：kD
To Workspace	変数名：t，保存形式：配列	Sum	符号リスト：|+-
To Workspace1	変数名：y，保存形式：配列	Sum1	符号リスト：++-
To Workspace2	変数名：u，保存形式：配列	Sum2	符号リスト：++|

表 6.5　図 6.24 におけるモデルコンフィギュレーションパラメータの設定

ソルバ/シミュレーション時間	開始時間	0	終了時間	3
ソルバ/ソルバの選択	タイプ	固定ステップ	ソルバ	ode4 (Runge-Kutta)
ソルバ/ソルバの詳細	固定ステップサイズ	0.001		
データのインポート/エクスポート	ワークスペースまたはファイルに保存		「単一のシミュレーション出力」のチェックを外す	

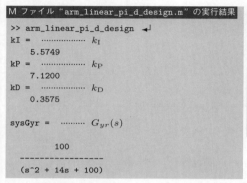

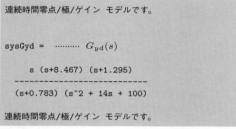

という結果が得られる．これより，**問題 6.5** (p. 126) と同様，$G_{yr}(s)$ は約分されて 2 次遅れ要素となり，2 次の規範モデル $G_{m2}(s)$ と一致することが確認できる．そのため，図 6.25 のシミュレーション結果のように，外乱が加わっていない 1.5 秒までは規範モデル $G_{m2}(s)$ のステップ応答 $y_m(t)$ と完全に一致する．一方で，目標値応答に注目して設計したので，外乱の影響を除去するのに時間を要する．

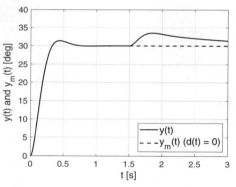

図 6.25　M ファイル "arm_linear_pi_d _design.m" の実行結果

6.5.2　鉛直面を回転するアーム系の非線形シミュレーション

6.5.1 項では，鉛直面を回転するアーム系の非線形微分方程式を $y(t) = y_e = 0$ 近傍で近似的に線形化した (6.62) 式を考え，PI–D 制御系の線形シミュレーションを行った．ここでは，(1.40) 式 (p. 17) に示した非線形微分方程式

$$\ddot{y}(t) = \frac{1}{J}(u(t) - Mgl\sin y(t) - c\dot{y}(t)) \tag{6.64}$$

に対して，PI–D 制御系の非線形シミュレーションを行う方法を説明する．

まず，図 6.24 の Simulink ブロック "Transfer Fcn" の代わりに Simulink ブロック "Subsystem" を配置する（図 6.26）．非線形微分方程式 (6.64) 式をブロック線図で表

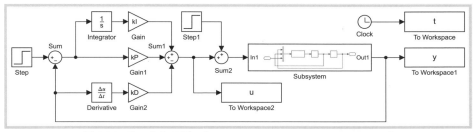

図 6.26 Simulink モデル "`arm_nonlinear_sim_pi_d_cont.slx`"

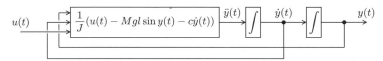

図 6.27 非線形微分方程式 (6.64) 式のブロック線図

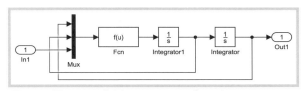

図 6.28 図 6.26 に含まれる Simulink ブロック "Subsystem"

表 6.6 図 6.28 における Simulink ブロックのパラメータ設定

Simulink ブロック	変更するパラメータ
Mux	入力数：3
Fcn もしくは Interpreted MATLAB Function	式：`(u(3) - M*g*l*sin(u(1)) - c*u(2))/J`

現すると図 6.27 となるので，これを Simulink ブロック "Subsystem" 内の "In1" と "Out1" の間に記述すると，図 6.28 のようになる．ただし，パラメータは表 6.6 のように設定する．"Fcn" や "Interpreted MATLAB Function" への入力は "Mux" で 3 次元にベクトル化されており，これらの Simulink ブロックの中では 3 次元ベクトルの要素を u(1)，u(2)，u(3) として利用することができる．u(1)，u(2)，u(3) は "Mux" の上から順に割り当てられているので，それぞれ $y(t)$，$\dot{y}(t)$，$u(t)$ を意味する．

　非線形シミュレーションを行うために，以下の M ファイルを作成する．

M ファイル "`arm_nonlinear_pi_d_design.m`"（アーム系の PI-D コントローラ設計と非線形シミュレーション）

```
     "arm_linear_pi_d_design.m" (p. 128) の 1〜13 行目
14   rc_deg = 120;  rc = rc_deg*(pi/180);  ········ rc = 120 [deg] = 2π/3 [rad]
15   dc = 2;                                ········ dc = 2 [N·m]
16   sim('arm_linear_sim_pi_d_cont')       ········ Simulink モデル "arm_linear_sim_pi_d_cont.slx"
17   y_linear = y;                                  により線形シミュレーションを実行
18   sim('arm_nonlinear_sim_pi_d_cont')    ········ Simulink モデル "arm_nonlinear_sim_pi_d_cont.
19   % --------------------                          slx" により非線形シミュレーションを実行
```

```
20    sysGm2 = tf([wm^2],[1 a1*wm wm^2]);     ……… 規範モデル Gm2(s) を定義：(6.34) 式
21    ym = step(sysGm2,t)*rc;                 ……… 規範モデルの単位ステップ応答 ym(t)
22    % --------------------
23    figure(1)                               ……… Figure 1 を指定し，シミュレーション結果などを描画
24    plot(t,y_linear*(180/pi),t,y*(180/pi),'-.',t,ym*(180/pi),'--')
25    xlabel('t [s]')                         ……… 横軸のラベル
26    ylabel('y(t) and {y}_{m}(t) [deg]')     ……… 縦軸のラベル
27    legend({'y(t) (Linear simulation)',...  ……… 凡例を右下に表示
28           'y(t) (Nonlinear simulation)',...
29           '{y}_{m}(t) (d(t) = 0)'},'Location','SouthEast')
30    ylim([0 (4/3)*rc_deg])                  ……… 縦軸の範囲
31    grid on                                 ……… 補助線
```

この M ファイル "arm_nonlinear_pi_
d_design.m" を実行すると，図 6.29 の
シミュレーション結果が描画される．ただ
し，$r_c = 120$ [deg]，$d_c = 2$ [N·m] とし
た．図 6.29 の実線に示した線形シミュレー
ションの結果は，目標角度 r_c によらず同
じ形状であり（図 6.25 を参照），1.5 秒ま
では規範モデルの応答 $y_m(t)$ と一致する．
それに対し，図 6.29 の一点鎖線に示した
非線形シミュレーションの結果は，目標値
$r_c = 120$ [deg] が $y(t) = y_e = 0$ 近傍で
はないため，線形化誤差の影響を受け，規

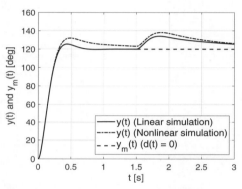

図 6.29　M ファイル "arm_nonlinear_pi_d
_design.m" の実行結果

範モデルの応答 $y_m(t)$ からの誤差が生じていることが確認できる．

　このように，線形化誤差が大きい場合は，現実の実機実験に近い非線形シミュレーショ
ンにより制御性能を確認した方が良い．

6.5.3　Symbolic Math Toolbox を利用した I–PD, PI–D 制御系設計 (部分的モデルマッチング法)

　ここでは，**問題 6.6** (p. 126) の解答を，Symbolic Math Toolbox により導出する．ま
た，Simulink によりシミュレーションを行う際，

━ 一般的な 2 自由度 PID コントローラ ━

$$u(s) = k_P(br(s) - y(s)) + \frac{k_I}{s}e(s) + k_D\frac{N}{1 + N/s}(cr(s) - y(s)), \quad N = \frac{1}{T_f}$$

$$= k_P(br(s) - y(s)) + \frac{k_I}{s}e(s) + k_D\frac{s}{1 + T_f s}(cr(s) - y(s)) \tag{6.65}$$

を実装する Simulink ブロック "PID Controller (2DOF)" を利用する．このブロック
の微分動作には，**6.1.3 項** (p. 108) で説明した不完全微分を用いている．また，(6.65) 式

は，特殊な場合として

- 標準型 PID コントローラ：$b = c = 1$
- PI–D コントローラ (微分先行型 PID コントローラ)：$b = 1, c = 0$
- I–PD コントローラ (比例・微分先行型 PID コントローラ)：$b = c = 0$

を含む形式であることに注意する．なお，$T_f = 0$ としたときの 2 自由度 PID 制御系は，図 6.11 (p. 116) における目標値フィルタ $C_{ff}(s)$ を次式としたものになる．

$$C_{ff}(s) = \frac{ck_D s^2 + bk_P s + k_I}{k_D s^2 + k_P s + k_I} \tag{6.66}$$

Symbolic Math Toolbox では，関数 "taylor" によりマクローリン展開を，関数 "solve" により連立方程式の解を得ることができる．これらを利用し，6.4.2 項 (b) (p. 124) で説明した目標値応答に注目した部分モデルマッチング法により I–PD コントローラ (6.25) 式 (p. 114) を設計し，シミュレーションを行う M ファイルを以下に示す．

M ファイル "i_pd_design.m" (目標値応答に注目した部分的モデルマッチング法による I–PD コントローラ設計)

```
1   syms s                              ……… ラプラス演算子 s を複素数として定義
2   syms kP kI kD real                  ……… kP, kI, kD を実数として定義
3   % --------------------
4   P = (s + 1)/(s^2 - s + 1);          ……… (6.59) 式の伝達関数 P(s) を定義し，その逆数 1/P(s) の 5 次
5   inv_P = taylor(1/P)                       までのマクローリン展開 (1/P(s) = δ0 + δ1 s + δ2 s^2 + ···)
6   % --------------------                     ：(6.41), (6.42) 式
7   C1 = (kD*s^2 + kP*s + kI)/s;        ……… 伝達関数 C1(s) を定義：(6.10) 式
8   % --------------------
9   C3 = kI/s;                          ……… 伝達関数 C3(s) = kI/s を定義：(6.27) 式
10  inv_C3 = 1/C3;                            逆数 1/C3(s) = s/kI
11  % --------------------
12  inv_Gyr = inv_C3*(inv_P + C1);      ……… 1/Gyr(s) = 1 + γ1 s + γ2 s^2 + γ3 s^3 + ··· を計算し，3 次
13  gamma = coeffs(expand(inv_Gyr),s)';       までの項の係数をベクトル γ = [1 γ1 γ2 γ3] にまとめる
14  gamma = gamma(1:4)                        ：(6.50) 式
15  % --------------------
16  wm = 2;  a1 = 2;  a2 = 2;           ……… ωm = 1, α1 = 2, α2 = 2 (バターワース標準形)
17  Gm3 = wm^3/(s^3 + a2*wm*s^2 + a1*wm^2*s + wm^3);  ……… 規範モデル Gm3(s) を定義：(6.35) 式
18  gamma_m = coeffs(1/Gm3,s)'          ……… 1/Gm3(s) = 1 + γm1 s + γm2 s^2 + γm3 s^3 の係数をベクトル
19  % --------------------                     γ = [1 γm1 γm2 γm3] にまとめる：(6.47) 式
20  [sol_kI sol_kP sol_kD] = solve(gamma(2:4)==gamma_m(2:4),[kI kP kD]);
21  % --------------------                ……… γ1 = γm1, γ2 = γm2, γ3 = γm3 を満足する kI, kP, kD を
22  kI = double(sol_kI)                       求め，倍精度 (double) に型変換：(6.51) 式
23  kP = double(sol_kP)
24  kD = double(sol_kD)
25  % --------------------
26  Tf = 0.01;                          ……… 不完全微分器の時定数 Tf = 0.01 を定義
27  b = 0;  c = 0;                      ……… b = c = 0 と設定し，(6.65) 式を I–PD コントローラとする
28  sim('two_dof_pid_cont')             ……… Simulink モデル "two_dof_pid_cont.slx" を実行
29  % --------------------
30  sysGm3 = tf([wm^3],[1 a2*wm a1*wm^2 wm^3]);  ……… 規範モデル Gm3(s) を定義：(6.35) 式
31  ym = step(sysGm3,t);                ……… 規範モデルの単位ステップ応答 ym(t)
32  % --------------------
33  figure(1)                           ……… Figure 1 を指定し，I–PD 制御のシミュレーション結果 y(t) を
34  plot(t,y,t,ym,'--')                       実線，規範モデル Gm3(s) の時間応答 ym(t) を破線で描画
35  xlabel('t [s]')                     ……… 横軸のラベル
```

```
36    ylabel('y(t) and {y}_{m}(t)')        ┈┈┈ 縦軸のラベル
37    legend({'y(t)','{y}_{m}(t)'},'Location','SouthEast')   ┈┈┈ 凡例を右下に表示
38    ylim([0 1.5])                        ┈┈┈ 縦軸の範囲
39    grid on                              ┈┈┈ 補助線
```

M ファイル "i_pd_design.m" では，図 6.30 および表 6.7, 6.8 に示す Simulink モデル
"two_dof_pid_cont.slx" を利用して，目標値を $r(t) = 1$ $(t \geq 0)$，外乱を $d(t) = 2$
$(t \geq 10)$ としたシミュレーションを行っている．

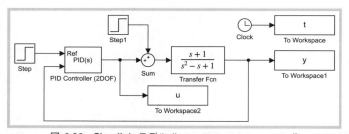

図 6.30　Simulink モデル "two_dof_pid_cont.slx"

表 6.7　図 6.30 における Simulink ブロックのパラメータ設定

Simulink ブロック	変更するパラメータ	Simulink ブロック	変更するパラメータ
Transfer Fcn	分子係数：[1 1]， 分母係数：[1 -1 1]	Sum	符号リスト：++|
		Step	ステップ時間：0
PID Controller (2DOF)	比例項 (P)：kP, 積分項 (I)：kI, 微分項 (D)：kD, フィルター係数 (N)：1/Tf, 設定点の重み (b)：b, 設定点の重み (c)：c	Step1	ステップ時間：10, 最終値：2
		To Workspace	変数名：t, 保存形式：配列
		To Workspace1	変数名：y, 保存形式：配列
		To Workspace2	変数名：u, 保存形式：配列

表 6.8　図 6.30 におけるモデルコンフィギュレーションパラメータの設定

ソルバ/シミュレーション時間	開始時間	0	終了時間	20
ソルバ/ソルバの選択	タイプ	固定ステップ	ソルバ	ode4 (Runge-Kutta)
ソルバ/ソルバの詳細	固定ステップサイズ	0.001		
データのインポート/エクスポート	ワークスペースまたはファイルに保存	「単一のシミュレーション出力」の チェックを外す		

　一方，6.4.2 項 (a) (p. 123) で説明した目標値応答に注目した部分モデルマッチング
法により PI–D コントローラ (6.5) 式 (p. 107) を設計し，シミュレーションを行うた
めの M ファイルを以下に示す．

M ファイル "pi_d_design.m"（目標値応答に注目した部分的モデルマッチング法による PI–D コントローラ設計）

　　"i_pd_design.m" (p. 133) の 1～8 行目

```
9     C2 = (kP*s + kI)/s;          ┈┈┈ 伝達関数 C2(s) を定義：(6.10) 式
10    inv_C2 = taylor(1/C2)        ┈┈┈ 逆数 1/C2(s) の 5 次までのマクローリン展開：(6.45) 式
```

```
11   % --------------------
12   inv_Gyr = inv_C2*(inv_P + C1);   ……… 1/G_yr(s) = 1 + γ₁s + γ₂s² + ⋯ を計算：(6.43) 式
:    "i_pd_design.m" (p. 133) の 13〜26 行目
27   b = 1; c = 0;                    ……… b = 1, c = 0 と設定し，(6.65) 式を PI–D コントローラとする
:    "i_pd_design.m" (p. 133) の 28〜39 行目
```

$1/G_{yr}(s) = 1 + \gamma_1 s + \gamma_2 s^2 + \cdots$ を計算：(6.43) 式

$b = 1$, $c = 0$ と設定し，(6.65) 式を PI–D コントローラとする

M ファイル "i_pd_design.m"，"pi_d_design.m" を実行すると，

M ファイル "i_pd_design.m" の実行結果

```
>> i_pd_design ↵
inv_P =   ……… 1/P(s) = δ₀ + δ₁s + δ₂s² + ⋯
- 3*s^5 + 3*s^4 - 3*s^3 + 3*s^2 - 2*s + 1
gamma =   ……… 1/G_yr(s) = 1 + γ₁s + γ₂s²
                                    + γ₃s³ + ⋯
            1
  kP/kI + 1/kI   …… γ₁
  kD/kI - 2/kI   …… γ₂
       3/kI      …… γ₃
gamma_m =   ……… 1/G_m3(s) = 1 + γ_m1 s + γ_m2 s²
  1                                  + γ_m3 s³
  1   ……………… γ_m1
  1/2  ……………… γ_m2
  1/8  ……………… γ_m3
kI =   ……………… k_I
   24
kP =   ……………… k_P
   23
kD =   ……………… k_D
   14
```

M ファイル "pi_d_design.m" の実行結果

```
>> pi_d_design ↵
inv_P =
- 3*s^5 + 3*s^4 - 3*s^3 + 3*s^2 - 2*s + 1
gamma =
                                          1
                                        1/kI
                  kD/kI - kP/kI^2 - 2/kI
(2*kP)/kI^2 + 3/kI + kP^2/kI^3 - (kD*kP)/kI^2
gamma_m =
  1
  1
  1/2
  1/8
kI =   ……………… k_I
   1
kP =   ……………… k_P
   5.7500
kD =   ……………… k_D
   8.2500
```

のようにゲイン k_I, k_P, k_D が設計され，図 6.31, 6.32 のシミュレーション結果が得られる．I–PD 制御，PI–D 制御のいずれもが外乱が加わる 10 秒までは規範モデルの時間応答 $y_m(t)$ にある程度近い結果となった．しかし，PI–D 制御では，外乱が加わった 10 秒以降でその影響を大きく受けていることがわかる．

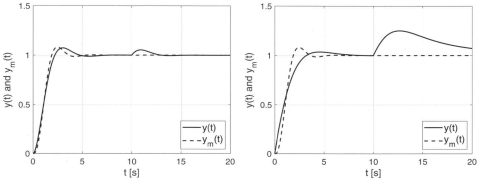

図 6.31 M ファイル "i_pd_design.m" の実行結果 (I–PD 制御)

図 6.32 M ファイル "pi_d_design.m" の実行結果 (PI–D 制御)

第 **7** 章

周波数特性

　第3章では，ステップ応答によりシステムの特性を調べる方法を説明した．システムの特性を調べるもう一つの代表的な方法は，様々な周波数の正弦波入力を加え，入出力の振幅比と位相差により特徴づけるというものである．このときの特性を周波数特性という．ここでは，システムの伝達関数と周波数特性の関係について説明する．

7.1　周波数応答と周波数伝達関数

7.1.1　システムの周波数応答

　図 7.1 に示すように，安定なシステム

$$y(s) = P(s)u(s) \tag{7.1}$$

に正弦波入力

$$u(t) = A\sin\omega t \ (A > 0, \ \omega > 0) \quad \Longleftrightarrow \quad u(s) = \frac{A\omega}{s^2 + \omega^2} \tag{7.2}$$

を加えたときの出力 $y(t)$ の定常状態 $y_{\text{app}}(t)$ を**周波数応答**と呼ぶ．一般に，周波数応答は

$$y(t) \simeq y_{\text{app}}(t) := B(\omega)\sin(\omega t + \phi(\omega)) \tag{7.3}$$

のように，入力 $u(t)$ と同じ周波数の正弦波となるが，振幅 $B(\omega)$ や位相差 $\phi(\omega)$ が周波数に応じて変化する．したがって，様々な周波数の正弦波入力 (7.2) 式を加えたとき，

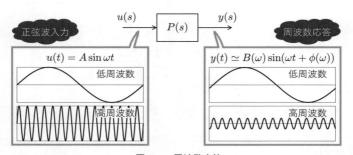

図 7.1　周波数応答

入出力の振幅比 (ゲイン) $\quad G_{\mathrm{g}}(\omega) := \dfrac{B(\omega)}{A}$ [倍] $\qquad (7.4)$

入出力の位相差 $\qquad\qquad G_{\mathrm{p}}(\omega) := \phi(\omega)$ [deg] (もしくは [rad]) $\qquad (7.5)$

を調べることで，システムの特性を把握することができる．このような特性を**周波数特性**と呼ぶ．また，$G_{\mathrm{g}}(\omega), G_{\mathrm{p}}(\omega)$ により周波数応答 (7.3) 式を

ゲイン，位相差と周波数応答の関係

$$y(t) \simeq y_{\mathrm{app}}(t) = A G_{\mathrm{g}}(\omega) \sin(\omega t + G_{\mathrm{p}}(\omega)) \qquad (7.6)$$

のように記述することができる．

例 7.1 .... 周波数応答

1 次遅れ系

$$y(s) = P(s)u(s), \quad P(s) = \frac{1}{s+1} \qquad (7.7)$$

の周波数応答 $y_{\mathrm{app}}(t)$ を求めてみよう．

正弦波入力 $u(t) = A \sin \omega t$ を加えたときの $y(s)$ は，(7.2), (7.7) 式より

$$y(s) = \frac{1}{s+1} \frac{A\omega}{s^2+\omega^2} = \frac{k_1}{s+1} + \frac{k_2}{s+j\omega} + \frac{k_3}{s-j\omega} \qquad (7.8)$$

$$k_1 = \frac{A\omega}{1+\omega^2}, \quad k_2 = \frac{A(j-\omega)}{2(1+\omega^2)}, \quad k_3 = -\frac{A(j+\omega)}{2(1+\omega^2)}$$

となる．したがって，(7.8) 式を逆ラプラス変換し，オイラーの公式 (A.15) 式 (p. 215) および三角関数の合成 (注1) を利用して書き換えると，$y(t)$ が

$$\begin{aligned} y(t) = \mathcal{L}^{-1}[y(s)] &= k_1 e^{-t} + k_2 e^{-j\omega t} + k_3 e^{j\omega t} \\ &= \frac{A\omega}{1+\omega^2} e^{-t} + \frac{A}{1+\omega^2} (\sin \omega t - \omega \cos \omega t) \\ &= \frac{A\omega}{1+\omega^2} e^{-t} + B(\omega) \sin(\omega t + \phi(\omega)) \quad (t \geq 0) \end{aligned} \qquad (7.9)$$

のように得られる．ただし，

$$B(\omega) = \frac{A}{\sqrt{1+\omega^2}}, \quad \phi(\omega) = \tan^{-1}(-\omega) = -\tan^{-1}\omega \qquad (7.10)$$

である．(7.9) 式において十分時間が経過すると $e^{-t} \simeq 0$ であるから，出力 $y(t)$ は (7.3) 式のように近似できる．また，入出力の振幅比 $G_{\mathrm{g}}(\omega)$ および位相差 $G_{\mathrm{p}}(\omega)$ は

$$G_{\mathrm{g}}(\omega) := \frac{B(\omega)}{A} = \frac{1}{\sqrt{1+\omega^2}}, \quad G_{\mathrm{p}}(\omega) := \phi(\omega) = -\tan^{-1}\omega \qquad (7.11)$$

であり，これらは ω に依存する．たとえば，$\omega = 0.1, 10$ のとき，

$$G_{\mathrm{g}}(0.1) = \frac{1}{\sqrt{1.01}} \simeq 1 \text{ [倍]}, \quad G_{\mathrm{p}}(0.1) = -\tan^{-1}0.1 \simeq -5.71 \text{ [deg]}$$

$$G_{\mathrm{g}}(10) = \frac{1}{\sqrt{101}} \simeq \frac{1}{10} \text{ [倍]}, \quad G_{\mathrm{p}}(10) = -\tan^{-1}10 \simeq -84.3 \text{ [deg]}$$

である．

(注1) $a \sin \theta + b \cos \theta = \sqrt{a^2+b^2} \sin(\theta + \phi), \quad \phi = \tan^{-1}\dfrac{b}{a}$

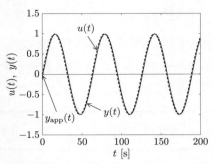
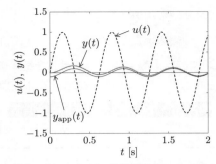

(a) $u(t) = \sin 0.1t$ (低周波入力：$\omega = 0.1$)　(b) $u(t) = \sin 10t$ (高周波入力：$\omega = 10$)

図 7.2 周波数応答

図 7.2 に $A = 1$, $\omega = 0.1, 10$ とした入力 $u(t)$, 出力 $y(t)$ およびその近似波形 $y_{\mathrm{app}}(t)$ を示す. 図 7.2 からわかるように, ω が小さいときは $u(t)$ と $y(t)$ の振幅, 位相はほぼ同じであるが, ω が大きいときは $y(t)$ の振幅は小さくなり, 位相も大きく遅れる.

問題 7.1 不安定なシステム

$$y(s) = P(s)u(s), \quad P(s) = \frac{1}{s-1} \tag{7.12}$$

に入力 $u(t) = A\sin\omega t$ を加えたときの出力 $y(t)$ が (7.3) 式で近似できない理由を説明せよ.

7.1.2 周波数伝達関数とゲイン, 位相差の関係

例 7.1 のように, ラプラス変換を利用して振幅比や位相差を計算することは面倒である. そのため, 周波数伝達関数からゲイン, 位相差を求めることが多い.

伝達関数 $P(s)$ における s を $j\omega$ で置き換えた $P(j\omega)$ を**周波数伝達関数**という. 周波数伝達関数 $P(j\omega)$ は複素数であり, その実部 $\mathrm{Re}[P(j\omega)]$ と虚部 $\mathrm{Im}[P(j\omega)]$ を

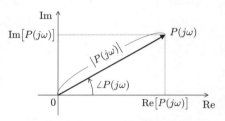

図 7.3 複素平面上の周波数伝達関数

用いると, **付録 A.3** (p. 217) で説明するように, ゲイン $G_{\mathrm{g}}(\omega)$ と位相差 $G_{\mathrm{p}}(\omega)$ を

> **ゲインと位相差**
>
> **ゲイン** $\quad G_{\mathrm{g}}(\omega) = |P(j\omega)| = \sqrt{\mathrm{Re}[P(j\omega)]^2 + \mathrm{Im}[P(j\omega)]^2} \tag{7.13}$
>
> **位相差** $\quad G_{\mathrm{p}}(\omega) = \angle P(j\omega) = \tan^{-1}\dfrac{\mathrm{Im}[P(j\omega)]}{\mathrm{Re}[P(j\omega)]} \tag{7.14}$

のように求めることができる^(注2). つまり, ゲイン $G_{\mathrm{g}}(\omega)$, 位相差 $G_{\mathrm{p}}(\omega)$ はそれぞれ

(注2) MATLAB では, 関数 "**bode**" によってある角周波数 ω に対する $G_{\mathrm{g}}(\omega)$, $G_{\mathrm{p}}(\omega)$ を数値的に計算することができる. 使用例を **7.4.3 項** (p. 159) に示す.

図 7.3 に示す複素平面上のベクトル $P(j\omega)$ の大きさ $|P(j\omega)|$，偏角 $\angle P(j\omega)$ に等しい．

例 7.2 .... 周波数伝達関数とゲイン，位相差

伝達関数 $P(s)$ が

(1) $P(s) = \dfrac{1}{s+1}$　(2) $P(s) = \dfrac{1}{(s+1)(s+2)}$

であるとき，(7.13), (7.14) 式によりゲイン $G_\mathrm{g}(\omega)$ および位相差 $G_\mathrm{p}(\omega)$ を求める．

(1) 周波数伝達関数 $P(j\omega)$ は

$$P(j\omega) = \frac{1}{1+j\omega} = \frac{1-j\omega}{1+\omega^2} = \frac{1}{1+\omega^2} + j\left(-\frac{\omega}{1+\omega^2}\right) \tag{7.15}$$

である．したがって，ゲイン $G_\mathrm{g}(\omega)$ および位相差 $G_\mathrm{p}(\omega)$ は，(7.13), (7.14) 式より

$$G_\mathrm{g}(\omega) = |P(j\omega)| = \sqrt{\left(\frac{1}{1+\omega^2}\right)^2 + \left(-\frac{\omega}{1+\omega^2}\right)^2}$$
$$= \frac{\sqrt{1+(-\omega)^2}}{1+\omega^2} = \frac{1}{\sqrt{1+\omega^2}} \tag{7.16}$$
$$G_\mathrm{p}(\omega) = \angle P(j\omega) = \tan^{-1}\left\{\frac{-\omega/(1+\omega^2)}{1/(1+\omega^2)}\right\}$$
$$= \tan^{-1}\left(\frac{-\omega}{1}\right) = -\tan^{-1}\omega \tag{7.17}$$

となり，(7.11) 式 (p. 137) と一致する．

(2) 周波数伝達関数 $P(j\omega)$ は

$$P(j\omega) = \frac{1}{(1+j\omega)(2+j\omega)} = \frac{(1-j\omega)(2-j\omega)}{(1+\omega^2)(4+\omega^2)}$$
$$= \frac{2-\omega^2}{\omega^4+5\omega^2+4} + j\left(-\frac{3\omega}{\omega^4+5\omega^2+4}\right) \tag{7.18}$$

である．したがって，ゲイン $G_\mathrm{g}(\omega)$ および位相差 $G_\mathrm{p}(\omega)$ は，(7.13), (7.14) 式より

$$G_\mathrm{g}(\omega) = |P(j\omega)| = \frac{\sqrt{(2-\omega^2)^2+(-3\omega)^2}}{\omega^4+5\omega^2+4} = \frac{\sqrt{\omega^4+5\omega^2+4}}{\omega^4+5\omega^2+4}$$
$$= \frac{1}{\sqrt{\omega^4+5\omega^2+4}} = \frac{1}{\sqrt{(1+\omega^2)(4+\omega^2)}} \tag{7.19}$$
$$G_\mathrm{p}(\omega) = \angle P(j\omega) = \tan^{-1}\left(\frac{-3\omega}{2-\omega^2}\right) = -\tan^{-1}\frac{3\omega}{2-\omega^2} \tag{7.20}$$

となる．

問題 7.2 伝達関数 $P(s)$ が以下のように与えられたとき，(7.13), (7.14) 式によりゲイン $G_\mathrm{g}(\omega)$ および位相差 $G_\mathrm{p}(\omega)$ を求めよ．

(1) $P(s) = \dfrac{1}{10s+1}$　(2) $P(s) = \dfrac{1}{(s+1)(10s+1)}$　(3) $P(s) = \dfrac{s+10}{s+1}$

問題 7.3 安定なシステム

$$y(s) = P(s)u(s), \quad P(s) = \frac{s+2}{s^2+2s+2} \tag{7.21}$$

に正弦波入力 $u(t) = \sin t$ を加えたときの出力 $y(t)$ の定常状態 $y_{\text{app}}(t)$ を求めよ.

7.1.3 ゲイン, 位相差の便利な求め方

7.1.2 項で説明したように, ゲイン $G_{\text{g}}(\omega)$, 位相差 $G_{\text{p}}(\omega)$ は周波数伝達関数 $P(j\omega)$ の大きさ $|P(j\omega)|$ や偏角 $\angle P(j\omega)$ に等しい. しかしながら, 伝達関数 $P(s)$ が

$$P(s) = \frac{5(s+3)(s+4)}{(s+1)(s+2)}$$

のように複雑な形式の場合, $P(j\omega)$ の実部 $\text{Re}\big[P(j\omega)\big]$ や虚部 $\text{Im}\big[P(j\omega)\big]$ を例 7.2 の手順で求めるのは面倒である. そこで, ここでは, ゲイン $G_{\text{g}}(\omega)$, 位相差 $G_{\text{p}}(\omega)$ の便利な求め方について説明する.

付録 A.3 (p. 217) で説明するように, 図 7.3 に示した周波数伝達関数 $P(j\omega)$ は

$$\begin{aligned}
P(j\omega) &= \text{Re}\big[P(j\omega)\big] + j\,\text{Im}\big[P(j\omega)\big] \quad \cdots\cdots\cdots \text{直交座標形式} \\
&= |P(j\omega)|e^{j\angle P(j\omega)} \quad \cdots\cdots\cdots\cdots\cdots\cdots \text{極座標形式}
\end{aligned} \tag{7.22}$$

のように表すことができる. このことを考慮すると, 伝達関数が

$$P(s) = \frac{N_1(s)N_2(s)\cdots N_m(s)}{D_1(s)D_2(s)\cdots D_n(s)} \tag{7.23}$$

であるときのゲイン $G_{\text{g}}(\omega)$, 位相差 $G_{\text{p}}(\omega)$ を簡単に求めることができる. つまり, $D_i(j\omega)$, $N_i(j\omega)$ を極座標で表すと,

$$D_i(j\omega) = |D_i(j\omega)|e^{j\angle D_i(j\omega)}, \quad N_i(j\omega) = |N_i(j\omega)|e^{j\angle N_i(j\omega)}$$

であるから, 周波数伝達関数 $P(j\omega)$ は

$$\begin{aligned}
P(j\omega) &= \frac{N_1(j\omega)N_2(j\omega)\cdots N_m(j\omega)}{D_1(j\omega)D_2(j\omega)\cdots D_n(j\omega)} \\
&= \frac{|N_1(j\omega)|e^{j\angle N_1(j\omega)}|N_2(j\omega)|e^{j\angle N_2(j\omega)}\cdots |N_m(j\omega)|e^{j\angle N_m(j\omega)}}{|D_1(j\omega)|e^{j\angle D_1(j\omega)}|D_2(j\omega)|e^{j\angle D_2(j\omega)}\cdots |D_n(j\omega)|e^{j\angle D_n(j\omega)}} \\
&= \frac{|N_1(j\omega)||N_2(j\omega)|\cdots |N_m(j\omega)|}{|D_1(j\omega)||D_2(j\omega)|\cdots |D_n(j\omega)|}\exp\left\{ j\left(\sum_{i=1}^{m} \angle N_i(j\omega) - \sum_{i=1}^{n} \angle D_i(j\omega) \right) \right\}
\end{aligned} \tag{7.24}$$

となる. (7.22) 式と (7.24) 式とを比べると, ゲイン $G_{\text{g}}(\omega)$, 位相差 $G_{\text{p}}(\omega)$ は

> **ゲインと位相差**
>
> **ゲイン** $\quad G_{\text{g}}(\omega) = |P(j\omega)| = \dfrac{|N_1(j\omega)||N_2(j\omega)|\cdots |N_m(j\omega)|}{|D_1(j\omega)||D_2(j\omega)|\cdots |D_n(j\omega)|} \quad (7.25)$
>
> **位相差** $\quad G_{\text{p}}(\omega) = \angle P(j\omega) = \displaystyle\sum_{i=1}^{m} \angle N_i(j\omega) - \sum_{i=1}^{n} \angle D_i(j\omega) \quad (7.26)$

により求めることができる.

例 7.3 .... ゲイン，位相差の便利な求め方

伝達関数 $P(s)$ が例 7.2 (p. 139) のように与えられたとき，(7.25), (7.26) 式によりゲイン $G_\mathrm{g}(\omega)$ および位相差 $G_\mathrm{p}(\omega)$ を求める．

(1) 伝達関数 $P(s)$ は

$$P(s) = \frac{1}{s+1} = \frac{N_1(s)}{D_1(s)}, \quad \begin{cases} N_1(s) = 1 \\ D_1(s) = s+1 \end{cases} \tag{7.27}$$

のように記述できるので，

$$N_1(j\omega) = 1, \quad D_1(j\omega) = 1 + j\omega$$

$$\implies \begin{cases} |N_1(j\omega)| = 1 \\ |D_1(j\omega)| = \sqrt{1+\omega^2} \end{cases}, \quad \begin{cases} \angle N_1(j\omega) = \tan^{-1}0 = 0 \\ \angle D_1(j\omega) = \tan^{-1}\omega \end{cases} \tag{7.28}$$

である．したがって，(7.25), (7.26) 式よりゲイン $G_\mathrm{g}(\omega)$ および位相差 $G_\mathrm{p}(\omega)$ は

$$G_\mathrm{g}(\omega) = |P(j\omega)| = \frac{|N_1(j\omega)|}{|D_1(j\omega)|} = \frac{1}{\sqrt{1+\omega^2}} \tag{7.29}$$

$$G_\mathrm{p}(\omega) = \angle P(j\omega) = \angle N_1(j\omega) - \angle D_1(j\omega) = -\tan^{-1}\omega \tag{7.30}$$

となる．(7.29), (7.30) 式はそれぞれ例 7.2 (1) で得られた (7.16), (7.17) 式と一致していることが確認できる．

(2) 伝達関数 $P(s)$ は

$$P(s) = \frac{1}{(s+1)(s+2)} = \frac{N_1(s)}{D_1(s)D_2(s)}, \quad \begin{cases} N_1(s) = 1 \\ D_1(s) = s+1 \\ D_2(s) = s+2 \end{cases} \tag{7.31}$$

のように記述できるので，

$$N_1(j\omega) = 1, \quad D_1(j\omega) = 1 + j\omega, \quad D_2(j\omega) = 2 + j\omega$$

$$\implies \begin{cases} |N_1(j\omega)| = 1 \\ |D_1(j\omega)| = \sqrt{1+\omega^2} \\ |D_2(j\omega)| = \sqrt{4+\omega^2} \end{cases}, \quad \begin{cases} \angle N_1(j\omega) = \tan^{-1}0 = 0 \\ \angle D_1(j\omega) = \tan^{-1}\omega \\ \angle D_2(j\omega) = \tan^{-1}\dfrac{\omega}{2} \end{cases} \tag{7.32}$$

である．したがって，(7.25), (7.26) 式よりゲイン $G_\mathrm{g}(\omega)$ および位相差 $G_\mathrm{p}(\omega)$ は

$$G_\mathrm{g}(\omega) = |P(j\omega)| = \frac{|N_1(j\omega)|}{|D_1(j\omega)||D_2(j\omega)|} = \frac{1}{\sqrt{(1+\omega^2)(4+\omega^2)}} \tag{7.33}$$

$$G_\mathrm{p}(\omega) = \angle P(j\omega) = \angle N_1(j\omega) - \big(\angle D_1(j\omega) + \angle D_2(j\omega)\big)$$

$$= -\left(\tan^{-1}\omega + \tan^{-1}\frac{\omega}{2}\right) \tag{7.34}$$

となる．(7.33) 式は例 7.2 (2) で得られた (7.19) 式と一致している．一方，(7.34) 式は例 7.2 (2) で得られた (7.20) 式と表現が異なっている．そこで，$\phi_1 = \tan^{-1}\omega$，$\phi_2 = \tan^{-1}(\omega/2)$ $(\tan\phi_1 = \omega, \tan\phi_2 = \omega/2)$ とおき，加法定理を利用すると，次式のように (7.34) 式を (7.20) 式の形式に書き換えることができる．

$$\tan(\phi_1 + \phi_2) = \frac{\tan\phi_1 + \tan\phi_2}{1 - \tan\phi_1 \tan\phi_2} = \frac{\omega + \dfrac{\omega}{2}}{1 - \omega \times \dfrac{\omega}{2}} = \frac{3\omega}{2 - \omega^2}$$

$$\implies \quad G_\mathrm{p}(\omega) = -(\phi_1 + \phi_2) = -\tan^{-1}\frac{3\omega}{2 - \omega^2} \tag{7.35}$$

問題 7.4 　　伝達関数 $P(s)$ が問題 7.2 (p. 139) のように与えられたとき，(7.25), (7.26) 式によりゲイン $G_\mathrm{g}(\omega)$ および位相差 $G_\mathrm{p}(\omega)$ を求めよ.

7.2　周波数特性の視覚的表現

システムの周波数特性であるゲイン $G_\mathrm{g}(\omega) = |P(j\omega)|$ と位相差 $G_\mathrm{p}(\omega) = \angle P(j\omega)$ を視覚的に表現したものとして，ベクトル軌跡とボード線図がある．ここでは，これらについて説明する．

7.2.1　ベクトル軌跡

図 7.3 (p. 138) のように，周波数伝達関数 $P(j\omega)$ は複素平面上のベクトルである．ω を 0 から ∞ まで変化させたときのベクトル $P(j\omega)$ の先端の軌跡を**ベクトル軌跡**といい，図 7.4 (a) のようになる（ω の増大方向に矢印を記入する）．また，ω を $-\infty$ から ∞ まで変化させたときの複素平面におけるベクトル $P(j\omega)$ の先端の軌跡を**ナイキスト軌跡**といい，図 7.4 (b) のようになる[注3]．ここで，$P(j\omega)$ と $P(j(-\omega))$ は

$$P(j\omega) = |P(j\omega)|e^{j\angle P(j\omega)} \quad \implies \quad P(j(-\omega)) = P(-j\omega) = |P(j\omega)|e^{-j\angle P(j\omega)} \tag{7.36}$$

のように複素共役の関係にあり，実軸に関して対称である．つまり，

- ω を 0 から ∞ まで変化させたときの $P(j\omega)$

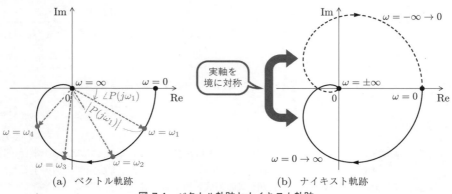

(a) ベクトル軌跡　　　　　　　　(b) ナイキスト軌跡

図 7.4　ベクトル軌跡とナイキスト軌跡

[注3] MATLAB では，関数 "nyquist" によりナイキスト軌跡やベクトル軌跡を描画することができる. 7.4.1 項 (p. 157) に使用例を示す.

- ω を 0 から ∞ まで変化させたときの $P(j(-\omega))$ (ω を 0 から $-\infty$ まで変化させたときの $P(j\omega)$)

は,実軸に関して対称である.そのため,ベクトル軌跡 (図 7.4 (b) の実線) および実軸に関して対称としたもの (図 7.4 (b) の破線) を描画すると,ナイキスト軌跡が得られる.

例 7.4 ·· ベクトル軌跡

表 7.1 周波数伝達関数 $P(j\omega)$ の実部,虚部およびゲイン,位相差

ω [rad/s]	0	$\frac{1}{2}$	1	2	4	∞
$\mathrm{Re}[P(j\omega)]$	1	$\frac{4}{5}$	$\frac{1}{2}$	$\frac{1}{5}$	$\frac{1}{17}$	0
$\mathrm{Im}[P(j\omega)]$	0	$-\frac{2}{5}$	$-\frac{1}{2}$	$-\frac{2}{5}$	$-\frac{4}{17}$	0
$|P(j\omega)|$	1	$\frac{2}{\sqrt{5}}$	$\frac{1}{\sqrt{2}}$	$\frac{1}{\sqrt{5}}$	$\frac{1}{\sqrt{17}}$	0
$\angle P(j\omega)$ [deg]	0	-26.565	-45	-63.435	-75.964	-90

1 次遅れ要素 $P(s) = 1/(s+1)$ のベクトル軌跡を描画してみよう.例 7.2 (1) (p. 139) で示したように,$P(j\omega)$ の実部,虚部およびゲイン,位相差はそれぞれ

$$\begin{cases} \mathrm{Re}[P(j\omega)] = \dfrac{1}{1+\omega^2} \\ \mathrm{Im}[P(j\omega)] = -\dfrac{\omega}{1+\omega^2} \end{cases} , \quad \begin{cases} G_{\mathrm{g}}(\omega) = |P(j\omega)| = \dfrac{1}{\sqrt{1+\omega^2}} \\ G_{\mathrm{p}}(\omega) = \angle P(j\omega) = -\tan^{-1}\omega \end{cases} \tag{7.37}$$

となる.いくつかの ω に対して (7.37) 式を計算すると,表 7.1 の結果が得られる.$\alpha = \mathrm{Re}[P(j\omega)]$, $\beta = \mathrm{Im}[P(j\omega)]$ としたとき,表 7.1 に示した値は

$$\left(\alpha - \frac{1}{2}\right)^2 + \beta^2 = \left(\frac{1}{2}\right)^2$$

を満足するので,ベクトル軌跡は図 7.5 のように中心 $(1/2, 0)$,半径 $1/2$ の半円となる (問題 7.8 (p. 149) 参照).

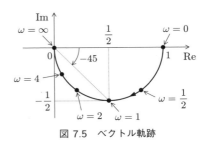

図 7.5 ベクトル軌跡

問題 7.5 むだ時間要素を含む以下の伝達関数 $P(s)$ のベクトル軌跡を描け.

(1) $P(s) = e^{-Ls}$ $(L > 0)$ (2) $P(s) = \dfrac{e^{-Ls}}{1+Ts}$ $(L = 1, \ T = 1)$

7.2.2 ボード線図

ボード線図 [注4] は,様々な角周波数 ω [rad/s] に対するゲイン (入出力の振幅比) $G_{\mathrm{g}}(\omega) = |P(j\omega)|$ [倍] を表すゲイン線図と,入出力の位相差 $G_{\mathrm{p}}(\omega) = \angle P(j\omega)$ [deg]

[注4] MATLAB では,関数 "bode" によってボード線図を描画することができる.使用例を 7.4.2 項 (p. 158) に示す.

(もしくは [rad]) を表す**位相線図**からなる. なお, 角周波数 ω は対数目盛とし, ゲインはデシベル $20 \log_{10} G_{\mathrm{g}}(\omega)$ [dB] で表すことが多い.

例 7.5 ·· ボード線図

1 次遅れ要素の伝達関数 $P(s) = 1/(s+1)$ のボード線図を描画する. (7.37) 式より

(i) $0 < \omega \ll 1$ のとき:

$$G_{\mathrm{g}}(\omega) \simeq 1 \text{ [倍]} \quad \Longrightarrow \quad 20 \log_{10} G_{\mathrm{g}}(\omega) \simeq 20 \log_{10} 1 = 0 \text{ [dB]}$$

$$G_{\mathrm{p}}(\omega) \simeq -\tan^{-1} 0 = 0 \text{ [deg]}$$

(ii) $\omega = 1$ のとき:

$$G_{\mathrm{g}}(\omega) = \frac{1}{\sqrt{2}} \simeq 0.707 \text{ [倍]} \quad \Longrightarrow \quad 20 \log_{10} G_{\mathrm{g}}(\omega) = 20 \log_{10} \frac{1}{\sqrt{2}} \simeq -3.01 \text{ [dB]}$$

$$G_{\mathrm{p}}(\omega) = -\tan^{-1} 1 = -45 \text{ [deg]}$$

(iii) $\omega \gg 1$ のとき:

$$G_{\mathrm{g}}(\omega) \simeq \frac{1}{\omega} \text{ [倍]} \quad \Longrightarrow \quad 20 \log_{10} G_{\mathrm{g}}(\omega) \simeq 20 \log_{10} \frac{1}{\omega} = -20 \log_{10} \omega \text{ [dB]}$$

$$G_{\mathrm{p}}(\omega) \simeq -\tan^{-1} \infty = -90 \text{ [deg]}$$

となる. すなわち, 低周波領域 $(0 < \omega \ll 1)$ におけるゲイン $20 \log_{10} G_{\mathrm{g}}(\omega)$ は 0 [dB], 位相差 $G_{\mathrm{p}}(\omega)$ は 0 [deg] となる. 一方, 高周波領域 $(\omega \gg 1)$ におけるゲイン $20 \log_{10} G_{\mathrm{g}}(\omega)$ は $\omega = 10^1$ [rad/s] で -20 [dB], $\omega = 10^2$ [rad/s] で -40 [dB], $\omega = 10^3$ [rad/s] で -60

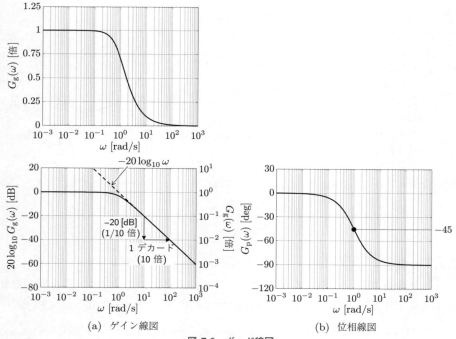

(a) ゲイン線図 (b) 位相線図

図 7.6 ボード線図

[dB] という具合に **1 デカード (decade)** で 20 [dB] 減少し (-20 [dB/dec] と記述する)，位相差 $G_{\mathrm{p}}(\omega)$ は -90 [deg] となる．図 7.6 に $P(s) = 1/(s+1)$ のボード線図を示す．

問題 7.6 安定なシステム $y(s) = P(s)u(s)$ において，$\omega = \omega_1, \omega_2, \omega_3, \omega_4$ に対するゲイン $20 \log_{10} G_{\mathrm{g}}(\omega)$ が 20, 0, -20, -40 [dB] であった．このとき，出力信号 $y(t) \simeq B(\omega_i)\sin(\omega_i t + \phi(\omega))$ の振幅 $B(\omega_i)$ は入力信号 $u(t) = A\sin\omega_i t$ の振幅 A の何倍となるか．

7.2.3 周波数特性の指標

例 7.5 で示したように，1 次遅れ要素 $P(s) = 1/(s+1)$ の周波数特性は，$\omega = \omega_{\mathrm{b}} = 1$ を境として大きく変化する．つまり，$0 < \omega \ll \omega_{\mathrm{b}}$ の場合，正弦波入力 $u(t) = A\sin\omega t$ と出力 $y(t)$ はほぼ同じ波形となる ($0 < \omega \ll \omega_{\mathrm{b}}$ の信号はそのまま通過させる)．一方，$\omega \gg \omega_{\mathrm{b}}$ の場合，出力 $y(t)$ の振幅が入力 $u(t)$ の振幅の約 $1/\omega$ 倍となるので除去される (例 7.1 の図 7.2 (p. 138) を参照)．このように，正弦波入力が通過するかどうかの境となる角周波数 ω_{b} を**バンド幅 (帯域幅)** といい，周波数特性の指標の一つである．

一般のシステムのバンド幅は，1 次遅れ要素のバンド幅の条件式 (例 7.5 の (ii)) に見習って，以下のように定義される．

┌ バンド幅 (帯域幅) $\omega_{\mathbf{b}}$ ─

次式を満足する $\omega = \omega_{\mathrm{b}}$ をバンド幅という (図 7.7).

$$G_{\mathrm{g}}(\omega) = |P(j\omega)| = \frac{|P(0)|}{\sqrt{2}} \tag{7.38}$$

図 7.8 に示すように，バンド幅 ω_{b} が大きければ高周波の入力に追従できるため，バンド幅は**速応性の指標**である．

図 7.7 は 2 次遅れ要素 $P(s) = 1/(s^2 + 0.7s + 1)$ のゲイン線図であるが，1 次遅れ要素 $P(s) = 1/(s+1)$ の場合 (図 7.6 (a)) と異なり，$G_{\mathrm{g}}(\omega) = |P(j\omega)|$ が $|P(0)| = 1$ より大きくなる ω の領域がある．このような領域の ω に対する出力振幅 $B(\omega)$ は入力

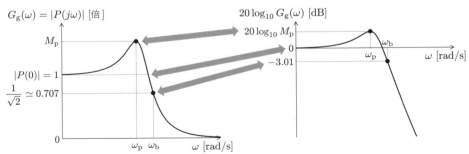

図 7.7 $|P(0)| = 1$ であるようなシステムのバンド幅 $\omega_{\mathbf{b}}$，ピーク角周波数 $\omega_{\mathbf{p}}$ とゲイン線図

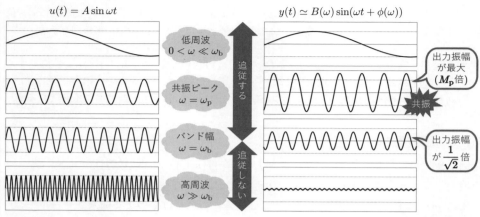

$u(t) = A\sin\omega t$

$y(t) \simeq B(\omega)\sin(\omega t + \phi(\omega))$

低周波
$0 < \omega \ll \omega_{\mathrm{b}}$

共振ピーク
$\omega = \omega_{\mathrm{p}}$

バンド幅
$\omega = \omega_{\mathrm{b}}$

高周波
$\omega \gg \omega_{\mathrm{b}}$

追従する

追従しない

出力振幅
が最大
(M_{p}倍)

共振

出力振幅
が $\dfrac{1}{\sqrt{2}}$ 倍

図 7.8　$|P(0)| = 1$ であるようなシステムのバンド幅 ω_{b}，ピーク角周波数 ω_{p} と周波数応答

振幅 A よりも大きくなり，図 7.8 に示す**共振**と呼ばれる現象が生じる．このようなとき，以下の周波数特性の指標が定義される．

ピーク角周波数 ω_{p} と共振ピーク M_{p}

図 7.7 に示したように，**共振ピーク** M_{p} は

$$M_{\mathrm{p}} := \max_{\omega > 0} G_{\mathrm{g}}(\omega) > |P(0)| \tag{7.39}$$

のように定義され，$M_{\mathrm{p}} = G_{\mathrm{g}}(\omega_{\mathrm{p}})$ となる角周波数 ω_{p} を**ピーク角周波数**という[注5]．ピーク角周波数 ω_{p} 付近の角周波数 ω の正弦波入力 $u(t)$ が加わると，出力振幅 $B(\omega)$ は入力振幅 A よりも大きくなる．したがって，共振ピーク M_{p} が大きければ出力の振れが大きくなるため，**共振ピークは安定度の指標**である．

7.3　基本要素と周波数特性

7.3.1　1 次遅れ要素

$K = 1$ とした 1 次遅れ要素

$$P(s) = \frac{1}{1 + Ts} \quad (T > 0) \tag{7.40}$$

の周波数伝達関数は $P(j\omega) = 1/(1 + j\omega T)$ となる．したがって，1 次遅れ要素 (7.40) 式のゲイン $G_{\mathrm{g}}(\omega)$，位相差 $G_{\mathrm{p}}(\omega)$ は

[注5] MATLAB では，関数 "`getPeakGain`" によりピーク角周波数 ω_{p}，共振ピーク M_{p} を求めることができる．7.4.4 項 (p. 160) にその使用例を示す．

$$G_{\mathrm{g}}(\omega) = |P(j\omega)| = \frac{1}{\sqrt{1+(\omega T)^2}} \ [\text{倍}] \tag{7.41}$$

$$G_{\mathrm{p}}(\omega) = \angle P(j\omega) = -\tan^{-1}\omega T \ [\text{deg}] \tag{7.42}$$

となる. (7.41), (7.42) 式より

(i) $0 < \omega T \ll 1 \ (0 < \omega \ll 1/T)$ のとき :

$G_{\mathrm{g}}(\omega) \simeq 1 \ [\text{倍}] \quad \Longrightarrow \quad 20\log_{10} G_{\mathrm{g}}(\omega) \simeq 0 \ [\text{dB}]$

$G_{\mathrm{p}}(\omega) \simeq -\tan^{-1}0 = 0 \ [\text{deg}]$

(ii) $\omega T = 1 \ (\omega = 1/T)$ のとき :

$G_{\mathrm{g}}(\omega) = \dfrac{1}{\sqrt{2}} \ [\text{倍}] \quad \Longrightarrow \quad 20\log_{10} G_{\mathrm{g}}(\omega) = 20\log_{10}\dfrac{1}{\sqrt{2}} \simeq -3.01 \ [\text{dB}]$

$G_{\mathrm{p}}(\omega) = -\tan^{-1}1 = -45 \ [\text{deg}]$

(iii) $\omega T \gg 1 \ (\omega \gg 1/T)$ のとき :

$G_{\mathrm{g}}(\omega) \simeq \dfrac{1}{\omega T} \ [\text{倍}] \quad \Longrightarrow \quad 20\log_{10} G_{\mathrm{g}}(\omega) \simeq -20\log_{10}\omega T \ [\text{dB}]$

$G_{\mathrm{p}}(\omega) \simeq -\tan^{-1}\infty = -90 \ [\text{deg}]$

であり, ボード線図は**図 7.9** (a)～(c) となる. デシベル表示のゲイン線図は $\omega = 1/T$

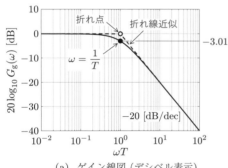
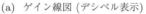

(a) ゲイン線図 (デシベル表示)

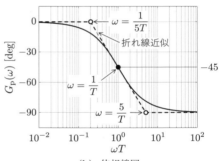

(b) 位相線図

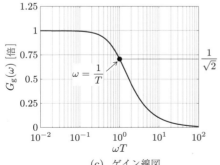

(c) ゲイン線図

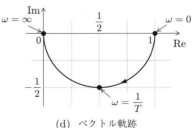

(d) ベクトル軌跡

図 7.9 1 次遅れ要素のボード線図とベクトル軌跡

($\omega T = 1$) を境にして 0 [dB] と -20 [dB/dec] の直線で近似できる．位相線図は $0 < \omega \leq 1/5T$ で 0 [deg]，$\omega \geq 5/T$ で -90 [deg]，この間を直線で近似できる[(注6)]．このような近似を**折れ線近似**と呼ぶ．また，図 7.9 (d) に示すように，ベクトル軌跡は中心を $(1/2, 0)$，半径を $1/2$ とした半円となる（**問題 7.8** (p. 149) 参照）．

1 次遅れ要素の周波数特性を以下にまとめる．

---

1 次遅れ要素の周波数特性

- 低周波領域 $(0 < \omega \ll 1/T)$ では，$G_{\mathrm{g}}(\omega) \simeq 1$ [倍] (0 [dB])，$G_{\mathrm{p}}(\omega) \simeq 0$ [deg] である．このことは **低周波信号をほぼそのまま通過させる**ことを意味する．

- 高周波領域 $(\omega \gg 1/T)$ では，$\omega = 10^1/T$ のとき $G_{\mathrm{g}}(\omega) \simeq 1/10$ [倍] (-20 [dB])，$\omega = 10^2/T$ のとき $G_{\mathrm{g}}(\omega) \simeq 1/10^2$ [倍] (-40 [dB]) のように，$G_{\mathrm{g}}(\omega)$ は微小な値となる (-20 [dB/dec])．このことは **高周波信号を遮断する**ことを意味する．また，$G_{\mathrm{p}}(\omega)$ は最大で 90 [deg] 遅れる．

- $G_{\mathrm{g}}(\omega)$ が 1 を超えることはないため，**共振は生じない**．したがって，**安定度は時定数 T に依存しない**．

- バンド幅は $\omega_{\mathrm{b}} = 1/T$ となる．**時定数 T を小さくするとバンド幅 ω_{b} が大きくなるから，速応性が向上する**．

このように，1 次遅れ要素 (7.40) 式は，高周波信号を除去して低周波信号のみを通す**ローパスフィルタ (低域通過フィルタ)** であり，ノイズ除去などに利用される．また，通過させるかどうかの境界となる角周波数 $\omega_{\mathrm{c}} = 1/T$ を**カットオフ角周波数 (遮断角周波数)** と呼ぶ．図 7.10 に 1 次遅れ要素のローパスフィルタによりノイズが除去される様子を示す[(注7)]．

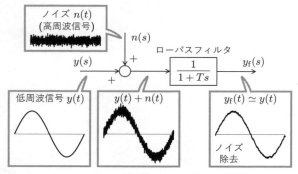

図 7.10 ローパスフィルタによるノイズ除去

[(注6)] $\omega = 1/T$ における $G_{\mathrm{p}}(\omega)$ の接線が 0 [deg] となるのは $\omega T = 0.2078 \cdots \simeq 1/5$ のときであり，また，-90 [deg] となるのは $\omega T = 4.8104 \cdots \simeq 5$ のときである．

[(注7)] Simulink を利用したノイズ除去のシミュレーションの例を **7.4.5** 項 (p. 161) に示す．

問題 7.7 1 次遅れ要素

$$P(s) = \frac{1}{1 + 0.1s}, \quad P(s) = \frac{1}{1 + 10s}$$

のボード線図を折れ線近似で描け.

問題 7.8 1 次遅れ要素 (7.40) 式 (p. 146) の周波数伝達関数 $P(j\omega)$ の実部, 虚部がそれぞれ

$$\alpha := \mathrm{Re}\big[P(j\omega)\big] = \frac{1}{1 + (\omega T)^2}, \quad \beta := \mathrm{Im}\big[P(j\omega)\big] = -\frac{\omega T}{1 + (\omega T)^2}$$

となることを示せ. また,

$$\left(\alpha - \frac{1}{2}\right)^2 + \beta^2 = \left(\frac{1}{2}\right)^2$$

となる (ナイキスト軌跡は中心 $(1/2, 0)$, 半径 $1/2$ の円となる) ことを示せ.

7.3.2 比例要素と積分要素, 微分要素

(a) 比例要素

比例要素

$$P(s) = K \tag{7.43}$$

の周波数伝達関数は $P(j\omega) = K$ である. したがって, 比例要素 (7.43) 式のゲイン $G_{\mathrm{g}}(\omega)$, 位相差 $G_{\mathrm{p}}(\omega)$ は

$$G_{\mathrm{g}}(\omega) = |P(j\omega)| = K \;[\text{倍}], \quad G_{\mathrm{p}}(\omega) = \angle P(j\omega) = 0 \;[\text{deg}] \tag{7.44}$$

となり, 角周波数 ω によらず一定である. 比例要素 (7.43) 式のボード線図を**図 7.11** に, ベクトル軌跡を**図 7.12 (a)** に示す.

(b) 積分要素

積分要素

$$P(s) = \frac{1}{Ts} \tag{7.45}$$

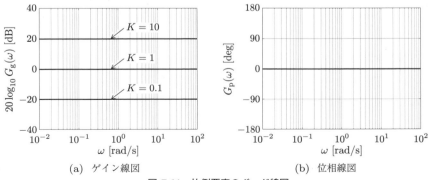

(a) ゲイン線図   (b) 位相線図

図 7.11 比例要素のボード線図

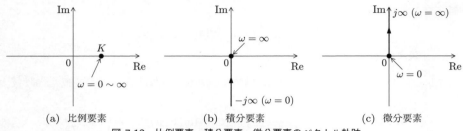

(a) 比例要素　　　　　　　　(b) 積分要素　　　　　　　　(c) 微分要素

図 7.12　比例要素，積分要素，微分要素のベクトル軌跡

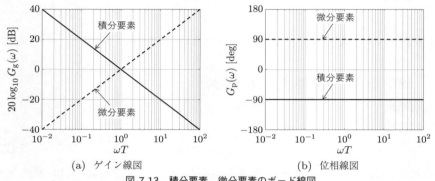

(a) ゲイン線図　　　　　　　　　　　　(b) 位相線図

図 7.13　積分要素，微分要素のボード線図

の周波数伝達関数は $P(j\omega) = 1/j\omega T$ である．したがって，積分要素 (7.45) 式のゲイン $G_{\mathrm{g}}(\omega)$，位相差 $G_{\mathrm{p}}(\omega)$ は

$$G_{\mathrm{g}}(\omega) = |P(j\omega)| = \frac{1}{\omega T} \ [\text{倍}], \quad G_{\mathrm{p}}(\omega) = \angle P(j\omega) = -90 \ [\text{deg}] \qquad (7.46)$$

であるから，デシベル表示のゲイン $G_{\mathrm{g}}(\omega)$ は -20 [dB/dec] で小さくなり，位相差 $G_{\mathrm{p}}(\omega)$ は角周波数 ω によらず -90 [deg] である．積分要素 (7.45) 式のボード線図を図 7.13 に実線で示す．また，ベクトル軌跡を図 7.12 (b) に示す．

(c) 微分要素

微分要素

$$P(s) = Ts \qquad (7.47)$$

の周波数伝達関数は $P(j\omega) = j\omega T$ である．したがって，微分要素 (7.47) 式のゲイン $G_{\mathrm{g}}(\omega)$，位相差 $G_{\mathrm{p}}(\omega)$ は

$$G_{\mathrm{g}}(\omega) = |P(j\omega)| = \omega T \ [\text{倍}], \quad G_{\mathrm{p}}(\omega) = \angle P(j\omega) = 90 \ [\text{deg}] \qquad (7.48)$$

であるから，デシベル表示のゲイン $G_{\mathrm{g}}(\omega)$ は 20 [dB/dec] で大きくなり，位相差 $G_{\mathrm{p}}(\omega)$ は角周波数 ω によらず 90 [deg] である．微分要素 (7.47) 式のボード線図を図 7.13 に破線で示す．また，ベクトル軌跡を図 7.12 (c) に示す．

7.3.3 1次進み要素

1次進み要素

$$P(s) = 1 + Ts \tag{7.49}$$

の周波数伝達関数は $P(j\omega) = 1 + j\omega T$ である．したがって，1次進み要素 (7.49) 式のゲイン $G_{\mathrm{g}}(\omega)$，位相差 $G_{\mathrm{p}}(\omega)$ は

$$G_{\mathrm{g}}(\omega) = |P(j\omega)| = \sqrt{1 + (\omega T)^2} \ [\text{倍}] \tag{7.50}$$
$$G_{\mathrm{p}}(\omega) = \angle P(j\omega) = \tan^{-1}\omega T \ [\text{deg}] \tag{7.51}$$

となる．(7.50), (7.51) 式より

(i) $0 < \omega T \ll 1 \ (0 < \omega \ll 1/T)$ のとき：

$G_{\mathrm{g}}(\omega) \simeq 1 \ [\text{倍}] \implies 20\log_{10} G_{\mathrm{g}}(\omega) \simeq 0 \ [\text{dB}]$
$G_{\mathrm{p}}(\omega) \simeq \tan^{-1}0 = 0 \ [\text{deg}]$

(ii) $\omega T = 1 \ (\omega = 1/T)$ のとき：

$G_{\mathrm{g}}(\omega) = \sqrt{2} \ [\text{倍}] \implies 20\log_{10} G_{\mathrm{g}}(\omega) = 20\log_{10}\sqrt{2} \simeq 3.01 \ [\text{dB}]$
$G_{\mathrm{p}}(\omega) = \tan^{-1}1 = 45 \ [\text{deg}]$

(iii) $\omega T \gg 1 \ (\omega \gg 1/T)$ のとき：

$G_{\mathrm{g}}(\omega) \simeq \omega T \ [\text{倍}] \implies 20\log_{10} G_{\mathrm{g}}(\omega) \simeq 20\log_{10}\omega T \ [\text{dB}]$

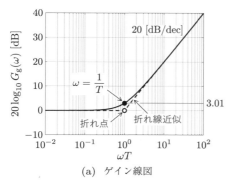

(a) ゲイン線図

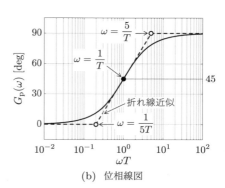

(b) 位相線図

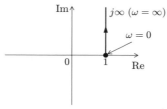

(c) ベクトル軌跡

図 7.14 1次進み要素のボード線図とベクトル軌跡

$$G_{\mathrm{p}}(\omega) \simeq \tan^{-1}\infty = 90 \ [\mathrm{deg}]$$

であり，ボード線図，ベクトル軌跡は**図 7.14** となる．

7.3.4 高次要素

以上に説明した基本要素のボード線図を利用すれば，これら基本要素の積で表される高次要素のボード線図を容易に描くことができる．いま，伝達関数 $P(s)$ が伝達関数 $P_i(s)$ $(i = 1, 2, \ldots, k)$ の積

$$P(s) = P_1(s)P_2(s) \cdots P_k(s) \tag{7.52}$$

で表されているとする．このとき，周波数伝達関数は

$$P(j\omega) = |P(j\omega)|e^{j\angle P(j\omega)}, \quad P_i(j\omega) = |P_i(j\omega)|e^{j\angle P_i(j\omega)} \tag{7.53}$$

となるので，

$P(s) = P_1(s)P_2(s) \cdots P_k(s)$ のゲインと位相差

ゲイン $\quad G_{\mathrm{g}}(\omega) = |P(j\omega)| = |P_1(j\omega)||P_2(j\omega)| \cdots |P_k(j\omega)|$

$$\implies \quad 20\log_{10} G_{\mathrm{g}}(\omega) = 20\log_{10}|P(j\omega)| = \sum_{i=1}^{k} 20\log_{10}|P_i(j\omega)| \tag{7.54}$$

位相差 $\quad G_{\mathrm{p}}(\omega) = \angle P(j\omega) = \sum_{i=1}^{k} \angle P_i(j\omega) \tag{7.55}$

のように，$P(s)$ のゲイン（デシベル表示），位相差はそれぞれ $P_i(s)$ のゲイン（デシベル表示），位相差の和で表される．したがって，$P_i(s)$ のボード線図を描き，それらを足し合わせたものが $P(s)$ のボード線図である．

例 7.6 .... 高次要素のボード線図

伝達関数

$$P(s) = \frac{s + 0.1}{10(s + 1)} = \frac{1 + 10s}{100(1 + s)} \tag{7.56}$$

のボード線図を描いてみよう．

(7.56) 式の $P(s)$ は三つの基本要素

$$\begin{cases} ①: P_1(s) = \dfrac{1}{1 + s} \ (1 \ 次遅れ要素) \\[2mm] ②: P_2(s) = 1 + 10s \ (1 \ 次進み要素) \\[2mm] ③: P_3(s) = \dfrac{1}{100} \ (比例要素) \end{cases} \tag{7.57}$$

を用いると，④: $P(s) = P_1(s)P_2(s)P_3(s)$ となる．したがって，**図 7.15** に示すように，④のボード線図は①，②，③のボード線図の和となる．

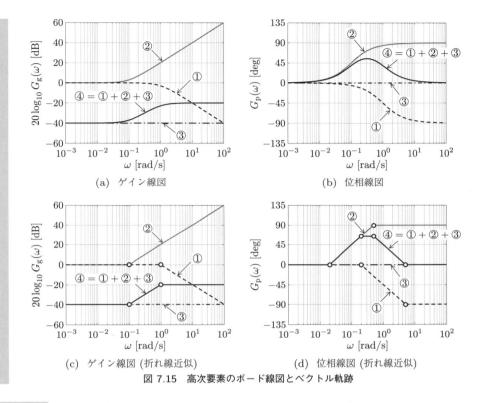

(a) ゲイン線図　　　　(b) 位相線図

(c) ゲイン線図 (折れ線近似)　　　　(d) 位相線図 (折れ線近似)

図 7.15　高次要素のボード線図とベクトル軌跡

問題 7.9　　以下の伝達関数 $P(s)$ のゲイン線図の概略図を折れ線近似により描け.

(1) $P(s) = \dfrac{100}{(s+0.1)(s+10)}$　　(2) $P(s) = \dfrac{1}{(s+1)^4}$　　(3) $P(s) = \dfrac{s(s+1)}{10(10s+1)}$

7.3.5　2 次遅れ要素

$K=1$ であるような 2 次遅れ要素

$$P(s) = \frac{\omega_n^2}{s^2 + 2\zeta\omega_n s + \omega_n^2} \quad (\zeta > 0,\ \omega_n > 0) \tag{7.58}$$

において, $\zeta \geq 1$ であるとき, 極は実数 $-1/T_1$, $-1/T_2$ であるため, (7.58) 式は

$$P(s) = P_1(s)P_2(s), \quad P_1(s) = \frac{1}{1+T_1 s}, \quad P_2(s) = \frac{1}{1+T_2 s} \tag{7.59}$$

となる. したがって, **7.3.4 項**で説明したように, $P_i(s)$ のゲインや位相差を求めることで, $P(s)$ のボード線図を描画できる. ここでは, $\zeta \geq 1$ であるとは限らないような 2 次遅れ要素 (7.58) 式の周波数特性を調べる.

(a) ボード線図とベクトル軌跡

2 次遅れ要素 (7.58) 式の周波数伝達関数 $P(j\omega)$ は，$\eta := \omega/\omega_\mathrm{n}$ とおくと，

$$P(j\omega) = \frac{\omega_\mathrm{n}^2}{\omega_\mathrm{n}^2 - \omega^2 + j(2\zeta\omega_\mathrm{n}\omega)} = \frac{1}{1 - \eta^2 + j(2\zeta\eta)} \tag{7.60}$$

であるから，ゲイン $G_\mathrm{g}(\omega)$，位相差 $G_\mathrm{p}(\omega)$ は

$$G_\mathrm{g}(\omega) = |P(j\omega)| = \frac{1}{\sqrt{(1 - \eta^2)^2 + (2\zeta\eta)^2}} \ [\text{倍}] \tag{7.61}$$

$$G_\mathrm{p}(\omega) = \angle P(j\omega) = -\tan^{-1}\frac{2\zeta\eta}{1 - \eta^2} \ [\text{deg}] \tag{7.62}$$

となる．(7.61), (7.62) 式より

(i) $0 < \eta = \omega/\omega_\mathrm{n} \ll 1 \ (0 < \omega \ll \omega_\mathrm{n})$ のとき：

$G_\mathrm{g}(\omega) \simeq 1 \ [\text{倍}] \quad \Longrightarrow \quad 20\log_{10} G_\mathrm{g}(\omega) \simeq 0 \ [\text{dB}]$
$G_\mathrm{p}(\omega) \simeq -\tan^{-1}0 = 0 \ [\text{deg}]$

(ii) $\eta = \omega/\omega_\mathrm{n} = 1 \ (\omega = \omega_\mathrm{n})$ のとき：

$G_\mathrm{g}(\omega) = \dfrac{1}{2\zeta} \ [\text{倍}] \quad \Longrightarrow \quad 20\log_{10} G_\mathrm{g}(\omega) = 20\log_{10}\dfrac{1}{2\zeta} \ [\text{dB}]$
$G_\mathrm{p}(\omega) = -\tan^{-1}\infty = -90 \ [\text{deg}]$

(iii) $\eta = \omega/\omega_\mathrm{n} \gg 1 \ (\omega \gg \omega_\mathrm{n})$ のとき：

$G_\mathrm{g}(\omega) \simeq \dfrac{1}{\eta^2} \ [\text{倍}] \quad \Longrightarrow \quad 20\log_{10} G_\mathrm{g}(\omega) \simeq -40\log_{10}\eta \ [\text{dB}]$
$G_\mathrm{p}(\omega) \simeq -\tan^{-1}0 = -180 \ [\text{deg}]$

であるから，2 次遅れ要素のボード線図は図 7.16 (a) ～ (c)，ベクトル軌跡は 図 7.16 (d) のようになる．

(b) ピーク角周波数 ω_p と共振ピーク M_p

$\omega = \omega_\mathrm{n}$ 付近の周波数領域では，減衰係数 ζ の値によって $G_\mathrm{g}(\omega) > 1$ となる場合がある．この場合，$\omega = \omega_\mathrm{n}$ 付近では正弦波入力 $u(t) = A\sin\omega t$ の振幅 A と比べて，(7.6) 式 (p. 137) に示した周波数応答 $y_\mathrm{app}(t)$ の振幅

$$B(\omega) = AG_\mathrm{g}(\omega) = \frac{A}{\sqrt{f(\eta)}}, \quad f(\eta) := (1 - \eta^2)^2 + (2\zeta\eta)^2 \tag{7.63}$$

の方が大きくなる $(B(\omega) > A$ となる) ため，共振を生じる．ここでは，共振が生じるような減衰係数 ζ の範囲を求めてみよう．

(7.63) 式の振幅 $B(\omega)$ が最大となるのは $f(\eta)$ が最小となるときである．$f(\eta)$ を η で微分すると，

$$\frac{\mathrm{d}f(\eta)}{\mathrm{d}\eta} = 4\eta(\eta^2 + 2\zeta^2 - 1)$$

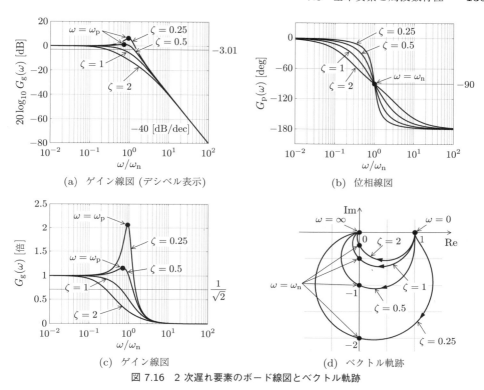

(a) ゲイン線図 (デシベル表示)

(b) 位相線図

(c) ゲイン線図

(d) ベクトル軌跡

図 7.16 2 次遅れ要素のボード線図とベクトル軌跡

であるから，$\mathrm{d}f(\eta)/\mathrm{d}\eta = 0$ となるのは $\eta = 0,\ \pm\sqrt{1-2\zeta^2}$ である．そのため，$\zeta > 0$ の大小により以下のように場合分けされる．

- **$0 < \zeta < 1/\sqrt{2}$ のとき**：$1-2\zeta^2 > 0$ なので，$\mathrm{d}f(\eta)/\mathrm{d}\eta = 0$ の三つの解は互いに異なる実数 $\eta = 0,\ \pm\eta_\mathrm{p}$ であり，三つの極値を持つ．ただし，$\eta_\mathrm{p} = \sqrt{1-2\zeta^2}$ である．増減表は

η	$\cdots$	$-\eta_\mathrm{p}$	$\cdots$	0	$\cdots$	η_p	$\cdots$
$\dfrac{\mathrm{d}f(\eta)}{\mathrm{d}\eta}$	$-$	0	$+$	0	$-$	0	$+$
$f(\eta)$	$\searrow$	f_min	$\nearrow$	1	$\searrow$	f_min	$\nearrow$

となり，$f(\eta)$ $(\eta > 0)$ は $\eta = \eta_\mathrm{p}$ で最小値

$$f_\mathrm{min} := f(\eta_\mathrm{p}) = 4\zeta^2(1-\zeta^2)$$

を持つ．ここで，$0 < f_\mathrm{min} < 1$ となることに注意する．したがって，$\eta = \omega/\omega_\mathrm{n}$ と $f(\eta)$ の関係は，**図 7.17** (a) のようになり，ピーク角周波数 ω_p $(= \omega_\mathrm{n}\eta_\mathrm{p})$ と共振ピーク M_p は

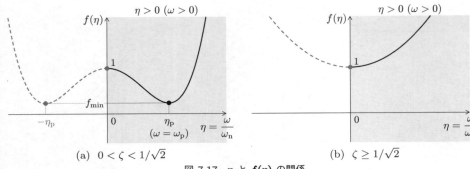

図 7.17　η と $f(\eta)$ の関係

(a)　$0 < \zeta < 1/\sqrt{2}$ 　　　　　　(b)　$\zeta \geq 1/\sqrt{2}$

---

2 次遅れ要素のピーク角周波数 ω_{p} と共振ピーク M_{p} $(0 < \zeta < 1/\sqrt{2})$

ピーク角周波数　　$\omega_{\mathrm{p}} = \omega_{\mathrm{n}}\sqrt{1 - 2\zeta^2}$　　　　　(7.64)

共振ピーク　　$M_{\mathrm{p}} = G_{\mathrm{g}}(\omega_{\mathrm{p}}) = \dfrac{1}{\sqrt{f_{\min}}} = \dfrac{1}{2\zeta\sqrt{1 - \zeta^2}}$　　(7.65)

となる.

- **$\zeta \geq 1/\sqrt{2}$ のとき**：$1 - 2\zeta^2 \leq 0$ より，$\mathrm{d}f(\eta)/\mathrm{d}\eta = 0$ の実数解は $\eta = 0$ のみであり，極値は一つだけである. 増減表は

η	$\cdots$	0	$\cdots$
$\dfrac{\mathrm{d}f(\eta)}{\mathrm{d}\eta}$	$-$	0	$+$
$f(\eta)$	$\searrow$	1	$\nearrow$

となり，$\eta = \omega/\omega_{\mathrm{n}}$ と $f(\eta)$ の関係は，図 7.17 (b) のようになる. $f(\eta)$ は 1 より小さくなることはないので，共振は生じない.

2 次遅れ系の周波数特性を以下にまとめる.

---

2 次遅れ系の周波数特性

- 低周波領域 $(0 < \omega \ll \omega_{\mathrm{n}})$ では，$G_{\mathrm{g}}(\omega) \simeq 1$ [倍] (0 [dB])，$G_{\mathrm{p}}(\omega) \simeq 0$ [deg] である. このことは**低周波信号をほぼそのまま通過させる**ことを意味する.

- 高周波領域 $(\omega \gg \omega_{\mathrm{n}})$ では，$\omega = 10^1 \omega_{\mathrm{n}}$ のとき $G_{\mathrm{g}}(\omega) \simeq 1/10^2$ [倍] $(-40$ [dB])，$\omega = 10^2 \omega_{\mathrm{n}}$ のとき $G_{\mathrm{g}}(\omega) \simeq 1/10^4$ [倍] $(-80$ [dB]) のように，$G_{\mathrm{g}}(\omega)$ は微小な値となる $(-40$ [dB/dec]). このことは**高周波信号を遮断する**ことを意味する. また，$G_{\mathrm{p}}(\omega)$ は最大で 180 [deg] 遅れる.

- 減衰係数 ζ が **$0 < \zeta < 1/\sqrt{2}$** であるとき，共振を生じる $(G_{\mathrm{g}}(\omega)$ が 1 [倍] を超えることがある). このとき，ピーク角周波数 ω_{p} は (7.64) 式，共振ピーク M_{p} は (7.65) 式となる. M_{p} は減衰係数 ζ のみに依存しており，**減衰係数 ζ を 0**

に近づけると共振ピーク M_{p} は大きくなり，安定度が低くなる．

● 固有角周波数 ω_{n} を大きくするとバンド幅 ω_{b} も大きくなり，速応性が向上する．

問題 7.10　　例 1.4 (p. 12) に示した RLC 回路において，$L = 200$ [mH]，$C = 10$ [μF] であった．以下の設問に答えよ．

(1)　共振が生じないような R [Ω] の範囲を示せ．

(2)　$R = 100$ [Ω] であるとき，ピーク角周波数 ω_{p} および共振ピーク M_{p} を求めよ．

7.4　MATLAB/Simulink を利用した演習

7.4.1　ベクトル軌跡とナイキスト軌跡 (nyquist)

MATLAB では，関数 "nyquist" を用いることによって，ナイキスト軌跡を描画することができる．たとえば，システム

$$y(s) = P(s)u(s), \quad P(s) = \frac{10}{s^2 + 2s + 10} \tag{7.66}$$

のナイキスト軌跡を描画する M ファイルは以下のようになる．

```
M ファイル "sample_nyquist1.m"
1   sysP = tf([10],[1 2 10]);      ········ 伝達関数 P(s) の定義
2
3   figure(1)                      ········ Figure 1 を指定
4   nyquist(sysP)                  ········ P(jω) のナイキスト軌跡を描画
```

M ファイル "sample_nyquist1.m" の実行結果を図 7.18 に示す．

また，関数 "nyquist" のオプションを関数 "nyquistoptions" により設定することで，ベクトル軌跡を描画することもできる．システム (7.66) 式のベクトル軌跡を描画する M ファイルは以下のようになる．

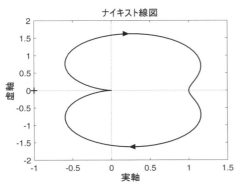

図 7.18　M ファイル "sample_nyquist1.m" の実行結果 (ナイキスト軌跡)

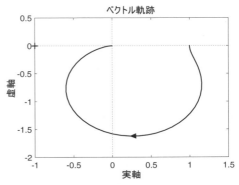

図 7.19　M ファイル "sample_nyquist2.m" の実行結果 (ベクトル軌跡)

```
M ファイル "sample_nyquist2.m"
1   sysP = tf([10],[1 2 10]);         ……… 伝達関数 P(s) の定義
2
3   options = nyquistoptions;                 ……… 関数 "nyquist" のオプション設定
4   options.ShowFullContour = 'off';          ……… 角周波数 ω の範囲を 0 〜 ∞ に設定
5   options.Title.String = 'ベクトル軌跡';     ……… グラフのタイトルを「ベクトル軌跡」に変更
6
7   figure(1)                         ……… Figure 1 を指定
8   nyquist(sysP,options);            ……… P(jω) のベクトル軌跡を描画
9   ylim([-2 0.5])                    ……… 縦軸の範囲指定
```

M ファイル "sample_nyquist2.m" の実行結果を図 7.19 に示す.

7.4.2 ボード線図 (bode)

MATLAB では，関数 "bode" を用いることによって，ボード線図を描画することができる．たとえば，システム (7.66) 式のボード線図を描画するための M ファイルを以下に示す.

```
M ファイル "sample_bode1.m"
1   sysP = tf([10],[1 2 10]);
2              …… 伝達関数 P(s) の定義
3   figure(1)   …… 角周波数 ω を指定をせずに
4   bode(sysP)     ボード線図を描画
```

```
M ファイル "sample_bode2.m"
1   sysP = tf([10],[1 2 10]);
2              …… 伝達関数 P(s) の定義
3   w = logspace(-1,2,10000);
4              …… 角周波数 ω のデータ生成
5   figure(1)   …… 角周波数 ω を指定して
6   bode(sysP,w)   ボード線図を描画
```

M ファイル "sample_bode1.m" を実行すると，図 7.20 のボード線図が描画される．このように，関数 "bode" により直接，ボード線図を描画すると，一つのフィギュアウィンドウの上下にゲイン線図と位相線図が現れる．

また，関数 "bode" の出力を指定することで，伝達関数 $P(s)$ のゲイン $G_g(\omega) = |P(j\omega)|$ や位相差 $G_p(\omega) = \angle P(j\omega)$ を求めることができ，ゲイン線図と位相線図を別々に描画すること

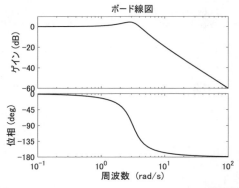

図 7.20 M ファイル "sample_bode1.m" の実行結果

もできる．関数 "bode" の出力を指定した場合の M ファイルを以下に示す.

```
M ファイル "sample_bode3.m"
1   sysP = tf([10],[1 2 10]);         ……… 伝達関数 P(s) の定義
2
3   w = logspace(-1,2,10000);         ……… 角周波数 ω のデータ生成
4
5   [Gg Gp] = bode(sysP,w);           ……… G_g(ω) = |P(jω)|, G_p(ω) = ∠P(jω) [deg] の算出
```

```
6    Gg = Gg(:,:);                         ········ Gg, Gp は 3 次元配列なので, 1 次元配列 (データ列) として再格納
7    Gp = Gp(:,:);
8
9    figure(1)                             ········ Figure 1 に横軸を ω [rad/s], 縦軸を 20 log₁₀ Gg(ω) [dB] と
10   semilogx(w,20*log10(Gg))                       した片対数グラフを描画
11   xlabel('¥omega [rad/s]')              ········ 横軸のラベル
12   ylabel('Gain [dB]')                   ········ 縦軸のラベル
13   grid on                               ········ 補助線の表示
14
15   figure(2)                             ········ Figure 2 に横軸を ω [rad/s], 縦軸を Gp(ω) [deg] とした
16   semilogx(w,Gp)                                 片対数グラフを描画
17   set(gca,'YTick',-180:30:0)            ········ 縦軸の目盛りを設定
18   xlabel('¥omega [rad/s]')              ········ 横軸のラベル
19   ylabel('Phase [deg]')                 ········ 縦軸のラベル
20   grid on                               ········ 補助線の表示
```

M ファイル "`sample_bode3.m`" の実行結果を図 7.21 に示す.

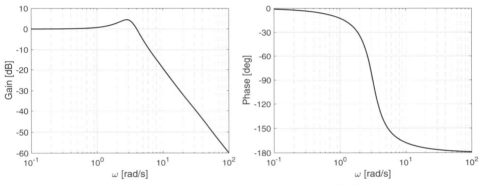

図 7.21 M ファイル "`sample_bode3.m`" の実行結果

7.4.3 周波数応答

関数 "`bode`" により指定した角周波数 ω のゲイン $G_{\mathrm{g}}(\omega) = |P(j\omega)|$ や位相差 $G_{\mathrm{p}}(\omega) = \angle P(j\omega)$ を求めることができるので, (7.6) 式 (p. 137) の周波数応答 $y_{\mathrm{app}}(t)$ を得ることができる. たとえば, システム (7.66) 式に正弦波入力 $u(t) = A\sin\omega t$ を加えたときの周波数応答 $y_{\mathrm{app}}(t)$ を描画するための M ファイルを以下に示す. ただし, $A = 1, \omega = 5$ とする.

M ファイル "`sample_freq.m`"

```
1    sysP = tf([10],[1 2 10]);             ········ 伝達関数 P(s) の定義
2
3    w = 5;  A = 1;                        ········ 角周波数 ω = 5 [rad/s], 振幅 A = 1
4    [Gg Gp] = bode(sysP,w);               ········ ω = 5 としたときの Gg(ω), Gp(ω) を計算
5    Gg = Gg(:,:)                          ········ 1 次元配列に再格納し, Gg(ω), Gp(ω) の値を表示
6    Gp = Gp(:,:)
7    Gp = pi/180*Gp;                       ········ Gp(ω) をラジアン表示に変換
8
```

```
9    t = 0:0.001:5;                     ……… 時間 t のデータ生成
10   u = A*sin(w*t);                    ……… 正弦波入力 u(t) = A sin ωt
11   y = lsim(sysP,u,t);               ……… 時間応答 y(t)
12   yapp = A*Gg*sin(w*t + Gp);         ……… 周波数応答 y_app(t) = AG_g(ω)sin(ωt + G_p(ω))
13
14   figure(1)                          ……… Figure 1 に y(t) を一点鎖線, u(t) を破線, y_app(t)
15   plot(t,y,'-.',t,u,'--',t,yapp);        を実線で描画
16   xlabel('t [s]')                    ……… 横軸のラベル
17   ylabel('y(t), u(t) and {y}_{app}(t)')  ……… 縦軸のラベル
18   grid on                            ……… 補助線の表示
19   legend({'y(t)','u(t)','{y}_{app}(t)'},'NumColumns',3);  ……… 凡例を3列で表示表示
20   legend('Location','SouthEast')     ……… 凡例を右下へ移動
```

Mファイル "sample_freq.m" を実行
すると,

```
Mファイル "sample_freq.m" の実行結果
>> sample_freq ↵
Gg =           ……………… G_g(5) = 0.5547 [倍]
    0.5547
Gp =           ……………… G_p(5) = -146.3099 [deg]
 -146.3099
```

と表示され, 図 7.22 のグラフが描画さ
れる. 時間が経過するにしたがい, 時間
応答 y(t) が周波数応答 y_app(t) に漸近す
ることが確認できる.

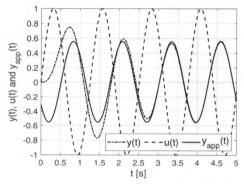

図 7.22 Mファイル "sample_freq.m" の実行結果

7.4.4 ピーク角周波数と共振ピーク (getPeakGain)

MATLAB では, 関数 "getPeakGain" を利用してピーク角周波数 ω_p や共振ピーク M_p を求めることができる. 以下に, $\zeta = 0.5$, $\omega_n = 1$, $K = 1$ とした 2 次遅れ系 (7.58) 式 (p. 153) のピーク角周波数 ω_p や共振ピーク M_p を求める M ファイルを示す.

```
Mファイル "sample_getPeakGain.m"
1    zeta = 0.5;  wn = 1;  K = 1;      ……… ζ = 0.5, ω_n = 1, K = 1
2    sysP = tf([K*wn^2],[1 2*zeta*wn wn^2]);  ……… 2 次遅れ要素 P(s) = Kω_n²/(s² + 2ζω_n s + ω_n²)
3
4    [Mp wp] = getPeakGain(sysP,1e-5)  ……… 共振ピーク M_p, ピーク角周波数 ω_p (相対精度:10⁻⁵)
```

Mファイル "sample_getPeakGain.m" を実行すると, 以下の結果が得られる [注8].

```
Mファイル "sample_getPeakGain.m" の実行結果
>> sample_getPeakGain ↵
Mp =     …………………… M_p = 1.1547 [倍]
   1.1547
```

```
wp =     …………………… ω_p = 0.7071 [rad/s]
   0.7071
```

これらの結果は, (7.64), (7.65) 式 (p. 156) により求めた以下の結果と一致する.

[注8] getPeakGain(sysP) のように相対精度を指定しない場合, 相対精度は標準の 10^{-2} となる.

```
>> Mp = 1/(2*zeta*sqrt(1 - zeta^2))  ↵
Mp =    ·················· (7.65) 式により求めた Mp
   1.1547
```

```
>> wp = wn*sqrt(1 - 2*zeta^2)  ↵
wp =    ·················· (7.64) 式により求めた ωp
   0.7071
```

7.4.5　Simulink を利用したノイズ除去のシミュレーション

ここでは，図 7.10 (p. 148) に示したローパスフィルタによるノイズ除去のシミュレーションを Simulink により行う．

まず，以下の手順で Simulink モデルを作成する．

ステップ 1　モデルコンフィギュレーションパラメータを表 7.2 のように設定する．

ステップ 2　図 7.23 のように Simulink ブロックを Simulink モデルに配置する．

ステップ 3　表 7.3 のように Simulink ブロックを設定し，図 7.24 のように結線する．

ステップ 4　図 7.24 の Simulink モデルを作業したいフォルダ (カレントディレクトリ) に "sim_noise_reduction.slx" という名前で保存する．

表 7.2　図 7.23 におけるモデルコンフィギュレーションパラメータの設定

ソルバ/シミュレーション時間	開始時間	0	終了時間	10
ソルバ/ソルバの選択	タイプ	固定ステップ	ソルバ	ode4 (Runge-Kutta)
ソルバ/ソルバの詳細	固定ステップサイズ	0.001		
データのインポート/エクスポート	ワークスペースまたはファイルに保存		「単一のシミュレーション出力」のチェックを外す	

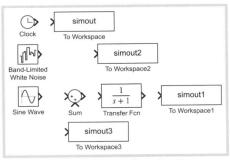

図 7.23　Simulink ブロックの移動

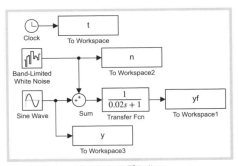

図 7.24　Simulink モデル "sim_noise_reduction.slx"

表 7.3　図 7.23 における Simulink ブロックのパラメータ設定

Simulink ブロック	変更するパラメータ	Simulink ブロック	変更するパラメータ
Transfer Fcn	分母係数：[0.02 1]	To Workspace	変数名：t，保存形式：配列
Sum	符号リスト：++|	To Workspace1	変数名：yf，保存形式：配列
Band-Limited White Noise	ノイズ強度：[1e-5]，サンプル時間：0.001	To Workspace2	変数名：n，保存形式：配列
		To Workspace3	変数名：y，保存形式：配列

Simulink モデル "**sim_noise_reduction.slx**" では，$y(t) = \sin t$ にノイズ $n(t)$ が加算され，ノイズ除去を行うローパスフィルタ (1 次遅れ要素) $1/(1 + 0.02s)$ が利用されている[注9]．そして，フィルタ通過後の信号を $y_\mathrm{f}(t)$ としている．以下の M ファイルを同じフォルダに保存して実行すると，図 7.25 のシミュレーション結果が描画される．

M ファイル "plot_data.m"		
1	`sim('sim_noise_reduction')`	
2		……Simulink モデルの実行
3	`figure(1)`	……Figure 1 に $y(t)$ を描画
4	`plot(t,y)`	
5	`ylabel('y(t)')`	……縦軸のラベル
6		
7	`figure(2)`	……Figure 2 に $n(t)$ を描画
8	`plot(t,n)`	
9	`ylabel('n(t)')`	……縦軸のラベル
10		
11	`figure(3)`	……Figure 3 に $y(t)+n(t)$
12	`plot(t,y+n)`	を描画
13	`ylabel('y(t) + n(t)')`	
14		……縦軸のラベル
15	`figure(4)`	……Figure 4 に $y_\mathrm{f}(t)$ を描画
16	`plot(t,yf)`	
17	`ylabel('{y}_{f}(t)')`	
18		……縦軸のラベル
19	`for i = 1:4`	
20	`  figure(i)`	……Figure i を指定
21	`  ylim([-1.5 1.5])`	……縦軸の範囲指定
22	`  xlabel('t [s]')`	……横軸のラベル
23	`  grid on`	……補助線の表示
24	`end`	

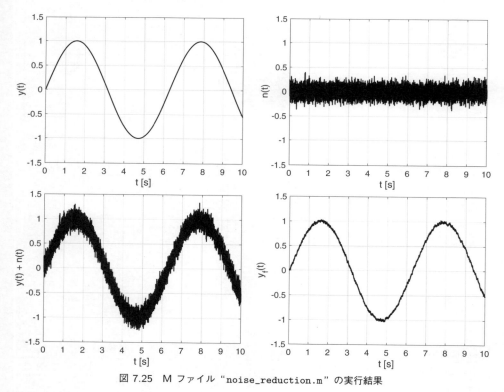

図 7.25　M ファイル "noise_reduction.m" の実行結果

[注9] ポテンショメータなどのアナログセンサを用いると，信号 $y(t)$ に高周波ノイズ $n(t)$ が加わった $y(t) + n(t)$ が検出される．Simulink モデル "**sim_noise_reduction.slx**" では，ノイズとしてすべての周波数で同じ強度となるホワイトノイズ (白色雑音) を加えている．

第**8**章

周波数領域での制御系解析/設計

　本章ではまず，開ループ伝達関数のベクトル軌跡やボード線図を描くことによって，フィードバック制御系の安定性が判別できることを示す．このように周波数領域で安定性を議論すると，どれくらい安定性に余裕があるのかを見積もって制御系設計を行うことができるという利点がある．さらに，感度特性，目標値追従特性などといった制御性能を周波数領域でとらえ，周波数整形という観点から制御系設計を行う例を示す．

8.1　周波数領域における安定性

8.1.1　ナイキストの安定判別法

　周波数領域において，図 8.1 に示すフィードバック制御系 (閉ループ系) の安定性を判別するのに用いられるのが，以下に示す**ナイキストの安定判別法**である．

> **ナイキストの安定判別法**
>
> 開ループ伝達関数 $L(s) := P(s)C(s)$ の不安定極 (実部が正の極) の数を $n_{\mathrm p}$ とし，$L(s)$ のナイキスト軌跡が点 $(-1, 0)$ を反時計回りに周回する回数を N とする[注1]．このとき，図 8.1 のフィードバック制御系が安定であるための必要十分条件は，$n_{\mathrm p} = N$ となることである[注2]．

付録 A.4 (p. 219) にナイキストの安定判別法の証明を示す．ナイキストの安定判別法は，開ループ伝達関数 $L(s)$ のナイキスト軌跡を描くことによって，視覚的にフィードバッ

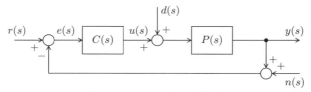

図 8.1　フィードバック制御系

[注1] 反時計回りに 1 回周回するときは $N = 1$，時計回りに 1 回周回するときは $N = -1$ とする．
[注2] 不安定であるとき，フィードバック制御系の不安定極 (特性方程式 $\Delta(s) = 0$ の解のなかで実部が正の解) の数は $n_{\mathrm p} - N$ である．

ク制御系の安定性を判別できるという利点がある．また，後に述べる制御系の安定度を
知るうえでも役に立つ.

制御対象と P コントローラ

$$P(s) = \frac{1}{(s+1)^3}, \quad C(s) = k_P \quad (k_P > 0) \tag{8.1}$$

で構成される図 8.1 のフィードバック制御系が安定となるような k_P の範囲を求める.

ナイキストの安定判別法

開ループ伝達関数 $L(s)$ は

$$L(s) = P(s)C(s) = \frac{k_P}{(s+1)^3}$$

$$\implies \quad L(j\omega) = \frac{k_P}{\alpha + j\beta} = \frac{k_P(\alpha - j\beta)}{\alpha^2 + \beta^2}, \quad \begin{cases} \alpha = 1 - 3\omega^2 \\ \beta = \omega(3 - \omega^2) \end{cases} \tag{8.2}$$

となり，ナイキスト軌跡は図 8.2 となる．ここで，$L(j\omega)$ が実軸と交わるときの $-\infty < \omega < \infty$ は

$$\mathrm{Im}[L(j\omega)] = 0 \implies \beta = \omega(3 - \omega^2) = 0 \implies \omega = 0, \pm\omega_{pc}, \quad \omega_{pc} = \sqrt{3}$$

であり，$L(\pm j\omega_{pc}) = -k_P/8$ となるので，実軸と交点は $(-k_P/8, 0)$ である．また，

$$\lim_{\omega \to 0} L(j\omega) = k_P, \quad \lim_{\omega \to \pm\infty} L(j\omega) = 0 \tag{8.3}$$

となる．(8.2) 式より $L(s)$ は不安定極を持たないので $n_p = 0$ であり，ナイキストの安定判

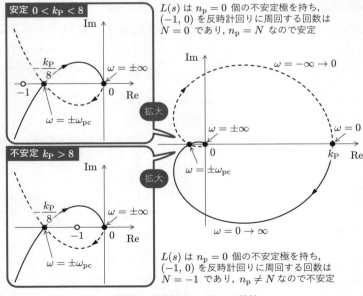

図 8.2 $L(s)$ のナイキスト軌跡

別条件より，フィードバック制御系が安定であるための条件は，ナイキスト軌跡が $(-1, 0)$ を周回しない (周回数が $N = n_{\mathrm{p}} = 0$ である) ことである．つまり，$k_{\mathrm{P}} > 0$ なので交点 $(-k_{\mathrm{P}}/8, 0)$ は左半平面にあり，

$$k_{\mathrm{P}} > 0 \quad かつ \quad -\frac{k_{\mathrm{P}}}{8} > -1 \quad \Longrightarrow \quad 0 < k_{\mathrm{P}} < 8 \tag{8.4}$$

であるとき，フィードバック制御系は安定となる．

フルビッツの安定判別法

特性多項式は

$$\Delta(s) = (s + 1)^3 + k_{\mathrm{P}} = a_3 s^3 + a_2 s^2 + a_1 s + a_0 \tag{8.5}$$
$$a_3 = 1, \quad a_2 = 3, \quad a_1 = 3, \quad a_0 = 1 + k_{\mathrm{P}}$$

であるので，5.3.2 節 (p. 89) で説明したフルビッツの安定判別条件は以下のようになる．

| 条件 A | $a_i > 0$ より $k_{\mathrm{P}} > -1$ である．|

| 条件 B″ | フルビッツ行列の小行列式が

$$H_2 = \begin{vmatrix} a_2 & a_0 \\ a_3 & a_1 \end{vmatrix} = \begin{vmatrix} 3 & 1 + k_{\mathrm{P}} \\ 1 & 3 \end{vmatrix} = 8 - k_{\mathrm{P}} > 0 \tag{8.6}$$

なので，$k_{\mathrm{P}} < 8$ である．

$k_{\mathrm{P}} > 0$ および条件 A, B″ よりフィードバック制御系が安定となるのは $0 < k_{\mathrm{P}} < 8$ のときであり，ナイキストの安定判別法の結果と一致する．

例 8.2 .... ナイキストの安定判別法

開ループ伝達関数

$$L(s) = P(s)C(s) = \frac{-s + 6}{(s + 4)(s - 1)} \tag{8.7}$$

は $n_{\mathrm{p}} = 1$ 個の不安定極を持つ．$L(s)$ のナイキスト軌跡は

$$L(j\omega) = \frac{-3(3\omega^2 + 8) + j\omega(\omega^2 - 14)}{\omega^4 + 17\omega^2 + 16} \tag{8.8}$$

より図 8.3 のように 8 の字形となる．図 8.3 よりナイキスト軌跡は $(-1, 0)$ を反時計回りに $N = 1$ 回，周回するので，$N = n_{\mathrm{p}}$ である．したがって，図 8.1 のフィードバック制御系は安定である．

実際，特性多項式は

$$\Delta(s) = (s + 4)(s - 1) - s + 6$$
$$= s^2 + 2s + 2 \tag{8.9}$$

であるので，特性方程式 $\Delta(s) = 0$ の解は負の実数 $s = -1 \pm j$ となり，フィードバック制御系は安定となる．

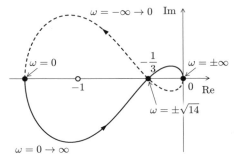

図 8.3 **$L(s)$ のナイキスト軌跡**

開ループ伝達関数 $L(s)$ が虚軸上に極を持つ場合，以下のように拡張することができる．

例 8.3 .... ナイキストの安定判別法 ($L(s)$ が虚軸上に極を持つ場合)

制御対象とコントローラ

$$P(s) = \frac{1}{s(s+1)}, \quad C(s) = \frac{1}{2s+1} \tag{8.10}$$

で構成される図 8.1 のフィードバック制御系を考える. 開ループ伝達関数は

$$L(s) = P(s)C(s) = \frac{1}{s(s+1)(2s+1)}$$

$$\implies L(j\omega) = -\frac{3}{(\omega^2+1)(4\omega^2+1)} + j\frac{2\omega^2-1}{\omega(\omega^2+1)(4\omega^2+1)} \tag{8.11}$$

となる. $L(j\omega)$ が実軸と交わるときの $-\infty < \omega < \infty$ は

$$\text{Im}\big[L(j\omega)\big] = 0 \implies \omega = \pm\omega_{\text{pc}}, \quad \omega_{\text{pc}} = \frac{1}{\sqrt{2}}$$

であり, $L(\pm j\omega_{\text{pc}}) = -2/3$ となるので, 実軸と交点は $(-2/3, 0)$ である. また,

$$\lim_{\omega \to \pm\infty} L(j\omega) = 0,$$

$$\lim_{\omega \to +0} \text{Re}\big[L(j\omega)\big] = -3, \quad \lim_{\omega \to +0} \text{Im}\big[L(j\omega)\big] = -\infty, \quad \lim_{\omega \to -0} \text{Im}\big[L(j\omega)\big] = \infty$$

である. したがって, $L(s)$ のナイキスト軌跡は 図 8.4 となり, $s \to 0$ で無限遠点となるため, 閉じた軌跡とならない. このような場合, 付録 A.4 の p. 221 で説明するように, 図 8.5 の点線に示す閉じた軌跡を考えることにする.

(8.11) 式より $L(s)$ は不安定極を持たないので $n_{\text{p}} = 0$ である. また, ナイキスト軌跡は $(-1, 0)$ を周回していない (周回数が $N = n_{\text{p}} = 0$ である) ので, ナイキストの安定判別条件より, フィードバック制御系は安定である.

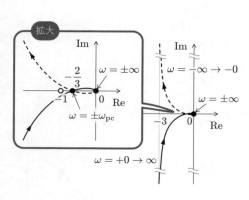

図 8.4 $L(s)$ のナイキスト軌跡

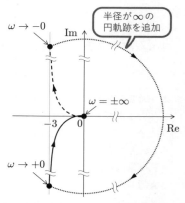

図 8.5 $L(s)$ のナイキスト軌跡 (半径 ∞ の円軌跡を追加)

8.1.2 簡略化されたナイキストの安定判別法

開ループ伝達関数 $L(s) := P(s)C(s)$ が不安定極 (実部が正の極) を持たない場合, $n_{\text{p}} = 0$ であるから, 図 8.6 に示すように, フィードバック制御系が安定であるために

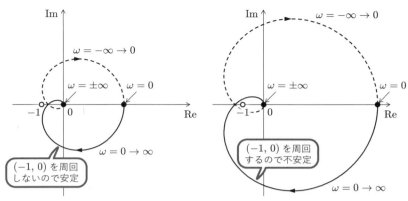

(a) フィードバック制御系が安定   (b) フィードバック制御系が不安定

図 8.6 不安定極を持たない開ループ伝達関数 $L(s)$ のナイキスト軌跡

は, $L(s)$ のナイキスト軌跡が点 $(-1, 0)$ を周回する回数が $N = 0$ でなければならない. また, ナイキスト軌跡の半分 ($\omega = -\infty$ から $\omega = 0$ まで変化させた軌跡) は残りの半分 ($\omega = 0$ から $\omega = \infty$ まで変化させた軌跡) と実軸対称であることを考慮すると, ナイキストの安定判別法は以下のように簡略化される. ただし, $L(0) > 0$ とする.

簡略化されたナイキストの安定判別法 ($L(s)$ が不安定極を持たない場合)

開ループ伝達関数 $L(s) := P(s)C(s)$ が不安定極を持たない場合を考える. $L(s)$ のベクトル軌跡を矢印の方向 ($\omega = 0 \to \infty$) にたどったとき, 図 8.7 (a) のように点 $(-1, 0)$ を常に左側に見るのであればフィードバック制御系は安定である. 一方, 図 8.7 (b) のように右側に見るのであればフィードバック制御系は不安定である.

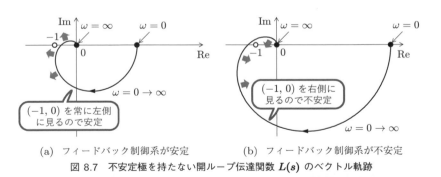

(a) フィードバック制御系が安定   (b) フィードバック制御系が不安定

図 8.7 不安定極を持たない開ループ伝達関数 $L(s)$ のベクトル軌跡

例 8.4 ‥‥‥‥‥‥‥‥‥‥‥‥‥‥‥‥‥‥‥‥‥‥‥‥‥ 簡略化されたナイキストの安定判別法

例 8.1 (p. 164) において, 簡略化されたナイキストの安定判別法を利用する.

(8.2) 式に示す不安定極を持たない開ループ伝達関数 $L(s)$ のベクトル軌跡は図 8.8 とな

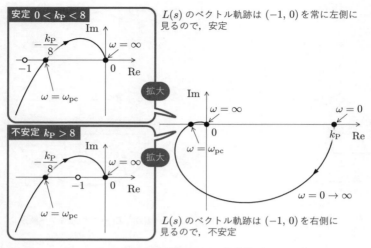

図 8.8 **$L(s)$ のベクトル軌跡**

る．したがって，$0 < k_{\mathrm{P}} < 8$ であるとき，ベクトル軌跡を矢印の方向 ($\omega = 0 \rightarrow \infty$) にたどると $(-1, 0)$ を常に左側に見るので，図 8.1 のフィードバック制御系は安定となる．

例 8.5 .... 簡略化されたナイキストの安定判別法 ($L(s)$ が虚軸に極を持つ場合)

例 8.3 (p. 166) において，簡略化されたナイキストの安定判別法を利用する．

(8.11) 式に示す不安定極を持たない開ループ伝達関数 $L(s)$ のベクトル軌跡は図 8.9 となり，$\omega = \omega_{\mathrm{pc}} = 1/\sqrt{2}$ のときに $(-2/3, 0)$ で実軸と交わる．したがって，ベクトル軌跡は $(-1, 0)$ を常に左側に見るので，図 8.1 のフィードバック制御系は安定となる．

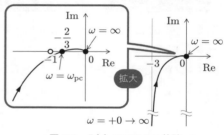

図 8.9 **$L(s)$ のベクトル軌跡**

問題 8.1 以下の制御対象 $P(s)$ と P コントローラ $C(s) = k_{\mathrm{P}}$ ($k_{\mathrm{P}} > 0$) とで構成されるフィードバック制御系が安定となるような k_{P} の範囲を，簡略化されたナイキストの安定判別法，フルビッツの安定判別法により求めよ．

(1) $P(s) = \dfrac{1}{(s+1)^2(s+2)}$ (2) $P(s) = \dfrac{1}{s(s+1)(s+2)}$

8.2 安定余裕

8.2.1 安定余裕の定義

不安定極を持たないような開ループ伝達関数 $L(s) := P(s)C(s)$ を考える．このとき，一般に，コントローラのゲインを大きくすると，図 8.1 のフィードバック制御系の安定

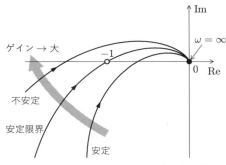

図 8.10 $L(s)$ のベクトル軌跡と安定性

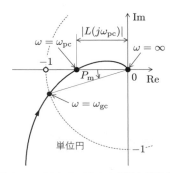

図 8.11 $L(s)$ のベクトル軌跡と安定余裕

性が失われていき，$L(s)$ のベクトル軌跡は**図 8.10** となる．ここでは，フィードバック制御系の安定度，すなわち，フィードバック制御系が不安定になるまでどれ位の余裕があるのかを調べる方法について述べる．なお，不安定になるまでどれ位の余裕があるのかを**安定余裕**[注3]という．安定余裕を表す指標としてゲイン余裕と位相余裕がある．

図 8.11 に示すように，開ループ伝達関数 $L(s)$ のベクトル軌跡が実軸と交わるとき，ゲインが $|L(j\omega)| = 1$ となるのにどれだけの余裕があるのかをデシベル表示で表したのが**ゲイン余裕** G_m [dB] であり，

ゲイン余裕

$$G_\mathrm{m} := 20 \log_{10} \frac{1}{|L(j\omega_\mathrm{pc})|}$$
$$= -20 \log_{10} |L(j\omega_\mathrm{pc})| \text{ [dB]} \quad (\angle L(j\omega_\mathrm{pc}) = -180 \text{ [deg]}) \tag{8.12}$$

のように定義される．ここで，ω_pc は位相が $\angle L(j\omega) = -180$ [deg] となるような角周波数であり，**位相交差角周波数**と呼ぶ．つまり，ゲイン余裕 G_m は $\omega = \omega_\mathrm{pc}$ における $L(s)$ のゲイン $|L(j\omega_\mathrm{pc})|$ と 1 との比を表しており，以下のことがいえる．

ゲイン余裕と安定性，安定度

開ループ伝達関数 $L(s)$ が不安定極を持たないとき，

- $G_\mathrm{m} > 0$ [dB] $(|L(j\omega_\mathrm{pc})| < 1)$：安定
- $G_\mathrm{m} = 0$ [dB] $(|L(j\omega_\mathrm{pc})| = 1)$：安定限界
- $G_\mathrm{m} < 0$ [dB] $(|L(j\omega_\mathrm{pc})| > 1)$：不安定

となる．ゲイン余裕 $G_\mathrm{m} > 0$ [dB] が大きいほど安定度は高い．

また，**図 8.11** に示したように，開ループ伝達関数 $L(s)$ のベクトル軌跡が単位円 (中心を $(0,0)$，半径を 1 とした円) と交わるとき，位相が $\angle L(j\omega) = -180$ [deg] となる

[注3] MATLAB では，関数 "`margin`" により安定余裕を求めることができる．**8.5.1 項** (p. 178) にその使用例を示す．

のにどれだけの余裕があるのかを表したのが**位相余裕** P_m であり，

位相余裕
$$P_\mathrm{m} := 180 + \angle L(j\omega_\mathrm{gc}) \ [\mathrm{deg}] \quad (|L(j\omega_\mathrm{gc})| = 1) \tag{8.13}$$

のように定義される．ここで，ω_gc はゲインが $|L(j\omega)| = 1$ となるような角周波数であり，**ゲイン交差角周波数**と呼ぶ．したがって，以下のことがいえる．

位相余裕と安定性，安定度

開ループ伝達関数 $L(s)$ が不安定極を持たないとき，

- $P_\mathrm{m} > 0$ [deg]：安定
- $P_\mathrm{m} = 0$ [deg]：安定限界
- $P_\mathrm{m} < 0$ [deg]：不安定

となる．位相余裕 $P_\mathrm{m} > 0$ が大きいほど安定度は高い．

例 8.6 ·· **安定余裕**

　例 8.1 (p. 164) で示したフィードバック制御系の開ループ伝達関数 $L(s)$ は
$$L(s) = P(s)C(s) = \frac{k_\mathrm{P}}{(s+1)^3} \implies L(j\omega) = \frac{k_\mathrm{P}}{(1+j\omega)^3} \tag{8.14}$$
となるので，ゲイン $|L(j\omega)|$ と位相 $\angle L(j\omega)$ はそれぞれ
$$|L(j\omega)| = \frac{k_\mathrm{P}}{|1+j\omega|^3} = \frac{k_\mathrm{P}}{(1+\omega^2)^{3/2}}, \quad \angle L(j\omega) = -3\tan^{-1}\omega \tag{8.15}$$
となる．ただし，$k_\mathrm{P} > 0$ である．

　まず，位相交差角周波数 ω_pc とゲイン余裕 G_m を求める．$\angle L(j\omega_\mathrm{pc}) = -180$ [deg] であることを考慮すると，(8.15) 式より
$$\angle L(j\omega_\mathrm{pc}) = -3\tan^{-1}\omega_\mathrm{pc} = -180 \implies \omega_\mathrm{pc} = \sqrt{3} \tag{8.16}$$
となる [注4]．したがって，ゲイン余裕 G_m は (8.12), (8.15), (8.16) 式より次式となる．
$$|L(j\omega_\mathrm{pc})| = \frac{k_\mathrm{P}}{(1+\omega_\mathrm{pc}^2)^{3/2}} = \frac{k_\mathrm{P}}{8}$$
$$\implies G_\mathrm{m} = -20\log_{10}|L(j\omega_\mathrm{pc})| = -20\log_{10}\frac{k_\mathrm{P}}{8} \ [\mathrm{dB}] \tag{8.17}$$

　一方，ゲイン交差角周波数 ω_gc は
$$|L(j\omega_\mathrm{gc})| = \frac{k_\mathrm{P}}{(1+\omega_\mathrm{gc}^2)^{3/2}} = 1 \implies \omega_\mathrm{gc} = \sqrt{k_\mathrm{P}^{2/3} - 1} \tag{8.18}$$
である．ただし，ω_gc が存在するためには，(8.18) 式より $k_\mathrm{P} > 1$ でなければなない．$0 < k_\mathrm{P} \le 1$ のときは ω_gc は存在せず，任意の $\omega > 0$ に対して $|L(j\omega)| < 1$ である．したがって，$k_\mathrm{P} > 1$ のとき位相余裕 P_m は (8.13), (8.15), (8.18) 式より次式となる．
$$P_\mathrm{m} = 180 + \angle L(j\omega_\mathrm{gc}) = 180 - 3\tan^{-1}\sqrt{k_\mathrm{P}^{2/3} - 1} \ [\mathrm{deg}] \tag{8.19}$$

[注4] 例 8.1 で示した手順で $\omega_\mathrm{pc} = \sqrt{3}$ を求めることもできる．

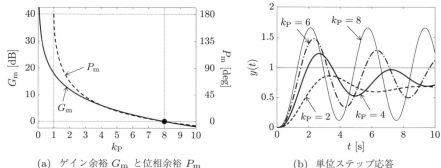

(a) ゲイン余裕 G_m と位相余裕 P_m (b) 単位ステップ応答

図 8.12　安定余裕と単位ステップ応答 (目標値：$r(t) = 1$ $(t \geq 0)$, 外乱：$d(t) = 0$)

安定余裕を図 8.12 (a) に示す. (8.17), (8.19) 式より $k_P > 0$ を増加させると, ゲイン余裕 G_m, 位相余裕 P_m は減少していき, 安定度が低くなることがわかる. なお, $k_P = 8$ のとき安定限界である. 実際, 図 8.12 (b) に示すように, $0 < k_P < 8$ を大きくする (ω_{gc} を大きくする) にしたがって, 速応性は向上するが, 振動的になっている.

最後に, 安定度や速応性を考慮して P コントローラを設計してみよう.

- 安定度を考慮し, $P_m = 60$ [deg] となるように k_P を設計すると, (8.19) 式より

$$\tan^{-1} \sqrt{k_P^{2/3} - 1} = 40 \text{ [deg]} \implies k_P = \{1 + (\tan 40°)^2\}^{3/2} \simeq 2.2245$$

となる. このとき, (8.18) 式より $\omega_{gc} = 0.8391$ [rad/s] となる.

- 速応性を考慮し, $\omega_{gc} = 1$ [rad/s] となるように k_P を設計すると, (8.18) 式より $k_P = 2\sqrt{2} \simeq 2.8284$ となる. このとき, (8.19) 式より $P_m = 180 - 3\tan^{-1} 1 = 45$ [deg] となる.

この例のように, 一般に, ゲイン余裕 G_m, 位相余裕 P_m が大きいほど安定度は高くなるが, 安定度を高くしすぎると応答が遅くなってしまうことがあり, 実用上, 好ましくない. そのため, 以下に示す目安で設計することが良いとされている.

安定度の目安

- **プロセス制御**：ゲイン余裕 G_m が $3 \sim 10$ [dB], 位相余裕 P_m が 20 [deg] 以上
- **サーボ機構**：ゲイン余裕 G_m が $10 \sim 20$ [dB], 位相余裕 P_m が $40 \sim 60$ [deg]

問題 8.2　図 8.1 のフィードバック制御系において,

$$P(s) = \frac{1}{(s+1)^4}, \quad C(s) = k_P \quad (0 < k_P < 4) \tag{8.20}$$

としたとき, ω_{pc}, G_m および ω_{gc}, P_m を求めよ. また, $P_m = 60$ [deg] となるような k_P を求めよ.

問題 8.3　図 8.1 のフィードバック制御系において,

$$P(s) = \frac{1}{(s+1)^2}, \quad C(s) = \frac{K}{s} \quad (0 < K < 2) \tag{8.21}$$

としたとき，ω_{pc} を求めよ．また，$\omega_{\mathrm{gc}} = 0.5$ [rad/s] となるような K，および $P_{\mathrm{m}} = 60$ [deg] となるような K を求めよ．

8.2.2 ボード線図と安定余裕

開ループ伝達関数 $L(s) := P(s)C(s)$ のボード線図を描くことによって，ゲイン余裕，位相余裕を読みとることができる(注5)．

先に述べたように，ゲイン余裕 G_{m} は位相交差角周波数 ω_{pc} におけるデシベル表示のゲイン $20 \log_{10} |L(j\omega_{\mathrm{pc}})|$ が 0 [dB] よりどれだけ下にあるかを表し，また，位相余裕 P_{m} はゲイン交差角周波数 ω_{gc} における位相 $\angle L(j\omega_{\mathrm{gc}})$ が -180 [deg] からどれだけ上にあるかを表している．したがって，開ループ伝達関数 $L(s)$ のボード線図を描いたとき，ゲイン余裕 G_{m}，位相余裕 P_{m} は図 8.13 のようになり，開ループ伝達関数 $L(s)$ の

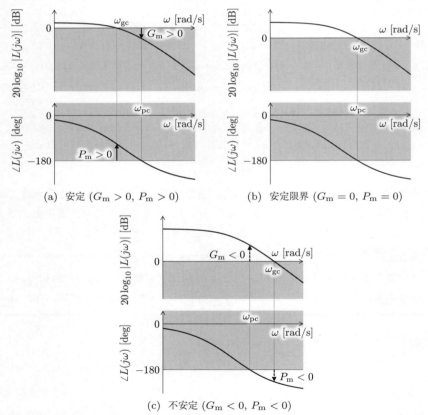

(a) 安定 $(G_{\mathrm{m}} > 0,\ P_{\mathrm{m}} > 0)$ (b) 安定限界 $(G_{\mathrm{m}} = 0,\ P_{\mathrm{m}} = 0)$

(c) 不安定 $(G_{\mathrm{m}} < 0,\ P_{\mathrm{m}} < 0)$

図 8.13 開ループ伝達関数 $L(s) := P(s)C(s)$ のボード線図とフィードバック制御系の安定余裕

(注5) MATLAB では，関数 "margin" により安定余裕をボード線図上に描くことができる．8.5.1 項 (p. 178) にその使用例を示す．

ボード線図から簡単に**図 8.1** のフィードバック制御系の安定度を知ることができる.

例 8.7 ··· ボード線図と安定余裕

　例 8.6 (p. 170) における開ループ伝達関数 $L(s) := P(s)C(s)$ $(C(s) = k_{\mathrm P})$ のボード線図を描くと,**図 8.14** となる. 位相線図は $k_{\mathrm P} > 0$ によらず同じであるが, ゲイン線図は $k_{\mathrm P} > 0$ が大きくなるにしたがい上方に移動するため, ゲイン余裕 $G_{\mathrm m}$, 位相余裕 $P_{\mathrm m}$ は『正 → 零 → 負』となり, 安定性が失われていくことがわかる.

　(8.17), (8.19) 式より, たとえば, $k_{\mathrm P} = 2$ のとき,

$$G_{\mathrm m} = G_{\mathrm{m1}} \simeq 12.0412 \,[\mathrm{dB}] > 0 \quad (\omega_{\mathrm{pc}} = \sqrt{3} \simeq 1.7321 \,[\mathrm{rad/s}])$$

$$P_{\mathrm m} = P_{\mathrm{m1}} \simeq 67.5981 \,[\mathrm{deg}] > 0 \quad (\omega_{\mathrm{gc}} = \omega_{\mathrm{gc1}} \simeq 0.7664 \,[\mathrm{rad/s}])$$

であるため安定, $k_{\mathrm P} = 8$ のとき,

$$G_{\mathrm m} = G_{\mathrm{m2}} = 0 \,[\mathrm{dB}] \quad (\omega_{\mathrm{pc}} = \sqrt{3} \simeq 1.7321 \,[\mathrm{rad/s}])$$

$$P_{\mathrm m} = P_{\mathrm{m2}} = 0 \,[\mathrm{deg}] \quad (\omega_{\mathrm{gc}} = \omega_{\mathrm{gc2}} = \omega_{\mathrm{pc}} \,[\mathrm{rad/s}])$$

であるため安定限界, $k_{\mathrm P} = 27$ のとき,

$$G_{\mathrm m} = G_{\mathrm{m3}} \simeq -10.5655 \,[\mathrm{dB}] < 0 \quad (\omega_{\mathrm{pc}} = \sqrt{3} \simeq 1.7321 \,[\mathrm{rad/s}])$$

$$P_{\mathrm m} = P_{\mathrm{m3}} \simeq -31.5863 \,[\mathrm{deg}] < 0 \quad (\omega_{\mathrm{gc}} = \omega_{\mathrm{gc3}} \simeq 2.8284 \,[\mathrm{rad/s}])$$

であるため不安定である.

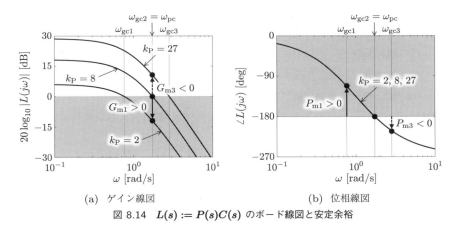

(a) ゲイン線図　　　　　(b) 位相線図

図 8.14 $L(s) := P(s)C(s)$ のボード線図と安定余裕

8.3 PID 制御と周波数領域における安定度

ここでは, 開ループ伝達関数 $L(s) := P(s)C(s)$ の周波数特性が

$$20 \log_{10} |L(j\omega)| = 20 \log_{10} |P(j\omega)| + 20 \log_{10} |C(j\omega)| \tag{8.22}$$

$$\angle L(j\omega) = \angle P(j\omega) + \angle C(j\omega) \tag{8.23}$$

となることを考慮し, PID 制御系の周波数特性を説明する.

8.3.1　P 制御と周波数特性

P コントローラ

$$C(s) = k_{\mathrm{P}} \qquad (8.24)$$

の周波数特性は 図 8.15 のようになる.
図 8.15 からわかるように，P コントロー
ラはゲインが $20 \log_{10} k_{\mathrm{P}}$ [dB]，位相が 0
[deg] であるので，k_{P} を大きくすると，開

図 8.15　P コントローラの周波数特性

ループ伝達関数 $L(s) := P(s)C(s)$ のゲインは大きくなるが，位相に影響を与えない.
そのため，例 8.7 (p. 173) で示したように，k_{P} を大きくすると，ゲイン余裕，位相余
裕が小さくなり，安定度が低くなっていく.

8.3.2　PI 制御と周波数特性

PI コントローラ

$$C(s) = k_{\mathrm{P}}\left(1 + \frac{1}{T_{\mathrm{I}}s}\right) \qquad (8.25)$$

の周波数特性は 図 8.16 のようになる. 図 8.16 からわかるように，PI コントローラの
ゲイン線図は低周波領域 $(0 < \omega \ll 1/T_{\mathrm{I}})$ では -20 [dB/dec] の割合で減少し，折点角
周波数 $\omega = 1/T_{\mathrm{I}}$ を境にして高周波領域 $(\omega \gg 1/T_{\mathrm{I}})$ では一定値 $20 \log_{10} k_{\mathrm{P}}$ [dB] とな
る. また，位相線図は ω が大きくなるにつれ -90 [deg] から 0 [deg] に増加する. こ
のように，PI 制御は低周波領域におけるゲインを大きくするため，定常位置偏差 e_{p} を
0 にする働きがある. その反面，位相を最大で 90 [deg] 遅らせるので位相余裕が小さく
(安定度が低く) なるという欠点がある. また，高周波領域の特性は P 制御と変わらない.

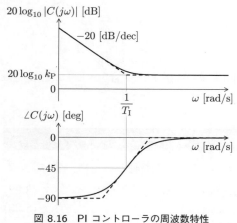

図 8.16　PI コントローラの周波数特性

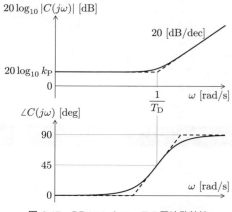

図 8.17　PD コントローラの周波数特性

8.3.3　PD 制御と周波数特性

PD コントローラ

$$C(s) = k_\mathrm{P}(1 + T_\mathrm{D}s) \tag{8.26}$$

の周波数特性は 図 8.17 のようになる．図 8.17 からわかるように，PD コントローラのゲイン線図は低周波領域 $(0 < \omega \ll 1/T_\mathrm{D})$ では一定値 $20\log_{10}k_\mathrm{P}$ [dB] であり，折点角周波数 $\omega = 1/T_\mathrm{D}$ を境にして高周波領域 $(\omega \gg 1/T_\mathrm{D})$ では 20 [dB/dec] の割合で増加する．また，位相線図は ω が大きくなるにしたがい 0 [deg] から 90 [deg] に増加する．このように，PD 制御は高周波領域において位相を最大で 90 [deg] 進めるので，位相余裕を大きく（安定度を高く）することができる．その反面，ゲインが高周波領域で大きくなるので，高周波信号であるノイズに過敏になるという欠点がある．

8.3.4　PID 制御と周波数特性

PID コントローラ

$$C(s) = k_\mathrm{P}\left(1 + \frac{1}{T_\mathrm{I}s} + T_\mathrm{D}s\right) \quad (8.27)$$

の周波数特性は 図 8.18 のようになる．図 8.18 からわかるように，PID コントローラのゲイン線図は低周波領域 $(0 < \omega \ll 1/T_\mathrm{I})$ では 20 [dB/dec] の割合で減少し，$1/T_\mathrm{I} \ll \omega \ll 1/T_\mathrm{D}$ 付近では一定値 $20\log_{10}k_\mathrm{P}$ [dB]，高周波領域 $(\omega \gg 1/T_\mathrm{D})$ では 20 [dB/dec] の割合で増加する．位相線図は ω が大きくなるにつれ

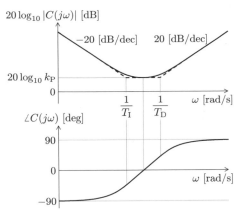

図 8.18　PID コントローラの周波数特性

-90 [deg] から 90 [deg] に増加する．PID 制御は PI 制御と PD 制御の利点を兼ね備えており，定常特性，過渡特性を同時に改善することが期待できる．

8.4　フィードバック特性と周波数整形

8.4.1　フィードバック特性

図 8.1 (p. 163) のフィードバック制御系を考えたとき，フィードバック特性を周波数領域で考えることができる．

(a)　感度特性

制御対象の伝達関数 $P(s)$ がパラメータ変動や同定誤差などの影響で実際には $P'(s) = P(s) + \Delta P(s)$ であったとすると，目標値 $r(s)$ から制御量 $y(s)$ への伝達

関数

$$G_{yr}(s) = \frac{P(s)C(s)}{1+P(s)C(s)} \tag{8.28}$$

も実際には

$$G'_{yr}(s) = \frac{P'(s)C(s)}{1+P'(s)C(s)} = \frac{(P(s)+\Delta P(s))C(s)}{1+(P(s)+\Delta P(s))C(s)} \tag{8.29}$$

である．このとき，$P(s)$ の変動に対する $G_{yr}(s)$ の感度 $S(s)$ を

$$S(s) := \frac{\Delta G_{yr}(s)/G'_{yr}(s)}{\Delta P(s)/P'(s)}, \quad \Delta G_{yr}(s) = G'_{yr}(s) - G_{yr}(s) \tag{8.30}$$

と定義すると，

$$S(s) := \frac{G'_{yr}(s)-G_{yr}(s)}{G'_{yr}(s)}\frac{P'(s)}{P'(s)-P(s)} = \frac{1}{1+P(s)C(s)} \tag{8.31}$$

となる．したがって，感度関数 $S(s)$ は制御対象の伝達関数 $P(s)$ が変動したときに $G_{yr}(s)$ が受ける影響の指標となる．目標値 $r(t)$ は通常，低周波成分を多く含む．そのため，$P(s)$ が変動したときに $G_{yr}(s)$ が受ける影響を小さくするためには，低周波領域で $|S(j\omega)|$ を小さくする必要がある．なお，

> **感度関数 $S(s)$**
> $$S(s) := \frac{1}{1+L(s)}, \quad L(s) := P(s)C(s) \tag{8.32}$$

を感度関数と呼ぶ．

(b) 目標値追従特性

目標値 $r(s)$ から偏差 $e(s)$ への伝達関数 $G_{er}(s)$ は，

$$G_{er}(s) = \frac{1}{1+P(s)C(s)} = S(s) \tag{8.33}$$

である．目標値 $r(t)$ は通常，低周波成分を多く含むため，目標値追従のためには低周波領域で $|G_{er}(j\omega)| = |S(j\omega)|$ を小さくする必要がある．

(c) 外乱抑制特性

外乱 $d(s)$ から制御量 $y(s)$ への伝達関数 $G_{yd}(s)$ は，

$$G_{yd}(s) = \frac{P(s)}{1+P(s)C(s)} = P(s)S(s) \tag{8.34}$$

である．外乱 $d(t)$ は通常，低周波成分を多く含むため，外乱の除去のためには低周波領域で $|G_{yd}(j\omega)| = |P(j\omega)S(j\omega)|$ を小さくする必要がある．つまり，$|S(j\omega)|$ を低周波領域で小さくすれば，低周波成分を多く含む外乱を除去することができる．

(d) ノイズ除去特性

ノイズ $n(s)$ から制御量 $y(s)$ への伝達関数 $G_{yn}(s)$ は

$$G_{yn}(s) = -\frac{P(s)C(s)}{1+P(s)C(s)} = -T(s) \tag{8.35}$$

である. なお,

相補感度関数 $T(s)$

$$T(s) := 1 - S(s) = \frac{L(s)}{1+L(s)}, \quad L(s) := P(s)C(s) \tag{8.36}$$

を**相補感度関数**と呼ぶ. ノイズ $n(t)$ は通常, 高周波成分を多く含むため, ノイズ除去を行うためには高周波領域で $|G_{yn}(j\omega)| = |T(j\omega)|$ を小さくする必要がある.

8.4.2 周波数整形

感度関数 $S(s)$ と相補感度関数 $T(s)$ には

$$S(s) + T(s) = 1 \tag{8.37}$$

という関係があるから, すべての周波数で $|S(j\omega)|$ と $|T(j\omega)|$ を同時に小さくすることはできない. そこで, 通常, 目標値や外乱は低周波成分を多く含み, ノイズは高周波成分を多く含むことを考慮し,

- **感度特性, 目標値追従特性, 外乱抑制特性の改善**：低周波領域で「$|S(j\omega)| \to$ 小」
- **ノイズ除去特性の改善**：高周波領域で「$|T(j\omega)| \to$ 小」

となるようにコントローラ $C(s)$ を設計する. また, 低周波領域では

$$|L(j\omega)| \gg 1 \implies S(j\omega) = \frac{1}{1+L(j\omega)} \simeq \frac{1}{L(j\omega)} \tag{8.38}$$

と近似でき, 高周波領域では

$$|L(j\omega)| \ll 1 \implies T(j\omega) = \frac{L(j\omega)}{1+L(j\omega)} \simeq L(j\omega) \tag{8.39}$$

と近似できるから, 低周波領域で「$|L(j\omega)| \to$ 大 $(|S(j\omega)| \to$ 小$)$」, 高周波領域で「$|L(j\omega)| \to$ 小 $(|T(j\omega)| \to$ 小$)$」となるように周波数整形すれば良い.

　$L(s) := P(s)C(s)$ の周波数整形を以下にまとめる.

周波数整形

(i) **低周波領域**　考慮する目標値 $r(t)$, 外乱 $d(t)$ の周波数成分を低周波領域 $0 < \omega \le \omega_{\mathrm{L}}$ とする. この領域で図 8.19 のように開ループ伝達関数 $L(s)$ のゲイン $|L(j\omega)|$ を大きくし, 感度特性, 目標値追従特性, 外乱抑制特性を改善する. また, 最終値の定理よりステップ状の目標値 $r(t)$ や外乱 $d(t)$ に対する定常偏差が

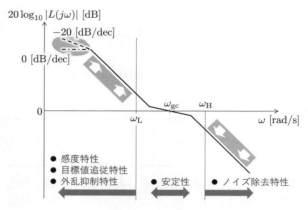

図 8.19 $L(s) := P(s)C(s)$ の周波数整形

$e_\infty = 0$ となるのは

$$\lim_{s \to 0} L(s) = \lim_{\omega \to 0} |L(j\omega)| = \infty \qquad (8.40)$$

のときである．つまり，「$\omega \to 0$」での $20\log_{10}|L(j\omega)|$ の傾きが -20 [dB/dec] 以下（$20\log_{10}|S(j\omega)|$ の傾きが 20 [dB/dec] 以上）のとき $e_\infty = 0$ であり，傾きが 0 [dB/dec] のときは $e_\infty \neq 0$ である．

(ii) ゲイン交差角周波数付近　安定性を確保するため，図 8.19 のようにゲイン交差角周波数 ω_{gc} 付近の $20\log_{10}|L(j\omega)|$ の傾きをゆるやかにし，十分な安定余裕を持たせる必要がある．また，ω_{gc} を大きくすると速応性が向上し，位相余裕 P_{m} を大きくすると安定度が向上する．

(iii) 高周波領域　考慮するノイズ $n(t)$ の周波数成分を高周波領域 $\omega \geq \omega_{\mathrm{H}}$ とする．この領域で図 8.19 のように $|L(j\omega)|$ を小さくし，ノイズ除去特性を改善する．

　PID コントローラを用いると，これらの指標をある程度，実現できる．つまり，指標 (i) を実現するためには $C(s)$ を「比例要素＋積分要素」とすれば良く，指標 (ii) を実現するためには $C(s)$ に「微分要素」を含ませれば良い．また，指標 (iii) を実現するためには $C(s)$ に「1 次遅れ要素」などのローパスフィルタを含ませれば良い．

8.5　MATLAB を利用した演習

8.5.1　安定余裕 (margin)

MATLAB では，関数 "margin" を利用することによって，

- デシベル表示をする前段階のゲイン余裕 $1/|L(j\omega_{\mathrm{pc}})|$ ：(8.12) 式 (p. 169)

- 位相交差角周波数 $\omega_{\rm pc}$ [rad/s]
- 位相余裕 $P_{\rm m}$ [deg]：(8.13) 式 (p. 170)
- ゲイン交差角周波数 $\omega_{\rm gc}$ [rad/s]

を求めることができる．また，出力引数を指定しなければ，ボード線図上にゲイン余裕 $G_{\rm m}$ [dB] と位相余裕 $P_{\rm m}$ [deg] が示される．

たとえば，例 8.7 (p. 173) において $k_{\rm P} = 2$ としたときの結果を得る M ファイルは

```
M ファイル "sample_margin.m" (安定余裕)
1  sysP = tf([1],[1 1])^3;     ……… 伝達関数 P(s) = 1/(s+1)³ の定義
2  kP = 2;  sysC = kP;         ……… 比例コントローラ C(s) = k_P = 2
3  sysL = sysP*sysC;           ……… 開ループ伝達関数 L(s) = P(s)C(s)
4
5  [inv_Ljwpc Pm wpc wgc] = margin(sysL)  ……… 1/|L(jω_pc)|, P_m [deg], ω_pc [rad/s], ω_gc [rad/s]
6  Gm = 20*log10(inv_Ljwpc)    を求め，G_m = 20 log₁₀(1/|L(jω_pc)|) [dB] を計算
7
8  figure(1);  margin(sysL)    ……… Figure 1 にボード線図を描画し，安定余裕を表示
```

となる．M ファイル "`sample_margin.m`" を実行すると，

```
M ファイル "sample_margin.m" の実行結果
>> sample_margin ↵
inv_Ljwpc =  ……… 1/|L(jω_pc)| = 4.0006
   4.0006
Pm =  …………… P_m = 67.6058 [deg]
   67.6058
wpc =  ………… ω_pc = 1.7322 [rad/s]
   1.7322
wgc =  ………… ω_gc = 0.7663 [rad/s]
   0.7663
Gm =  ………… G_m = 12.0424 [dB]
   12.0424
```

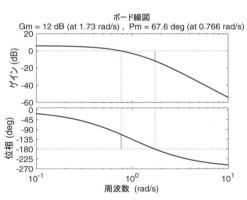

図 8.20 M ファイル "`sample_margin.m`" の実行結果

のように $G_{\rm m}, P_{\rm m}, \omega_{\rm pc}, \omega_{\rm gc}$ が数値的に求まり，これらの値が明示された図 8.20 のボード線図が描画される．得られた結果は，例 8.7 に示した解析的な結果とほぼ一致していることが確認できる．

8.5.2 鉛直面を回転するアームに対する PID 制御系設計

ここでは，例 1.6 (p. 17) で示した鉛直面を回転するアーム系の角度制御を行う PID コントローラを周波数整形の考え方で設計する．ただし，PID コントローラを設計する際には，60 [deg] 程度の位相余裕 $P_{\rm m}$ を持たせる．また，p. 25 に示した M ファイル "`arm_para.m`" がここで示す M ファイルと同じフォルダに保存されているものとする．

(a) P 制御

P コントローラ $C(s) = k_{\rm P}$ において，$k_{\rm P} = 2.5, 5.75, 15$ としたとき，

- 関数 "margin" により開ループ伝達関数 $L(s) = P(s)C(s)$ のボード線図を描画 したうえで安定余裕を求める
- 目標値を $r(t) = 1$ [rad] $(t \geq 0)$ とした単位ステップ応答 $y(t)$ を描画する
- 感度関数 $S(s)$, 相補感度関数 $T(s)$ のゲイン線図を描画する

ことを行う M ファイルを以下に示す.

M ファイル "arm_p_cont.m"

```
1   arm_para      …… "arm_para.m" (p.25) の実行
2   s = tf('s');           …… P(s) の定義
3   sysP = 1/(J*s^2 + c*s + M*g*l);
4
5   txt = {'P (kP = 1)',...
6          'P (kP = 5.75)',...
7          'P (kP = 20)'};
8          …… 凡例 (legend) で使用するテキスト
9   for i = 1:3
10      if i == 1
11          kP = 1;        …… kP = 2.5 に設定
12          sty = '--';    …… 線種を破線に設定
13      elseif i == 2
14          kP = 5.75;     …… kP = 5.75 に設定
15          sty = '-';     …… 線種を実線に設定
16      else
17          kP = 20;       …… kP = 15 に設定
18          sty = '-.';    …… 線種を一点鎖線に
19      end                    設定
20
21      sysC = kP;         …… C(s) の定義
22      sysL = sysP*sysC;  …… L(s)
23
24      figure(i+10)       …… Figure 11〜13 に
25      margin(sysL)          L(s) のボード線図と
26                            安定余裕を表示
27      sysS = minreal(  1/(1 + sysL));
28      sysT = minreal(sysL/(1 + sysL));
29                         …… S(s), T(s)
30      w = logspace(-2,3,1000);
31      [Gg_S Gp_S] = bode(sysS,w);
32      Gg_S = Gg_S(:,:); …… |S(jω)|
33      [Gg_T Gp_T] = bode(sysT,w);
34      Gg_T = Gg_T(:,:); …… |T(jω)|
35      figure(1)
36      semilogx(w,20*log10(Gg_S),sty)
37      hold on
38      figure(2)
39      semilogx(w,20*log10(Gg_T),sty)
40      hold on …… Figure 1, 2 に S(s), T(s)
41                      のゲイン線図を描画
42      t = 0:0.001:1.5;
43      y = step(sysT,t);
44      figure(3)
45      plot(t,y,sty)
46      hold on …… Figure 3 に単位ステップ応答
47   end             y(t) を描画
48
49   figure(1)
50   hold off
51   ylim([-60 20])
52   xlabel('¥omega [rad/s]')
53   ylabel('20log_{10}|S(j{¥omega})| [dB]')
54   legend(txt,'Location','SouthEast')
55   grid on
56
57   figure(2)
58   hold off
59   ylim([-60 20])
60   xlabel('¥omega [rad/s]')
61   ylabel('20log_{10}|T(j{¥omega})| [dB]')
62   legend(txt,'Location','SouthWest')
63   grid on
64
65   figure(3)
66   hold off
67   ylim([0 1.5])
68   xlabel('t [s]')
69   ylabel('y(t) [rad]')
70   legend(txt,'Location','SouthEast')
71   grid on
```

M ファイル "arm_p_cont.m" の実行結果を図 8.21 に示す.

まず, 図 8.21 (a1)〜(a3) に示す $L(s)$ のボード線図と位相余裕 P_m, ゲイン交差角周波数 ω_{gc} の観点から考察を行う. $k_P = 1$ としたとき, 位相余裕が $P_m = 135$ [deg] のように大きな値となるので安定度は高いが, ゲイン交差角周波数は $\omega_{gc} = 1.02$ [rad/s] のように小さな値となるので速応性が良くないことがわかる (図 8.21 (a1), (b) 参照). そこで, k_P を大きくしていくと, 開ループ伝達関数 $L(s)$ のゲインは $k_P = 1$ のときと比べて $20 \log_{10} k_P$ [dB] ほど大きくなる. その結果, 位相余裕 P_m は小さくなるため安定

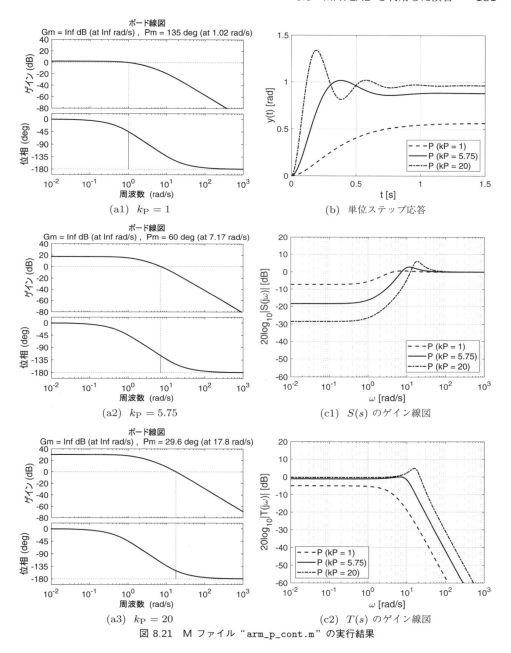

(a1) $k_\mathrm{P} = 1$

(b) 単位ステップ応答

(a2) $k_\mathrm{P} = 5.75$

(c1) $S(s)$ のゲイン線図

(a3) $k_\mathrm{P} = 20$

(c2) $T(s)$ のゲイン線図

図 8.21 M ファイル "`arm_p_cont.m`" の実行結果

度は低くなるが,ゲイン交差角周波数 ω_gc は大きくなるため速応性は向上する.たとえば,$k_\mathrm{P} = 5.75$ で $P_\mathrm{m} = 60$ [deg] ($\omega_\mathrm{gc} = 7.17$ [rad/s]) となり,適度な速応性と安定度となる(図 8.21 (a2), (b) 参照).k_P をさらに大きくし,$k_\mathrm{P} = 20$ とすると $P_\mathrm{m} = 33.1$

[deg] ($\omega_{\mathrm{gc}} = 15.7$ [rad/s]) となり，速応性は向上するが，安定度が低く振動的な時間応答となる (図 8.21 (a3), (b) 参照).

つぎに，図 8.21 (c1), (c2) に示す感度関数 $S(s)$ と相補感度関数 $T(s)$ の周波数整形という観点から考察を行う．図 8.21 (c1) からわかるように，P 制御の場合，「$\omega \to 0$」で $20 \log_{10} |S(j\omega)| \fallingdotseq -20 \log_{10} |L(j\omega)|$ の傾きは 0 [dB/dec] であり，一定値となるので，定常偏差 e_∞ が残る．また，k_{P} が大きいほど「$\omega \to 0$」で $|S(j\omega)|$ が小さくなるので，定常偏差 e_∞ は小さくなる．一方で，図 8.21 (c2) からわかるように，k_{P} が大きいほど $|T(j\omega)|$ の共振ピーク M_{p} が大きくなるので，振動的になる．また，k_{P} を大きくすると高周波領域で $|T(j\omega)|$ が大きくなり，ノイズ除去特性が悪化する．

(b) PI 制御

P 制御では，k_{P} の大小によらず「$\omega \to 0$」で $20 \log_{10} |S(j\omega)|$ の傾きが 0 [dB/dec] となるため，定常偏差 e_∞ が必ず残ってしまう．そこで，PI コントローラ

$$C(s) = k_{\mathrm{P}}\left(1 + \frac{1}{T_{\mathrm{I}}s}\right) \tag{8.41}$$

を用いることにより，定常偏差を $e_\infty = 0$ とすることを考える．

(8.41) 式の比例ゲインを $k_{\mathrm{P}} = 5.75$ に固定し，積分時間を $T_{\mathrm{I}} = 2, 0.75, 0.35$ のように変化させ，積分動作の効果を高める．このとき，$L(s)$ のボード線図，単位ステップ応答，$S(s)$, $T(s)$ のゲイン線図を描画する M ファイルを以下に示す．

```
M ファイル "arm_pi_cont.m"
1   arm_para
2   s = tf('s');
3   sysP = 1/(J*s^2 + c*s + M*g*l);
4
5   txt = {'PI (kP = 5.75,  TI = 2)',...
6          'PI (kP = 5.75,  TI = 0.75)',...
7          'PI (kP = 5.75,  TI = 0.35)'};
8
9   for i = 1:3
10      if i == 1
11          kP = 5.75;  TI = 2;
12          sty = '--';
13      elseif i == 2
14          kP = 5.75;  TI = 0.75;
15          sty = '-';
16      else
17          kP = 5.75;  TI = 0.35;
18          sty = '-.';
19      end
20
21      sysC = kP*(1 + 1/(TI*s));
22      sysL = sysP*sysC;

      "arm_pcont.m" (p. 180) の 23〜71 行目
```

M ファイル "`arm_pi_cont.m`" の実行結果を図 8.22 に示す．PI 制御では低周波領域で $|L(j\omega)|$ を大きくする反面，$\angle L(j\omega)$ を最大で 90 [deg] 遅らせる．その結果，図 8.22 より以下のことが確認できる．

- 積分時間 $T_{\mathrm{I}} > 0$ を与えることで，「$\omega \to 0$」での $20 \log_{10} |L(j\omega)|$ の傾きが -20 [dB/dec] となる ($20 \log_{10} |S(j\omega)|$ の傾きが 20 [dB/dec] となる) ので，定常偏差を $e_\infty = 0$ とすることができる．
- 積分時間 T_{I} が小さい (積分動作の効果を高める) ほど低周波領域で $|L(j\omega)|$ が大

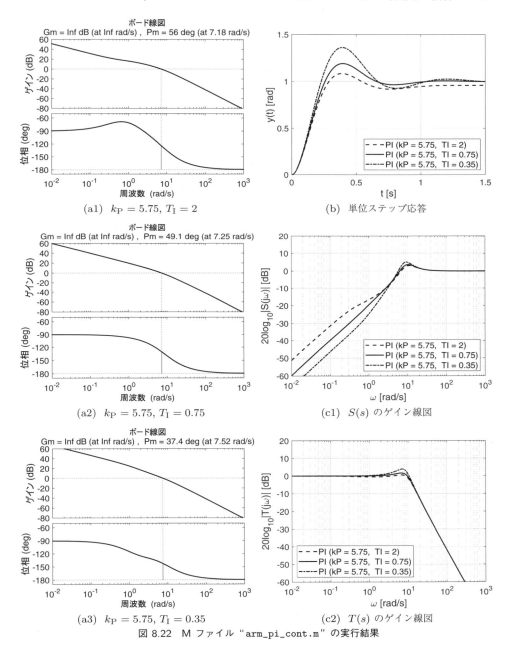

(a1) $k_P = 5.75, T_I = 2$

(b) 単位ステップ応答

(a2) $k_P = 5.75, T_I = 0.75$

(c1) $S(s)$ のゲイン線図

(a3) $k_P = 5.75, T_I = 0.35$

(c2) $T(s)$ のゲイン線図

図 8.22 M ファイル "`arm_pi_cont.m`" の実行結果

きく ($|S(j\omega)|$ が小さく) なるので,定常偏差 e_∞ を 0 にする働きが強くなる.

- 積分時間 T_I を小さくすると,位相余裕 P_m が小さくなり,$|T(j\omega)|$ の共振ピーク M_p が大きくなるので,安定度が低下し,振動的な単位ステップ応答となる.

- 積分時間 T_I を変化させても高周波領域における $|T(j\omega)|$ に影響を与えないから，ノイズ除去特性は変わらない．

つぎに，$T_I = 0.75$ としたときの単位ステップ応答の振動を抑えるため，位相余裕 P_m が 60 [deg] 程度となるように，比例ゲインを $k_P = 5.75$ から $k_P = 3.32$ のように小さくする．このときの周波数特性と時間応答を確認する M ファイルを以下に示す．

```
M ファイル "arm_pi_cont2.m"
1   arm_para
2   s = tf('s');
3   sysP = 1/(J*s^2 + c*s + M*g*l);
4
5   txt = {'PI (kP = 3.32,  TI = 0.75)',...
6          'PI (kP = 5.75,  TI = 0.75)'};
7
8   for i = 1:2
9       if i == 1
10          kP = 3.32;  TI = 0.75;
```

```
11          sty = '-';
12      else
13          kP = 5.75;  TI = 0.75;
14          sty = '--';
15      end
16
17      sysC = kP*(1 + 1/(TI*s));
18      sysL = sysP*sysC;
        "arm_pcont.m" (p. 180) の 23〜71 行目
```

M ファイル "arm_pi_cont2.m" の実行結果を図 8.23 に示す．$k_P = 5.75$ とした P 制

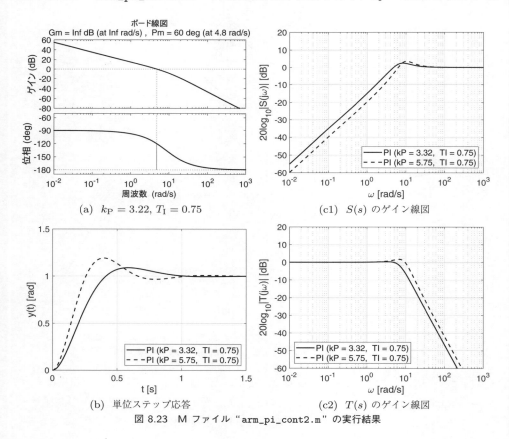

(a) $k_P = 3.22, T_I = 0.75$ (c1) $S(s)$ のゲイン線図

(b) 単位ステップ応答   (c2) $T(s)$ のゲイン線図

図 8.23 M ファイル "arm_pi_cont2.m" の実行結果

御と同程度の位相余裕をもたせているので，オーバーシュートを 10 ％ 程度に抑えることができた．しかし，ゲイン交差角周波数が $\omega_{gc} = 4.8$ [rad/s] となり，$k_P = 5.75$ とした P 制御のとき ($\omega_{gc} = 7.17$ [rad/s]) と比べて小さくなるため，速応性が悪化することがわかる．

(c) PID 制御

PI 制御では位相が低周波領域で最大で 90 [deg] 遅らせるため，P 制御よりも速応性が悪化した．この問題点を改善するために微分動作を付加した PID コントローラ

$$C(s) = k_P\left(1 + \frac{1}{T_I s} + \frac{T_D s}{1 + T_f s}\right) \tag{8.42}$$

を用いることを考える．ただし，微分動作は不完全微分を利用する (角速度 $\dot{\theta}(t)$ を 1 次遅れ要素のローパスフィルタ $1/(1 + T_f s)$ に通してから利用する)．

まず，$T_f = 0$ として (8.42) 式の比例ゲインを $k_P = 5.75$，積分時間を $T_I = 0.75$ に固定する．つぎに，微分時間 T_D を大きくすると位相余裕 P_m が大きくなるので，$P_m = 60$ [deg] 程度となるように $T_D = 0.026$ とする．最後に，位相余裕 P_m の大きさを損なわない範囲で時定数 T_f を大きくし，たとえば $T_f = T_D/2$ とする．このときの周波数特性と時間応答を確認する M ファイルを以下に示す．

M ファイル "arm_pid_cont.m"

```
1    arm_para
2    s = tf('s');
3    sysP = 1/(J*s^2 + c*s + M*g*l);
4
5    txt = {'PID (TD = 0.026, Tf = 0)',...
6           'PID (TD = 0.026, Tf = TD/2)',...
7           'PI (TD = 0)'};
8
9    for i = 1:3
10       if i == 1
11           kP = 5.75;  TI = 0.75;  TD = 0.026;  Tf = 0;
12           sty = '--';
13       elseif i == 2
14           kP = 5.75;  TI = 0.75;  TD = 0.026;  Tf = TD/2;
15           sty = '-';
16       else
17           kP = 5.75;  TI = 0.75;  TD = 0;  Tf = 0;
18           sty = '-.';
19       end
20
21       sysC = kP*(1 + 1/(TI*s) + TD*s/(1 + Tf*s));
22       sysL = sysP*sysC;
   ⋮   "arm_pcont.m" (p. 180) の 23 ～ 46 行目
47
48       figure(4)
49       bode(sysC,w,sty);
```

```
50        hold on
51    end
⋮    "arm_pcont.m" (p. 180) の 48 ~ 71 行目
```

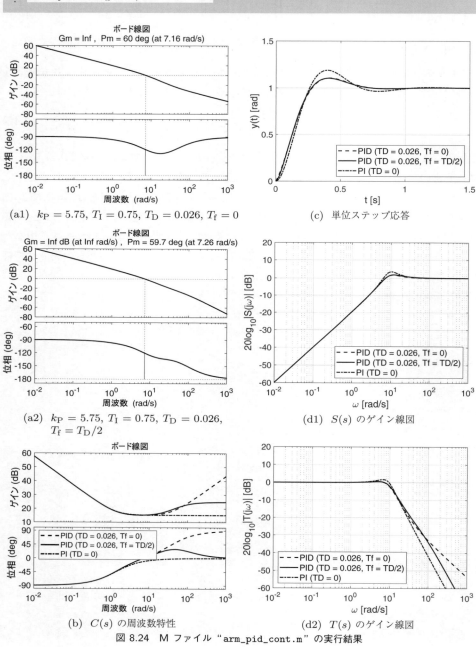

(a1) $k_\mathrm{P} = 5.75$, $T_\mathrm{I} = 0.75$, $T_\mathrm{D} = 0.026$, $T_\mathrm{f} = 0$

(c) 単位ステップ応答

(a2) $k_\mathrm{P} = 5.75$, $T_\mathrm{I} = 0.75$, $T_\mathrm{D} = 0.026$, $T_\mathrm{f} = T_\mathrm{D}/2$

(d1) $S(s)$ のゲイン線図

(b) $C(s)$ の周波数特性

(d2) $T(s)$ のゲイン線図

図 8.24 M ファイル "arm_pid_cont.m" の実行結果

```
77  figure(4)
78  hold off
79  legend(txt,'Location','NorthWest')
```

M ファイル "arm_pid_cont.m" を実行すると，図 8.24 の結果が得られる．

$T_\mathrm{f} = 0$ とした PID 制御では，図 8.24 より以下のことが確認できる．

- 位相余裕が $P_\mathrm{m} = 60$ [deg] 程度となるようにゲインを決定しているので，$k_\mathrm{P} = 5.75$ とした P 制御 (図 8.21 (a2), (b) 参照 (p. 181)) と同様，単位ステップ応答のオーバーシュートは 10 % 程度である．
- ゲイン交差角周波数は $\omega_\mathrm{gc} = 7.16$ [rad/s] であり，$k_\mathrm{P} = 5.75$ とした P 制御 ($\omega_\mathrm{gc} = 7.17$ [rad/s]) と同程度なので，速応性が損なわれていない．
- $T_\mathrm{D} = 0$ とした PI 制御と比べると，D 動作により $\omega = 1/T_\mathrm{D} \simeq 38.46$ のあたりから $|T(j\omega)| \simeq |L(j\omega)|$ が 20 [dB/dec] で増加する．そのため，高周波のノイズの影響が大きい．

それに対し，$T_\mathrm{f} = T_\mathrm{D}/2$ とした PID 制御では，$|T(j\omega)| \simeq |L(j\omega)|$ を高周波で小さくすることができ，ノイズ除去特性が改善されることがわかる．

8.5.3 周波数整形による PID コントローラ設計 (pidtune)

MATLAB では，関数 "pidtune"[注6] を利用すると，周波数整形の考え方により表 8.1 に示す形式[注7] の PID コントローラのパラメータ $k_\mathrm{P}, k_\mathrm{I}, k_\mathrm{D}, T_\mathrm{f}$ を自動的に調整することができる．

関数 "pidtune" の入力引数や表 8.2 に示すオプションについての補足を以下に示す．

- 目標とするゲイン交差角周波数 ω_gc を指定してから設計するには，

```
wgc = 2;                          …………… ω_gc = 2 [rad/s] に設定
sysC = pidtune(sysP,'PIDF',wgc)   ……… PID パラメータの自動調整
```

とするか，もしくは

```
opts = pidtuneOptions;            ………………… 関数 " pidtune " の設定値を opts とする
opts.CrossoverFrequency = 2;      …………… ω_gc = 2 [rad/s] に設定
sysC = pidtune(sysP,'PIDF',opts)  ……… PID パラメータの自動調整
```

とする．ここで，ω_gc を大きくすると，速応性が改善されることに注意する．sysC に含まれる PID パラメータはそれぞれ以下のように抜き出すことができる．

[注6] 本書では省略するが，関数 "pidTuner" を利用すると，PID チューナー GUI が起動し，視覚的に PID パラメータを自動調整することができる．

[注7] 本書では省略するが，'PI-D', 'PI-DF', 'I-PD', 'I-PDF' などと指定することによって PI–D コントローラや I–PD コントローラなどといった 2 自由度 PID コントローラ (6.65) 式 (p. 132) の設計もサポートされている．詳細は，

```
>> doc pidtune ↵
```

と入力して，MATLAB のドキュメンテーションを参照すること．

表 8.1　関数 "pidtune", "pidTuner" により設計できる PID コントローラの形式

文字列	コントローラの形式		自動調節するパラメータ
'P'	P コントローラ	$C(s) = k_\mathrm{P}$	k_P ($k_\mathrm{I} = 0$, $k_\mathrm{D} = 0$, $T_\mathrm{f} = 0$)
'I'	I コントローラ	$C(s) = \dfrac{k_\mathrm{I}}{s}$	k_I ($k_\mathrm{P} = 0$, $k_\mathrm{D} = 0$, $T_\mathrm{f} = 0$)
'PD'	PD コントローラ	$C(s) = k_\mathrm{P} + k_\mathrm{D}s$	k_P, k_D ($k_\mathrm{I} = 0$, $T_\mathrm{f} = 0$)
'PI'	PI コントローラ	$C(s) = k_\mathrm{P} + \dfrac{k_\mathrm{I}}{s}$	k_P, k_I ($k_\mathrm{D} = 0$, $T_\mathrm{f} = 0$)
'PID'	PID コントローラ	$C(s) = k_\mathrm{P} + \dfrac{k_\mathrm{I}}{s} + k_\mathrm{D}s$	k_P, k_I, k_D ($T_\mathrm{f} = 0$)
'PDF'	PD コントローラ (不完全微分)	$C(s) = k_\mathrm{P} + k_\mathrm{D}\dfrac{s}{1 + T_\mathrm{f}s}$	k_P, k_D, T_f ($k_\mathrm{I} = 0$)
'PIDF'	PID コントローラ (不完全微分)	$C(s) = k_\mathrm{P} + \dfrac{k_\mathrm{I}}{s} + k_\mathrm{D}\dfrac{s}{1 + T_\mathrm{f}s}$	k_P, k_I, k_D, T_f

表 8.2　"pidtuneOptions" における設定値 (抜粋)

設定パラメータ	設定値	デフォルト
CrossoverFrequency	目標とするゲイン交差角周波数 ω_gc [rad/s] の値	—
PhaseMargin	目標とする位相余裕 P_m [deg] の値	60
DesignFocus[(注8)]	'balanced' (目標値追従と外乱抑制のバランスを重視) 'reference-tracking' (目標値追従を重視) 'disturbance-rejection' (外乱抑制を重視)	'balanced'

```
kP = sysC.Kp   ……… 比例ゲイン kP          kD = sysC.Kd   ……… 微分ゲイン kD
kI = sysC.Ki   ……… 積分ゲイン kI          Tf = sysC.Tf   ……… フィルタの時定数 Tf
```

- 目標とする位相余裕 P_m の値を設定してから設計するには,

```
opts = pidtuneOptions;          ……………………… 関数 " pidtune " の設定値を opts とする
opts.PhaseMargin = 45;          ……………………… Pm = 45 [deg] に設定
sysC = pidtune(sysP,'PIDF',opts) ……… PID パラメータの自動調整
```

とする. ここで, P_m を大きくすると, 安定度が高くなることに注意する.

- 目標値追従と外乱抑制のいずれを重視するのか, あるいは両者のバランスを重視するのかを設定してから設計するには,

```
opts = pidtuneOptions;          ……………………… 関数 " pidtune " の設定値を opts とする
opts.DesignFocus = 'disturbance-rejection';   ……………………… 外乱抑制を重視
sysC = pidtune(sysP,'PIDF',opts) ……… PID パラメータの自動調整
```

などとする. デフォルトは 'balanced' であるが, P_m, ω_gc を目標とする値に一致させることを重視する場合は, 'disturbance-rejection' と設定する.

- 2 番目の出力引数 info を

```
[sysC info] = pidtune(sysP,'PIDF')   … 2 番目の出力引数 info を設定
```

のように設定することにより, 設計された PID 制御系が安定かどうか (安定である場合は 1 が表示される) や, PID 制御系のゲイン交差角周波数 ω_gc, 位相余裕 P_m の値を得ることができる. これらの値はそれぞれ

[(注8)] DesignFocus を設定できるのは R2015a 以降のバージョンである.

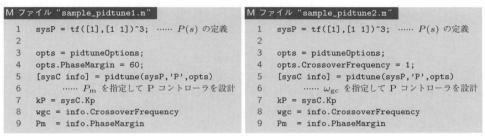

として抜き出すこともできる.

たとえば,関数 "**pidtune**" を利用し,**例 8.6** (p. 170) で示した P コントローラの設計結果を得るための M ファイルは以下のようになる.

M ファイル "sample_pidtune1.m"
```
1  sysP = tf([1],[1 1])^3;  ……  P(s) の定義
2
3  opts = pidtuneOptions;
4  opts.PhaseMargin = 60;
5  [sysC info] = pidtune(sysP,'P',opts)
6        ……  Pm を指定して P コントローラを設計
7  kP = sysC.Kp
8  wgc = info.CrossoverFrequency
9  Pm  = info.PhaseMargin
```

M ファイル "sample_pidtune2.m"
```
1  sysP = tf([1],[1 1])^3;  ……  P(s) の定義
2
3  opts = pidtuneOptions;
4  opts.CrossoverFrequency = 1;
5  [sysC info] = pidtune(sysP,'P',opts)
6        ……  ωgc を指定して P コントローラを設計
7  kP = sysC.Kp
8  wgc = info.CrossoverFrequency
9  Pm  = info.PhaseMargin
```

これら M ファイルを実行すると,

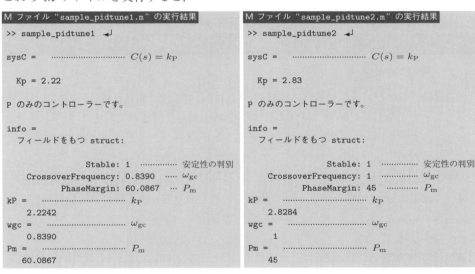

となり,**例 8.6** と同様の結果が得られる.

第 **9** 章

現代制御

　前章までは制御対象やコントローラを伝達関数で表すことによって制御系解析/設計を行う，いわゆる**古典制御**について説明した．古典制御は低次の 1 入力 1 出力系の制御対象に対しては有用であるが，高次系や多入力多出力系の制御対象に対しては，取り扱いが困難である．それに対し，**現代制御**では，制御対象を状態空間表現と呼ばれるモデルで記述することによって，高次系や多入力多出力系を低次の 1 入力 1 出力系と同様に取り扱うことができる．ここでは，現代制御の基本的な考え方を説明する．

9.1　状態空間表現と安定性

9.1.1　状態空間表現

　伝達関数表現はシステムの入出力関係のみに注目しており，システムの内部信号がどのようなふるまいをしているのかを考慮していない．また，信号の初期値をすべて 0 としており，初期値が 0 とは限らない場合を考慮していない．このような問題に対処するため，システムの入出力関係だけでなく内部状態も考慮した**状態空間表現**が知られている．

　状態空間表現は**状態変数**[注1] と呼ばれるシステムの内部信号 $x(t)$ （$n \times 1$ ベクトル）を用い，**状態方程式**と呼ばれる 1 階の微分方程式と**出力方程式**と呼ばれる代数方程式とで記述される．とくに，システムが線形微分方程式 (1.1) 式 (p. 7) で記述される場合，状態空間表現は

> **状態空間表現**
>
> | **状態方程式** | $\dot{x}(t) = Ax(t) + Bu(t)$ | (9.1) |
> |---|---|---|
> | **出力方程式** | $y(t) = Cx(t) + Du(t)$ | (9.2) |

となる[注2]．ただし，A：$n \times n$ 行列，B：$n \times 1$ ベクトル，C：$1 \times n$ ベクトル，D：スカラーである．このように，操作量 $u(t)$，制御量 $y(t)$ が共にスカラーであるような

[注1] 状態変数に必ずしも物理的な意味合いを持たせる必要はないが，物理的な意味を持たせて位置，速度，電荷，電流，水位などを状態変数に選ぶことが多い．

[注2] MATLAB では，関数 "ss" により状態空間表現を定義することができる．9.6.1 項 (p. 209) にその使用例を示す．

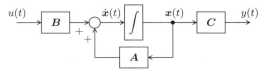

図 9.1　状態空間表現のブロック線図 $(D = 0)$

システムを **1 入出力系** (1 入力 1 出力系) と呼ぶ[注3]．また，(1.1) 式において $n > m$ (真にプロパー) の場合は $D = 0$ であり，このときの状態空間表現をブロック線図で表すと図 9.1 のようになる．

例 9.1 ··· 鉛直面を回転するアーム系の状態空間表現

例 1.6 (p. 17) で示したように，鉛直面を回転するアーム系の運動方程式 (1.39) 式 (p. 17) を $\theta(t) = 0$ 近傍で線形化すると，

$$J\ddot{\theta}(t) + c\dot{\theta}(t) + Mgl\theta(t) = \tau(t) \tag{9.3}$$

となる．ここで，状態変数 $\boldsymbol{x}(t)$，操作量 $u(t)$，制御量 $y(t)$ を

$$\boldsymbol{x}(t) = \begin{bmatrix} x_1(t) \\ x_2(t) \end{bmatrix} = \begin{bmatrix} \theta(t) \\ \dot{\theta}(t) \end{bmatrix}, \quad u(t) = \tau(t), \quad y(t) = \theta(t) \tag{9.4}$$

と選ぶと，

$$\dot{x}_1(t) = \dot{\theta}(t) = x_2(t)$$
$$= 0 \times x_1(t) + 1 \times x_2(t) + 0 \times u(t) \tag{9.5}$$

$$\dot{x}_2(t) = \ddot{\theta}(t) = \frac{1}{J}\left(-c\dot{\theta}(t) - Mgl\theta(t) + \tau(t)\right)$$
$$= -\frac{Mgl}{J}x_1(t) - \frac{c}{J}x_2(t) + \frac{1}{J}u(t) \tag{9.6}$$

$$y(t) = \theta(t) = x_1(t)$$
$$= 1 \times x_1(t) + 0 \times x_2(t) + 0 \times u(t) \tag{9.7}$$

となる．したがって，(9.3) 式を状態空間表現 (9.1), (9.2) 式で表したときの係数 $\boldsymbol{A}$, $\boldsymbol{B}$, $\boldsymbol{C}$, D は，(9.5)〜(9.7) 式より以下のようになる．

$$\boldsymbol{A} = \begin{bmatrix} 0 & 1 \\ -\dfrac{Mgl}{J} & -\dfrac{c}{J} \end{bmatrix}, \quad \boldsymbol{B} = \begin{bmatrix} 0 \\ \dfrac{1}{J} \end{bmatrix}, \quad \boldsymbol{C} = \begin{bmatrix} 1 & 0 \end{bmatrix}, \quad D = 0 \tag{9.8}$$

9.1.2　状態空間表現と伝達関数表現との関係

状態空間表現 (9.1), (9.2) 式が与えられたとき，これを容易に伝達関数表現に変換することができる．初期状態を $\boldsymbol{x}(0) = \boldsymbol{0}$ とし，(9.1), (9.2) 式をラプラス変換すると，

$$s\boldsymbol{x}(s) = \boldsymbol{A}\boldsymbol{x}(s) + \boldsymbol{B}u(s) \quad \Longrightarrow \quad \boldsymbol{x}(s) = (s\boldsymbol{I} - \boldsymbol{A})^{-1}\boldsymbol{B}u(s) \tag{9.9}$$

[注3] 操作量や制御量が複数個あるシステムを**多入力多出力系**と呼ぶ．状態空間表現は多入力多出力系を 1 入出力系と同様に扱えるという利点があるが，本書では 1 入出力系のみを扱う．

$$y(s) = \boldsymbol{C}\boldsymbol{x}(s) + Du(s)$$
$$= \left\{ \boldsymbol{C}(s\boldsymbol{I} - \boldsymbol{A})^{-1}\boldsymbol{B} + D \right\}u(s) \tag{9.10}$$

となる．したがって，伝達関数 $P(s) := y(s)/u(s)$ が次式のように唯一に定まる．

> **状態空間表現から伝達関数表現への変換**
>
> $$P(s) = \boldsymbol{C}(s\boldsymbol{I} - \boldsymbol{A})^{-1}\boldsymbol{B} + D \tag{9.11}$$

例 9.2 ··· 状態空間表現から伝達関数表現への変換

　例 1.6 (p. 17) で示した鉛直面を回転するアーム系の状態空間表現を伝達関数表現で表してみよう．(9.8) 式を (9.11) 式に代入すると，

$$P(s) = \begin{bmatrix} 1 & 0 \end{bmatrix} \left(s\begin{bmatrix} 1 & 0 \\ 0 & 1 \end{bmatrix} - \begin{bmatrix} 0 & 1 \\ -\dfrac{Mgl}{J} & -\dfrac{c}{J} \end{bmatrix} \right)^{-1} \begin{bmatrix} 0 \\ \dfrac{1}{J} \end{bmatrix} + 0$$

$$= \dfrac{\dfrac{1}{J}}{s^2 + \dfrac{c}{J}s + \dfrac{Mgl}{J}} = \dfrac{1}{Js^2 + cs + Mgl} \tag{9.12}$$

が得られる．(9.12) 式は **例 1.6** で得られた伝達関数 (1.45) 式 (p. 18) において，$y_{\mathrm{e}} = 0$ としたものに一致する．

　一方，状態変数の選び方は無数にあるので，状態空間表現は唯一ではない．そのため，標準的な状態空間表現の形式がいくつか知られており，ここでは，伝達関数表現を可制御標準形と呼ばれる状態空間表現に変換する方法を説明する．

例 9.3 ····························· 伝達関数表現から状態空間表現 (可制御標準形) への変換

　真にプロパーな伝達関数表現

$$y(s) = P(s)u(s),$$
$$P(s) = \frac{N_{\mathrm{p}}(s)}{D_{\mathrm{p}}(s)} = \frac{b_1 s + b_0}{s^2 + a_1 s + a_0} \tag{9.13}$$

が与えられたとき，これを **可制御標準形** と呼ばれる状態空間表現に変換してみよう．

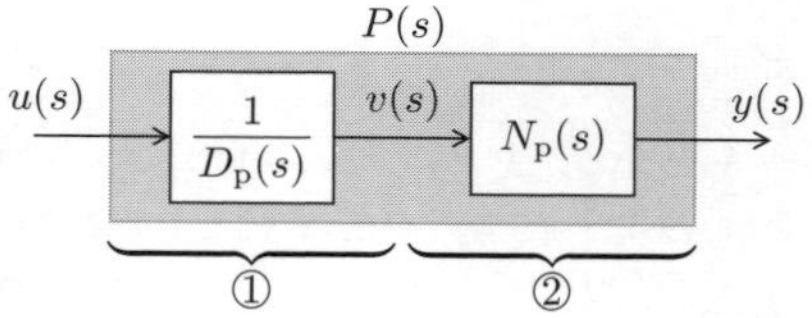

　伝達関数表現 (9.13) 式を 図 9.2 のように直列結合で表す．このとき，① の部分は線形微分方程式

図 9.2　直列結合と中間変数 $v(s)$

$$v(s) := \frac{1}{D_{\mathrm{p}}(s)}u(s) \implies (s^2 + a_1 s + a_0)v(s) = u(s)$$
$$\implies \ddot{v}(t) + a_1\dot{v}(t) + a_0 v(t) = u(t) \tag{9.14}$$

であるので，状態変数を

$$\boldsymbol{x}(t) = \begin{bmatrix} x_1(t) \\ x_2(t) \end{bmatrix} := \begin{bmatrix} v(t) \\ \dot{v}(t) \end{bmatrix} \tag{9.15}$$

と定義すると，状態方程式

$$\begin{bmatrix} \dot{x}_1(t) \\ \dot{x}_2(t) \end{bmatrix} = \begin{bmatrix} 0 & 1 \\ -a_0 & -a_1 \end{bmatrix} \begin{bmatrix} x_1(t) \\ x_2(t) \end{bmatrix} + \begin{bmatrix} 0 \\ 1 \end{bmatrix} u(t) \tag{9.16}$$

が得られる. 一方, **図 9.2** の ② の部分を書き換えると, 出力方程式

$$y(s) = N_{\mathrm{p}}(s)v(s) = (b_1 s + b_0)v(s)$$

$$\implies \quad y(t) = b_1 \dot{v}(t) + b_0 v(t) = \begin{bmatrix} b_0 & b_1 \end{bmatrix} \begin{bmatrix} x_1(t) \\ x_2(t) \end{bmatrix} \tag{9.17}$$

が得られる.

たとえば, (9.12) 式の伝達関数 $P(s)$ は, (9.13) 式において $a_1 = c/J$, $a_0 = Mgl/J$, $b_1 = 0$, $b_0 = 1/J$ とおいたものである. このとき,

$$\boldsymbol{A} = \begin{bmatrix} 0 & 1 \\ -a_0 & -a_1 \end{bmatrix} = \begin{bmatrix} 0 & 1 \\ -\dfrac{Mgl}{J} & -\dfrac{c}{J} \end{bmatrix}, \quad \boldsymbol{B} = \begin{bmatrix} 0 \\ 1 \end{bmatrix} \tag{9.18a}$$

$$\boldsymbol{C} = \begin{bmatrix} b_0 & b_1 \end{bmatrix} = \begin{bmatrix} \dfrac{1}{J} & 0 \end{bmatrix} \tag{9.18b}$$

となり, (9.8) 式とは異なる形式である. これは, 状態変数 $\boldsymbol{x}(t)$ の選び方が異なるからである.

このように, 真にプロパーな伝達関数表現

$$y(s) = P(s)u(s), \quad P(s) = \frac{N_{\mathrm{p}}(s)}{D_{\mathrm{p}}(s)} = \frac{b_{n-1}s^{n-1} + \cdots + b_1 s + b_0}{s^n + a_{n-1}s^{n-1} + \cdots + a_1 s + a_0} \tag{9.19}$$

は, 以下の可制御標準形と呼ばれる状態空間表現に変換できる.

状態空間表現 (可制御標準形)

$$\begin{bmatrix} \dot{x}_1(t) \\ \dot{x}_2(t) \\ \vdots \\ \vdots \\ \dot{x}_n(t) \end{bmatrix} = \begin{bmatrix} 0 & 1 & 0 & \cdots & \cdots & 0 \\ \vdots & 0 & 1 & 0 & \cdots & 0 \\ \vdots & \vdots & \ddots & \ddots & \ddots & \vdots \\ \vdots & \vdots & & \ddots & \ddots & 0 \\ 0 & 0 & \cdots & \cdots & 0 & 1 \\ -a_0 & -a_1 & \cdots & \cdots & \cdots & -a_{n-1} \end{bmatrix} \begin{bmatrix} x_1(t) \\ x_2(t) \\ \vdots \\ \vdots \\ x_n(t) \end{bmatrix} + \begin{bmatrix} 0 \\ \vdots \\ \vdots \\ 0 \\ 1 \end{bmatrix} u(t) \tag{9.20}$$

$$y(t) = \begin{bmatrix} b_0 & b_1 & \cdots & \cdots & \cdots & b_{n-1} \end{bmatrix} \begin{bmatrix} x_1(t) \\ x_2(t) \\ \vdots \\ \vdots \\ x_n(t) \end{bmatrix} \tag{9.21}$$

また, 導出手順は省略するが, **可観測標準形**と呼ばれる以下の状態空間表現に変換することもできる.

状態空間表現 (可観測標準形)

$$
\begin{bmatrix} \dot{\xi}_1(t) \\ \dot{\xi}_2(t) \\ \vdots \\ \\ \\ \dot{\xi}_n(t) \end{bmatrix} = \begin{bmatrix} 0 & \cdots & \cdots & \cdots & 0 & -a_0 \\ 1 & 0 & \cdots & \cdots & 0 & -a_1 \\ 0 & 1 & \ddots & & \vdots & \vdots \\ \vdots & 0 & \ddots & \ddots & \vdots & \vdots \\ \vdots & \vdots & \ddots & 0 & \vdots \\ 0 & 0 & \cdots & 0 & 1 & -a_{n-1} \end{bmatrix} \begin{bmatrix} \xi_1(t) \\ \xi_2(t) \\ \vdots \\ \\ \\ \xi_n(t) \end{bmatrix} + \begin{bmatrix} b_0 \\ b_1 \\ \vdots \\ \\ \\ b_{n-1} \end{bmatrix} u(t) \tag{9.22}
$$

$$
y(t) = \begin{bmatrix} 0 & \cdots & \cdots & \cdots & 0 & 1 \end{bmatrix} \begin{bmatrix} \xi_1(t) \\ \xi_2(t) \\ \vdots \\ \\ \\ \\ \xi_n(t) \end{bmatrix} \tag{9.23}
$$

問題 9.1 例 1.5 (p. 15) に示したマス・ばね・ダンパ系の運動方程式

$$
M\ddot{z}(t) + c\dot{z}(t) + kz(t) = f(t) \tag{9.24}
$$

において，$u(t) = f(t)$, $y(t) = z(t)$, $\boldsymbol{x}(t) = \begin{bmatrix} z(t) & \dot{z}(t) \end{bmatrix}^\top$ としたとき，状態空間表現の係数を求めよ．また，(9.11) 式により状態空間表現を伝達関数表現に変換せよ．

問題 9.2 伝達関数表現

$$
y(s) = P(s)u(s), \quad P(s) = \frac{5s + 6}{s^3 + 2s^2 + 3s + 4} \tag{9.25}
$$

が与えられたとき，可制御標準形，可観測標準形の状態空間表現の係数を求めよ．

9.1.3 安定性

(9.11) 式 (p. 192) の分母と分子で約分を生じていないとき，$n \times n$ 行列 $\boldsymbol{A}$ の固有値，すなわち，特性方程式

$$
|s\boldsymbol{I} - \boldsymbol{A}| = 0 \tag{9.26}
$$

の解 $s = p_i$ $(i = 1, 2, \ldots, n)$ は伝達関数 $P(s)$ の極に等しい．このとき，状態空間表現で記述されたシステムの安定性に関する条件は以下のようになる．

安定性の必要十分条件

$\boldsymbol{A}$ の固有値 (システムの極 [注4]) $\boldsymbol{p_i}$ の実部がすべて負であれば，そのときに限りシステム (9.1), (9.2) 式は安定である．

この条件は 3.1.1 項 (p. 49) で述べた安定性に対応している．

[注4] MATLAB では関数 "pole" や "eig" によりシステムの極を求めることができる．9.6.2 項 (p. 210) にその使用例を示す．

9.2 零入力応答と遷移行列

9.2.1 零入力応答

まず, (9.1), (9.2) 式において $u(t) = 0$ とした**零入力系**

$$\begin{cases} \dot{\boldsymbol{x}}(t) = \boldsymbol{A}\boldsymbol{x}(t), \quad \boldsymbol{x}(0) = \boldsymbol{x}_0 \\ y(t) = \boldsymbol{C}\boldsymbol{x}(t) \end{cases} \tag{9.27}$$

を考える. 零入力系 (9.27) 式における状態方程式の解 $\boldsymbol{x}(t)$ は

$$\boldsymbol{x}(t) = e^{\boldsymbol{A}t}\boldsymbol{x}_0 \tag{9.28}$$

で与えられる. ここで, $e^{\boldsymbol{A}t}$ は**遷移行列 (行列指数関数)** と呼ばれ,

遷移行列 (行列指数関数) の定義

$$e^{\boldsymbol{A}t} := \boldsymbol{I} + t\boldsymbol{A} + \frac{t^2}{2!}\boldsymbol{A}^2 + \cdots + \frac{t^k}{k!}\boldsymbol{A}^k + \cdots \tag{9.29}$$

で定義される無限級数である [注5]. (9.28) 式が (9.27) 式の解であることは,

$$\begin{aligned} \frac{\mathrm{d}}{\mathrm{d}t}e^{\boldsymbol{A}t} &= \boldsymbol{O} + \boldsymbol{A} + t\boldsymbol{A}^2 + \cdots + \frac{t^{k-1}}{(k-1)!}\boldsymbol{A}^k + \cdots \\ &= \boldsymbol{A}\left\{\boldsymbol{I} + t\boldsymbol{A} + \cdots + \frac{t^{k-1}}{(k-1)!}\boldsymbol{A}^{k-1} + \cdots\right\} = \boldsymbol{A}e^{\boldsymbol{A}t} \end{aligned} \tag{9.30}$$

$$e^{\boldsymbol{A}\times 0} = \boldsymbol{I} \tag{9.31}$$

より (9.28) 式の時間微分が

$$\dot{\boldsymbol{x}}(t) = \left(\frac{\mathrm{d}}{\mathrm{d}t}e^{\boldsymbol{A}t}\right)\boldsymbol{x}_0 = \boldsymbol{A}e^{\boldsymbol{A}t}\boldsymbol{x}_0 = \boldsymbol{A}\boldsymbol{x}(t) \tag{9.32}$$

であり, (9.28) 式の初期値が

$$\boldsymbol{x}(0) = e^{\boldsymbol{A}\times 0}\boldsymbol{x}_0 = \boldsymbol{I}\boldsymbol{x}_0 = \boldsymbol{x}_0 \tag{9.33}$$

であることから容易に確かめられる. また, $u(t) = 0$, $\boldsymbol{x}(0) = \boldsymbol{x}_0$ としたときの時間応答 $y(t)$ を**零入力応答**といい, 次式のようになる [注6].

零入力応答

$$y(t) = \boldsymbol{C}e^{\boldsymbol{A}t}\boldsymbol{x}_0 \tag{9.34}$$

[注5] スカラー a に対する指数関数 e^{at} のマクローリン展開

$$e^{at} = 1 + ta + \frac{t^2}{2!}a^2 + \cdots + \frac{t^k}{k!}a^k + \cdots$$

を行列 $\boldsymbol{A}$ に拡張したものである.

[注6] MATLAB では, 関数 "initial" により零入力応答を描画することができる. 9.6.1 項 (p. 209) にその使用例を示す.

9.2.2 遷移行列の計算

遷移行列 $e^{\boldsymbol{A}t}$ を定義式 (9.29) 式により求めるのは困難なので，ラプラス変換を利用して求めることが多い．初期値 $\boldsymbol{x}(0) = \boldsymbol{x}_0$ を考慮して (9.27) 式をラプラス変換すると，

$$s\boldsymbol{x}(s) - \boldsymbol{x}_0 = \boldsymbol{A}\boldsymbol{x}(s) \quad \Longrightarrow \quad \boldsymbol{x}(s) = (s\boldsymbol{I} - \boldsymbol{A})^{-1}\boldsymbol{x}_0 \qquad (9.35)$$

が得られ，(9.35) 式を逆ラプラス変換することによって，$\boldsymbol{x}(t)$ が

$$\boldsymbol{x}(t) = \mathcal{L}^{-1}\big[(s\boldsymbol{I} - \boldsymbol{A})^{-1}\big]\boldsymbol{x}_0 \qquad (9.36)$$

のように求まる．したがって，(9.28) 式および (9.36) 式より遷移行列 $e^{\boldsymbol{A}t}$ は

> **ラプラス変換を利用した遷移行列の計算**
> $$e^{\boldsymbol{A}t} = \mathcal{L}^{-1}\big[(s\boldsymbol{I} - \boldsymbol{A})^{-1}\big] \qquad (9.37)$$

により計算できることがわかる．

(9.28) 式から明らかなように，システムの安定性は遷移行列 $e^{\boldsymbol{A}t}$ に依存する．(9.37) 式より $\boldsymbol{A}$ の固有値の実部がすべて負であれば，零入力系 (9.27) 式は，任意の初期状態 $\boldsymbol{x}(0) = \boldsymbol{x}_0$ に対して「$t \to \infty$」で「$\boldsymbol{x}(t) \to \boldsymbol{0}$」となるため安定なふるまいとなる．このとき，システムは**漸近安定**であるという．

例 9.4 .... 遷移行列と零入力系の解

零入力系の状態方程式

$$\dot{\boldsymbol{x}}(t) = \boldsymbol{A}\boldsymbol{x}(t), \quad \boldsymbol{x}(t) = \begin{bmatrix} x_1(t) \\ x_2(t) \end{bmatrix}, \quad \boldsymbol{A} = \begin{bmatrix} 0 & 1 \\ -10 & -2 \end{bmatrix} \qquad (9.38)$$

の解軌道 $\boldsymbol{x}(t)$ を求めてみよう．なお，(9.38) 式は**例 1.5** (p. 15) に示したマス・ばね・ダンパ系において，$M = 1, k = 10, c = 2, x_1(t) = z(t), x_2(t) = \dot{z}(t)$ とした場合に相当する．

$\boldsymbol{A}$ の固有値は $-1 \pm 3j$ なので漸近安定である．$s\boldsymbol{I} - \boldsymbol{A}$ の逆行列を計算すると，

$$
\begin{aligned}
(s\boldsymbol{I} - \boldsymbol{A})^{-1} &= \begin{bmatrix} s & -1 \\ 10 & s+2 \end{bmatrix}^{-1} = \frac{1}{s^2 + 2s + 10}\begin{bmatrix} s+2 & 1 \\ -10 & s \end{bmatrix} \\
&= \frac{s+1}{(s+1)^2 + 1^2}\begin{bmatrix} 1 & 0 \\ 0 & 1 \end{bmatrix} + \frac{3}{(s+1)^2 + 3^2}\begin{bmatrix} 1/3 & 1/3 \\ -10/3 & -1/3 \end{bmatrix}
\end{aligned} \qquad (9.39)
$$

となるので，(9.39) 式を逆ラプラス変換することによって遷移行列

$$
\begin{aligned}
e^{\boldsymbol{A}t} &= \mathcal{L}^{-1}\big[(s\boldsymbol{I} - \boldsymbol{A})^{-1}\big] \\
&= \mathcal{L}^{-1}\left[\frac{s+1}{(s+1)^2 + 3^2}\right]\begin{bmatrix} 1 & 0 \\ 0 & 1 \end{bmatrix} + \mathcal{L}^{-1}\left[\frac{3}{(s+1)^2 + 3^2}\right]\begin{bmatrix} 1/3 & 1/3 \\ -10/3 & -1/3 \end{bmatrix} \\
&= e^{-t}\left(\begin{bmatrix} 1 & 0 \\ 0 & 1 \end{bmatrix}\cos 3t + \begin{bmatrix} 1/3 & 1/3 \\ -10/3 & -1/3 \end{bmatrix}\sin 3t\right)
\end{aligned} \qquad (9.40)
$$

が求まる．したがって，零入力系 (9.38) 式の解 $\boldsymbol{x}(t)$ は (9.28) 式より次式となる．

$$\begin{cases} x_1(t) = e^{-t}\left(\cos 3t + \dfrac{1}{3}\sin 3t\right)x_1(0) + \left(\dfrac{1}{3}e^{-t}\sin 3t\right)x_2(0) \\ x_2(t) = -\left(\dfrac{10}{3}e^{-t}\sin 3t\right)x_1(0) + e^{-t}\left(\cos 3t - \dfrac{1}{3}\sin 3t\right)x_2(0) \end{cases} \quad (9.41)$$

(9.41) 式は任意の初期値 $x_1(0)$, $x_2(0)$ に対して,「$t \to 0$」で「$x_1(t) \to 0$, $x_2(t) \to 0$」となるから,漸近安定である.$x_1(0) = 1$, $x_2(0) = 0$ としたときの解軌道を**図 9.3** に示す.

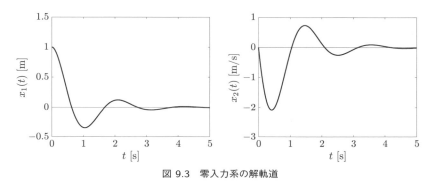

図 9.3 零入力系の解軌道

問題 9.3 　　$\boldsymbol{A} = \begin{bmatrix} 0 & 1 \\ -6 & -5 \end{bmatrix}$ の遷移行列 $e^{\boldsymbol{A}t}$ を求めよ.

9.3 可制御性と可観測性

9.3.1 可制御性

図 9.4 に示す水位系が思い通りに制御できるかどうかを考えてみよう.

- 図 9.4 (a) の場合,タンク 1 への流入量 $u(t)$ を操作することによって,タンク 1 の水位 $x_1(t)$ だけでなくタンク 2 の水位 $x_2(t)$ も目標水位に制御することが可能である. .... 可制御

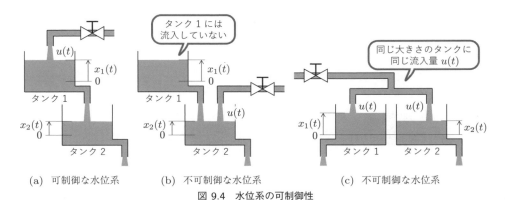

(a) 可制御な水位系　　(b) 不可制御な水位系　　(c) 不可制御な水位系

図 9.4 水位系の可制御性

- 図 9.4 (b) の場合，タンク 1 への流入量 $u(t)$ を操作してもタンク 1 の水位 $x_1(t)$ は影響を受けないので，$x_1(t)$ を制御することは不可能である． .... 不可制御
- 図 9.4 (c) の場合，大きさが同じ二つのタンクに同じ流入量 $u(t)$ が加わっている．したがって，流入量 $u(t)$ をどのように操作しても二つのタンクの水位 $x_1(t)$，$x_2(t)$ を同時に任意の目標水位に制御することはできない． .... 不可制御

操作量 $u(t)$ を適当に与えることで，状態変数 $\boldsymbol{x}(t)$ を任意の初期値から任意の目標状態に移すことができることを，システムが**可制御**であるという．システムの可制御性は以下の条件により判別できることが知られている．

┌───┐
　可制御性の判別

1 入力のシステム (9.1) 式が可制御であることと，**可制御性行列** [注7]
$$\boldsymbol{V}_{\mathrm{c}} = \begin{bmatrix} \boldsymbol{B} & \boldsymbol{AB} & \cdots & \boldsymbol{A}^{n-1}\boldsymbol{B} \end{bmatrix} : n \times n \text{ 行列} \tag{9.42}$$
が $\mathrm{rank}\boldsymbol{V}_{\mathrm{c}} = n$ (すなわち，$|\boldsymbol{V}_{\mathrm{c}}| \neq 0$) であることは等価である．
└───┘

例 9.5 .... 可制御性の判別

詳細は省略するが，図 9.4 (a) の水位系の状態方程式 (9.1) 式の係数行列は
$$\boldsymbol{A} = \begin{bmatrix} a_{11} & 0 \\ a_{21} & a_{22} \end{bmatrix}, \quad \boldsymbol{B} = \begin{bmatrix} b_1 \\ 0 \end{bmatrix} \tag{9.43}$$
という形式となる．したがって，(9.43) 式より $n = 2$ とした可制御性行列 $\boldsymbol{V}_{\mathrm{c}}$ を求めると，
$$\boldsymbol{V}_{\mathrm{c}} = \begin{bmatrix} \boldsymbol{B} & \boldsymbol{AB} \end{bmatrix} = \begin{bmatrix} b_1 & a_{11}b_1 \\ 0 & a_{21}b_1 \end{bmatrix} \implies |\boldsymbol{V}_{\mathrm{c}}| = a_{21}b_1^2 \neq 0 \tag{9.44}$$
となるので，可制御である．

一方，図 9.4 (b) の水位系の状態方程式 (9.1) 式の係数行列は
$$\boldsymbol{A} = \begin{bmatrix} a_{11} & 0 \\ a_{21} & a_{22} \end{bmatrix}, \quad \boldsymbol{B} = \begin{bmatrix} 0 \\ b_2 \end{bmatrix} \tag{9.45}$$
という形式となる．したがって，(9.45) 式より $n = 2$ とした可制御性行列 $\boldsymbol{V}_{\mathrm{c}}$ を求めると，
$$\boldsymbol{V}_{\mathrm{c}} = \begin{bmatrix} \boldsymbol{B} & \boldsymbol{AB} \end{bmatrix} = \begin{bmatrix} 0 & 0 \\ b_2 & a_{22}b_2 \end{bmatrix} \implies |\boldsymbol{V}_{\mathrm{c}}| = 0 \tag{9.46}$$
となるので，不可制御である．

9.3.2 可観測性

次節で述べるように，状態空間表現に基づいて設計されるコントローラは，通常，状態変数 $\boldsymbol{x}(t)$ をフィードバックする構造を持つ．センサによって状態変数のすべての成分

[注7] MATLAB では，関数 "ctrb" により可制御性行列 $\boldsymbol{V}_{\mathrm{c}}$ を計算できる．9.6.2 項 (p. 210) にその使用例を示す．なお，m 入力のとき，(9.42) 式の可制御行列 $\boldsymbol{V}_{\mathrm{c}}$ は $n \times mn$ 行列となる．

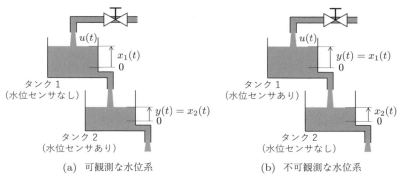

(a) 可観測な水位系　　(b) 不可観測な水位系

図 9.5　水位系の可観測性

$x_i(t)$ が検出されるのであれば問題ないが，そうでないならば**オブザーバ**などにより状態変数 $x_i(t)$ を推定せねばならない．制御量 $y(t)$ が検出可能である場合，$y(t)$ は観測量と呼ばれるが，この観測量 $y(t)$ と操作量 $u(t)$ から状態変数 $\boldsymbol{x}(t)$ を正確に知ることができることを，システムが**可観測**であるという．たとえば，図 9.5 に示す 2 種類の水位系を考える．両者の違いは，水位センサの取り付け場所である．図 9.5 (a) の水位系は，タンク 2 の水位 $x_2(t)$ を検出することによって，タンク 1 の水位 $x_1(t)$ を知ることができるので，可観測である．それに対し，図 9.5 (b) の水位系は，タンク 1 の水位 $x_1(t)$ を検出しても，タンク 2 の水位 $x_2(t)$ を知ることができないので，不可観測である．

システムの可観測性は以下の条件により判別できることが知られている．

可観測性の判別

1 出力のシステム (9.1), (9.2) 式が可観測であることと，**可観測性行列**[注8]

$$\boldsymbol{V}_{\mathrm{o}} = \begin{bmatrix} \boldsymbol{C} \\ \boldsymbol{CA} \\ \vdots \\ \boldsymbol{CA}^{n-1} \end{bmatrix} : n \times n \text{ 行列} \tag{9.47}$$

が $\mathrm{rank}\boldsymbol{V}_{\mathrm{o}} = n$（すなわち，$|\boldsymbol{V}_{\mathrm{o}}| \neq 0$）であることは等価である．

例 9.6 .... 可観測性の判別

詳細は省略するが，図 9.5 (a) の水位系の状態空間表現 (9.1), (9.2) 式の係数行列は，

$$\boldsymbol{A} = \begin{bmatrix} a_{11} & 0 \\ a_{21} & a_{22} \end{bmatrix}, \quad \boldsymbol{B} = \begin{bmatrix} b_1 \\ 0 \end{bmatrix}, \quad \boldsymbol{C} = \begin{bmatrix} 0 & 1 \end{bmatrix} \tag{9.48}$$

という形式となる．したがって，(9.48) 式より $n = 2$ とした可観測行列 $\boldsymbol{V}_{\mathrm{o}}$ を求めると，

[注8] MATLAB では，関数 "obsv" により可観測性行列 $\boldsymbol{V}_{\mathrm{o}}$ を計算できる．9.6.2 項 (p. 210) にその使用例を示す．なお，m 出力のとき，(9.47) 式の可観測性行列 $\boldsymbol{V}_{\mathrm{o}}$ は $mn \times n$ 行列となる．

$$V_{\mathrm{o}} = \begin{bmatrix} C \\ CA \end{bmatrix} = \begin{bmatrix} 0 & 1 \\ a_{21} & a_{22} \end{bmatrix} \implies |V_{\mathrm{o}}| = -a_{21} \neq 0 \tag{9.49}$$

となるので，可観測である．

　一方，図 9.5 (b) の水位系の状態空間表現 (9.1), (9.2) 式の係数行列は，

$$A = \begin{bmatrix} a_{11} & 0 \\ a_{21} & a_{22} \end{bmatrix}, \quad B = \begin{bmatrix} b_1 \\ 0 \end{bmatrix}, \quad C = \begin{bmatrix} 1 & 0 \end{bmatrix} \tag{9.50}$$

という形式となる．したがって，(9.50) 式より $n = 2$ とした可観測行列 V_{o} を求めると，

$$V_{\mathrm{o}} = \begin{bmatrix} C \\ CA \end{bmatrix} = \begin{bmatrix} 1 & 0 \\ a_{11} & 0 \end{bmatrix} \implies |V_{\mathrm{o}}| = 0 \tag{9.51}$$

となるので，不可観測である．

問題 9.4　$A = \begin{bmatrix} 0 & 1 \\ -6 & -5 \end{bmatrix}, B = \begin{bmatrix} 0 \\ 1 \end{bmatrix}, C = \begin{bmatrix} 1 & 0 \end{bmatrix}$ のとき，可制御性，可観測性を調べよ．

9.4　レギュレータ制御

9.4.1　状態フィードバック

　制御対象の状態方程式 (9.1) 式が与えられ，状態変数 $x(t)$ が何らかの方法で利用可能であるとする．このとき，**状態フィードバック**と呼ばれる形式のコントローラ

状態フィードバック形式のコントローラ
$$u(t) = Kx(t) \tag{9.52}$$

を設計し，任意の初期値 $x(0) = x_0$ から「$t \to \infty$」で「$x(t) \to 0$」とする**レギュレータ制御**を実現する．ここで，$1 \times n$ ベクトルである K を**状態フィードバックゲイン**と呼ぶ．図 9.6 に状態フィードバックによるレギュレータ制御のブロック線図を示す．

　状態フィードバック (9.52) 式を用いたとき，(9.1) 式は

$$\dot{x}(t) = (A + BK)x(t) \tag{9.53}$$

となる．したがって，極 ($A + BK$ の固有値) の実部がすべて負となるように状態フィー

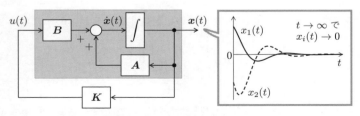

図 9.6　状態フィードバックによるレギュレータ制御

ドバックゲイン K を選ぶことができれば，レギュレータ制御を実現できる．

以下では，状態フィードバックゲイン K の代表的な設計法について説明する．

9.4.2 極配置法

状態フィードバックゲイン K の設計法として，**極配置法**が知られている[(注9)]．極配置とは極 ($A+BK$ の固有値) $s = p_1, p_2, \cdots, p_n$ が指定した値 $p_1^*, p_2^*, \cdots, p_n^*$ となるように K を設計することである．p_i^* は 3.3.1 項 (p. 56) で説明した極と過渡特性の関係を考慮して，適切に選ぶ．極配置が可能であるための必要十分条件を以下に示す．

> **┤ 極配置の実現性 ├**
>
> 1 入力のシステム (9.1) 式が可制御であれば，そのときに限り，状態フィードバック形式のコントローラ (9.52) 式により極配置が可能であり，K が唯一に定まる[(注10)]．

例 9.7 .... 鉛直面を回転するアーム系のコントローラ設計 (極配置法)

例 9.1 (p. 191) で求めたアーム系

$$\dot{x}(t) = Ax(t) + Bu(t) \tag{9.54}$$

$$A = \begin{bmatrix} 0 & 1 \\ -a_0 & -a_1 \end{bmatrix}, \quad B = \begin{bmatrix} 0 \\ b_0 \end{bmatrix}, \quad a_0 = \frac{Mgl}{J}, \quad a_1 = \frac{c}{J}, \quad b_0 = \frac{1}{J}$$

に対して，極 ($A+BK$ の固有値) $s = p_1, p_2$ が p_1^*, p_2^* となるようにコントローラ

$$u(t) = Kx(t), \quad K = \begin{bmatrix} k_1 & k_2 \end{bmatrix} \tag{9.55}$$

を設計する．そのためには，$A+BK$ の特性多項式

$$|sI - (A+BK)| = \begin{vmatrix} s & -1 \\ a_0 - b_0 k_1 & s + a_1 - b_0 k_2 \end{vmatrix}$$
$$= s^2 + (a_1 - b_0 k_2)s + a_0 - b_0 k_1 \tag{9.56}$$

を多項式

$$(s - p_1^*)(s - p_2^*) = s^2 - (p_1^* + p_2^*)s + p_1^* p_2^* \tag{9.57}$$

と一致させれば良い．(9.56), (9.57) 式より，極配置を実現する K が

$$\begin{cases} a_1 - b_0 k_2 = -(p_1^* + p_2^*) \\ a_0 - b_0 k_1 = p_1^* p_2^* \end{cases} \implies K = \begin{bmatrix} \dfrac{a_0 - p_1^* p_2^*}{b_0} & \dfrac{a_1 + p_1^* + p_2^*}{b_0} \end{bmatrix} \tag{9.58}$$

のように定まる．各パラメータの値が表 1.4 (p. 25) であるとき，指定する極の値 p_1^*, p_2^* を

- 設計例 1：$-5 \pm 10j$　　• 設計例 2：$-10 \pm 10j$　　• 設計例 3：$-5 \pm 20j$

としてコントローラを設計し，シミュレーションを行った結果を図 9.7 に示す．

[(注9)] MATLAB では，関数 "acker" や関数 "place" により極配置を実現するコントローラを設計できる．9.6.3 項 (p. 211) にその使用例を示す．
[(注10)] システムが多入力の場合，極配置を実現する K は無数に存在する．

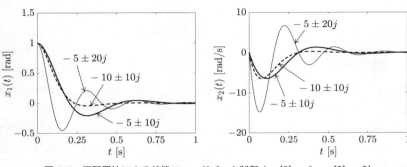

図 9.7 極配置法による状態フィードバック制御 $(x_1(0) = 1,\ x_2(0) = 0)$

問題 9.5 $\boldsymbol{A} = \begin{bmatrix} 0 & 2 \\ 1 & 3 \end{bmatrix}$, $\boldsymbol{B} = \begin{bmatrix} -1 \\ 1 \end{bmatrix}$ のとき,極を $-2 \pm j$ とする $\boldsymbol{K}$ を設計せよ.

9.4.3 最適レギュレータ

最適レギュレータ[注11]では,与えられた重み $\boldsymbol{Q} = \boldsymbol{Q}^{\top} > 0$[注12],$R > 0$ に対して,

$$J = \int_0^\infty \big(\boldsymbol{x}(t)^{\top}\boldsymbol{Q}\boldsymbol{x}(t) + Ru(t)^2\big)\mathrm{d}t \tag{9.59}$$

という評価関数を最小化するようなコントローラ (9.52) 式のゲイン $\boldsymbol{K}$ を求める.なお,重み行列 $\boldsymbol{Q}$ は対角行列で表すことが多い.たとえば,

$$\boldsymbol{x}(t) = \begin{bmatrix} x_1(t) \\ x_2(t) \end{bmatrix}, \quad \boldsymbol{Q} = \mathrm{diag}\{\,q_1,\ q_2\,\} := \begin{bmatrix} q_1 & 0 \\ 0 & q_2 \end{bmatrix} \quad (q_1 > 0,\ q_2 > 0) \tag{9.60}$$

であるとき,評価関数 (9.59) 式は

$$J = q_1 \int_0^\infty x_1(t)^2 \mathrm{d}t + q_2 \int_0^\infty x_2(t)^2 \mathrm{d}t + R \int_0^\infty u(t)^2 \mathrm{d}t \tag{9.61}$$

となる.したがって,$q_i > 0$ を大きくすれば $x_i(t)$ の収束を重視し,$R > 0$ を大きくすれば $u(t)$ の収束を重視することになる.

最適レギュレータについては,以下の結果が知られている.

> **最適レギュレータ**
>
> 可制御な制御対象 (9.1) 式に対して,評価関数 (9.59) 式を最小化するコントローラ (9.52) 式のゲイン $\boldsymbol{K}$ は唯一に定まり,

---

[注11] MATLAB では,関数 "`lqr`" を利用することで最適レギュレータによるコントローラ (9.62) 式を設計できる.また,関数 "`care`" によりリカッチ方程式 (9.63) 式の解を求めることができる.**9.6.4 項** (p. 212) にその使用例を示す.

[注12] 任意の $n \times 1$ のベクトル $\boldsymbol{\xi} \neq \boldsymbol{0}$ に対し,その 2 次形式が $\boldsymbol{\xi}^{\top}\boldsymbol{Q}\boldsymbol{\xi} > 0$ となるような $n \times n$ の行列 $\boldsymbol{Q}$ を正定行列といい,$\boldsymbol{Q} > 0$ と記述する.

$$K = -R^{-1}B^{\top}P \tag{9.62}$$

で与えられる．ただし，P はリカッチ方程式

$$PA + A^{\top}P - PBR^{-1}B^{\top}P + Q = O \tag{9.63}$$

を満足する唯一の正定対称解 (すなわち $P = P^{\top} > 0$) である．このとき，任意の初期値 $x(0) = x_0$ に対して評価関数 (9.59) 式の最小値は $J_{\min} = x_0^{\top}Px_0$ となる．

例 9.8 ···················· 鉛直面を回転するアーム系のコントローラ設計 (最適レギュレータ)

図 9.8 は，最適レギュレータにより設計された状態フィードバックゲイン (9.62) 式を用いて，鉛直面を回転するアーム系の制御を行ったシミュレーション結果である．ただし，$Q = Q^{\top} > 0$ は (9.60) 式のように対角行列とし，$q_1 = 5, 20, 80$, $q_2 = 0.001$, $R = 1$ と選び，角速度 $x_2(t) = \dot{\theta}(t)$ の収束のはやさについては重視しなかった．$q_1 > 0$ を大きくするにしたがって $x_1(t) = \theta(t)$ ははやく 0 に収束するが，その代償として操作量 $u(t) = \tau(t)$ が大きくなっていることがわかる．

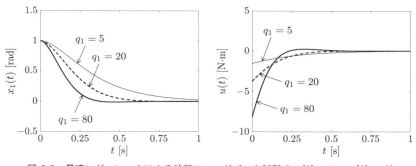

図 9.8 最適レギュレータによる状態フィードバック制御 ($\boldsymbol{x_1(0) = 1, x_2(0) = 0}$)

9.5 目標値追従

9.5.1 目標値からのフィードフォワードを利用した目標値追従

ここでは，外乱が加わっていない制御対象に対して目標値追従を行うため，状態フィードバック形式のコントローラ (9.52) 式に目標値からのフィードフォワードを付加した

目標値からのフィードフォワードを付加したコントローラ

$$u(t) = \boldsymbol{K}x(t) + Hr(t) \tag{9.64}$$

を設計することを考える．ただし，H はスカラーのフィードフォワードゲイン，$r(t) = r_{\mathrm{c}}$ は定値の目標値である．$D = 0$ である場合のブロック線図を図 9.9 に示す．以下の例で示すように，コントローラ (9.64) 式は 6.1.2 項 (p. 107) で説明した P–D コントロー

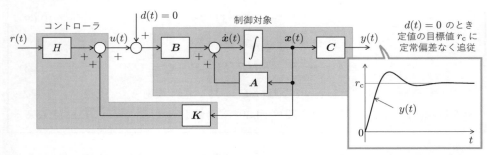

図 9.9　状態フィードバックと目標値からのフィードフォワードによる制御系

ラを拡張したものである.

例 9.9 .... 磁気浮上系のコントローラ (9.64) 式と P–D コントローラの関係

　　図 9.10 に示す磁気浮上系を考える. このシステムは, 指令電圧 $v(t)$ を与えることにより鉄球の位置 $z(t)$ をその目標値に追従させることを目的としている.

　　詳細は省略するが, 磁気浮上系の数学モデルは非線形であるので, 鉄球が $z(t) = Z_e$ で静止するような指令電圧 $v(t) = V_e$, 電流 $i(t) = I_e$ を基準とし, $\Delta z(t) = z(t) - Z_e$, $\Delta i(t) = i(t) - I_e$, $\Delta v(t) = v(t) - V_e$ と定義して近似的に線形化を行う. そして, 状態変数を $\boldsymbol{x}(t) = \begin{bmatrix} \Delta z(t) & \Delta \dot{z}(t) & \Delta i(t) \end{bmatrix}^\top$, 操作量を $u(t) = \Delta v(t)$, 制御量を $y(t) = \Delta z(t)$ とすると, 状態空間表現 (9.1), (9.2) 式が得られる. したがって, 磁気浮上系に対するコントローラ (9.64) 式は,

$$u(t) = \begin{bmatrix} k_1 & k_2 & k_3 \end{bmatrix} \begin{bmatrix} \Delta z(t) \\ \Delta \dot{z}(t) \\ \Delta i(t) \end{bmatrix} + Hr(t) \tag{9.65}$$

となる. ここで, $k_1 = -k_P$, $k_2 = -k_D$, $k_3 = 0$, $H = k_P$ と限定すると, (9.65) 式は

$$u(t) = k_P e(t) - k_D \dot{y}(t), \quad \begin{cases} y(t) = \Delta z(t) \\ e(t) = r(t) - y(t) \end{cases} \tag{9.66}$$

のように, P–D コントローラ (6.6) 式 (p. 108) となる. つまり, コントローラ (9.64) 式は, システムの内部状態をすべて含む形式に P–D コントローラを拡張したものである.

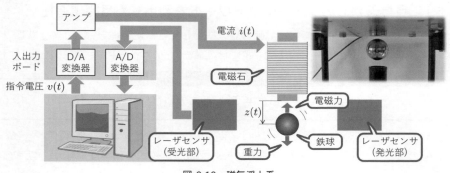

図 9.10　磁気浮上系

それでは，可制御な制御対象が $D = 0$ とした状態空間表現 (9.1), (9.2) 式で記述されているとき，コントローラ (9.64) 式の設計方法について説明する．$y(t) = r_c$ となるような $\boldsymbol{x}(t)$, $u(t)$ の定常値 $\boldsymbol{x}_\infty$, u_∞ は，

$$\boldsymbol{M}_0 := \begin{bmatrix} \boldsymbol{A} & \boldsymbol{B} \\ \boldsymbol{C} & 0 \end{bmatrix} \tag{9.67}$$

が正則である (逆行列が存在する) とき，

$$\begin{cases} \boldsymbol{0} = \boldsymbol{A}\boldsymbol{x}_\infty + \boldsymbol{B}u_\infty \\ r_c = \boldsymbol{C}\boldsymbol{x}_\infty \end{cases} \implies \begin{bmatrix} \boldsymbol{x}_\infty \\ u_\infty \end{bmatrix} = \begin{bmatrix} \boldsymbol{A} & \boldsymbol{B} \\ \boldsymbol{C} & 0 \end{bmatrix}^{-1} \begin{bmatrix} \boldsymbol{0} \\ r_c \end{bmatrix} \tag{9.68}$$

により定まる．ここで，$\widetilde{\boldsymbol{x}}(t) := \boldsymbol{x}(t) - \boldsymbol{x}_\infty$, $\widetilde{u}(t) := u(t) - u_\infty$ と定義すると，

$$\dot{\widetilde{\boldsymbol{x}}}(t) = \boldsymbol{A}\widetilde{\boldsymbol{x}}(t) + \boldsymbol{B}\widetilde{u}(t) \tag{9.69}$$

が得られるので，極配置法や最適レギュレータ理論などにより (9.69) 式に対して状態フィードバック形式のコントローラ

$$\widetilde{u}(t) = \boldsymbol{K}\widetilde{\boldsymbol{x}}(t) \tag{9.70}$$

を設計すると，「$t \to \infty$」で「$\widetilde{\boldsymbol{x}}(t) \to \boldsymbol{0}$」となる．このとき，「$y(t) \to \boldsymbol{C}\boldsymbol{x}_\infty = r_c$ $(e(t) \to 0)$」となり，定値の目標値 $r(t) = r_c$ に対する追従制御を実現できる．また，(9.68) 式の定常値 $\boldsymbol{x}_\infty$, u_∞ を用いて (9.70) 式を書き換えると，次式のようになる．

$$u(t) = \boldsymbol{K}\big(\boldsymbol{x}(t) - \boldsymbol{x}_\infty\big) + u_\infty = \boldsymbol{K}\boldsymbol{x}(t) + \begin{bmatrix} -\boldsymbol{K} & 1 \end{bmatrix} \begin{bmatrix} \boldsymbol{x}_\infty \\ u_\infty \end{bmatrix} \tag{9.71}$$

(9.71) 式に (9.68) 式を代入し，$r(t) = r_c$ として (9.64) 式の形式で表すと，

定値の目標値追従を行うためのコントローラ

$$u(t) = \boldsymbol{K}\boldsymbol{x}(t) + Hr(t), \quad H = \begin{bmatrix} -\boldsymbol{K} & 1 \end{bmatrix} \begin{bmatrix} \boldsymbol{A} & \boldsymbol{B} \\ \boldsymbol{C} & 0 \end{bmatrix}^{-1} \begin{bmatrix} \boldsymbol{0} \\ 1 \end{bmatrix} \tag{9.72}$$

が得られる．

例 9.10 ··· **鉛直面を回転するアーム系の目標値追従制御**

鉛直面を回転するアーム系において角度 $y(t) = x_1(t) = \theta(t)$ をその目標値 $r(t) = 1$ に追従させるため，(9.72) 式のコントローラを設計した．ただし，状態フィードバックゲイン $\boldsymbol{K}$ は最適レギュレータにより設計し，例 9.8 (p. 203) と同じものを用いた．

初期状態を $\boldsymbol{x}(0) = \boldsymbol{0}$ とした図 9.11 のシミュレーション結果からわかるように，外乱が $d(t) = 0$ のときは $y(t)$ は定常偏差なくその目標値 $r(t) = 1$ に追従している．また，$q_1 > 0$ を大きくするにしたがって速応性が向上していることも確認できる．一方，$t = 1$ で定値外乱 $d(t) = 1$ が加わると目標値 $r(t) = 1$ からずれ，定常偏差を生じることがわかる．

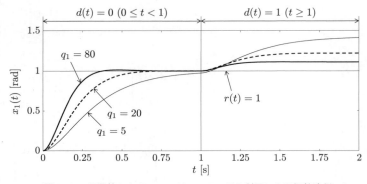

図 9.11 目標値からのフィードフォワードを利用した目標値追従

9.5.2 積分型サーボ制御

ここでは，外乱 $d(t)$ を考慮した可制御な制御対象

$$
\begin{cases}
\dot{\boldsymbol{x}}(t) = \boldsymbol{A}\boldsymbol{x}(t) + \boldsymbol{B}\big(u(t) + d(t)\big) \\
y(t) = \boldsymbol{C}\boldsymbol{x}(t)
\end{cases}
\tag{9.73}
$$

に対して，積分器を含ませたコントローラ

積分型コントローラ

$$
u(t) = \boldsymbol{K}\boldsymbol{x}(t) + Gw(t), \quad w(t) := \int_0^t e(\tau)d\tau, \quad e(t) = r - y(t) \tag{9.74}
$$

を用い，定値 (もしくはステップ状に変化する) の目標値 $r(t)$ や外乱 $d(t)$ に対して，「$t \to \infty$」で「$e(t) \to 0$」を実現する．このときのフィードバック制御系を**積分型サー**

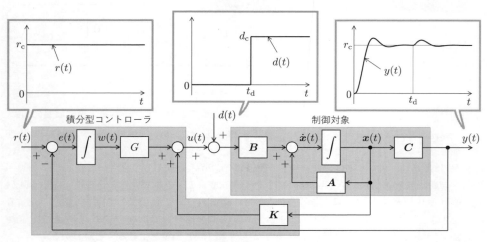

図 9.12 積分型サーボ系

ボ系と呼び，ブロック線図は図 9.12 のようになる．

　以下の例で示すように，積分型コントローラ (9.74) 式は 6.2.4 項 (p. 114) で説明した I–PD コントローラを拡張したものである．

例 9.11　…………… 磁気浮上系の積分型コントローラ (9.74) 式と I–PD コントローラの関係

　例 9.9 (p. 204) に示した磁気浮上系に対する積分型コントローラ (9.74) 式は，

$$u(t) = \begin{bmatrix} k_1 & k_2 & k_3 \end{bmatrix} \begin{bmatrix} \Delta z(t) \\ \Delta \dot{z}(t) \\ \Delta i(t) \end{bmatrix} + Gw(t) \tag{9.75}$$

となる．ここで，$k_1 = -k_\mathrm{P}$, $k_2 = -k_\mathrm{D}$, $k_3 = 0$, $G = k_\mathrm{I}$ と限定すると，積分型コントローラ (9.75) 式は

$$u(t) = -k_\mathrm{P}y(t) + k_\mathrm{I} \int_0^t e(t)dt - k_\mathrm{D}\dot{y}(t), \quad \begin{cases} y(t) = \Delta z(t) \\ e(t) = r(t) - y(t) \end{cases} \tag{9.76}$$

のように，6.2.4 項 (p. 114) で説明した I–PD コントローラとなる．つまり，積分型コントローラ (9.74) 式は，システムの内部状態をすべて含む形式に I–PD コントローラ (6.25) 式 (p. 114) を拡張したものである．

　それでは，積分型コントローラ (9.74) 式の設計方法を説明する．まず，状態変数を $\boldsymbol{\xi}(t) = \begin{bmatrix} \boldsymbol{x}(t)^\top & w(t) \end{bmatrix}^\top$ とした拡大系

$$\begin{bmatrix} \dot{\boldsymbol{x}}(t) \\ \dot{w}(t) \end{bmatrix} = \begin{bmatrix} \boldsymbol{A} & \boldsymbol{0} \\ -\boldsymbol{C} & 0 \end{bmatrix} \begin{bmatrix} \boldsymbol{x}(t) \\ w(t) \end{bmatrix} + \begin{bmatrix} \boldsymbol{B} \\ 0 \end{bmatrix} u(t) + \begin{bmatrix} \boldsymbol{B} \\ 0 \end{bmatrix} d(t) + \begin{bmatrix} \boldsymbol{0} \\ 1 \end{bmatrix} r(t) \tag{9.77}$$

を構成する．$r(t) = r_\mathrm{c}$, $d(t) = d_\mathrm{c}$ であるとき，$y(t) = r_\mathrm{c}$ となるような $\boldsymbol{x}(t)$, $u(t)$, $w(t)$ の定常値 $\boldsymbol{x}_\infty$, u_∞, w_∞ は

$$\begin{bmatrix} \boldsymbol{0} \\ 0 \end{bmatrix} = \begin{bmatrix} \boldsymbol{A} & \boldsymbol{0} \\ -\boldsymbol{C} & 0 \end{bmatrix} \begin{bmatrix} \boldsymbol{x}_\infty \\ w_\infty \end{bmatrix} + \begin{bmatrix} \boldsymbol{B} \\ 0 \end{bmatrix} u_\infty + \begin{bmatrix} \boldsymbol{B} \\ 0 \end{bmatrix} d_\mathrm{c} + \begin{bmatrix} \boldsymbol{0} \\ 1 \end{bmatrix} r_\mathrm{c} \tag{9.78}$$

を満足する．そこで，$r(t) = r_\mathrm{c}$, $d(t) = d_\mathrm{c}$ とした (9.77) 式と (9.78) 式の差をとり，$\widetilde{\boldsymbol{x}}(t) := \boldsymbol{x}(t) - \boldsymbol{x}_\infty$, $\widetilde{w}(t) := w(t) - w_\infty$, $\widetilde{u}(t) := u(t) - u_\infty$ と定義すると，偏差拡大系

$$\dot{\widetilde{\boldsymbol{\xi}}}(t) = \boldsymbol{A}_\mathrm{e}\widetilde{\boldsymbol{\xi}}(t) + \boldsymbol{B}_\mathrm{e}\widetilde{u}(t) \tag{9.79}$$

$$\widetilde{\boldsymbol{\xi}}(t) = \begin{bmatrix} \widetilde{\boldsymbol{x}}(t) \\ \widetilde{w}(t) \end{bmatrix}, \quad \boldsymbol{A}_\mathrm{e} = \begin{bmatrix} \boldsymbol{A} & \boldsymbol{0} \\ -\boldsymbol{C} & 0 \end{bmatrix}, \quad \boldsymbol{B}_\mathrm{e} = \begin{bmatrix} \boldsymbol{B} \\ 0 \end{bmatrix}$$

が得られる．制御対象 (9.73) 式が可制御であり，かつ (9.67) 式 (p. 205) で定義される $\boldsymbol{M}_0$ が正則であれば，偏差拡大系 (9.79) 式は可制御となることが知られている．このとき，(9.79) 式に対して極配置法や最適レギュレータなどによって設計されるコント

ローラ

$$\widetilde{u}(t) = \boldsymbol{K}_{\mathrm{e}}\widetilde{\boldsymbol{\xi}}(t) \tag{9.80}$$

を用いると，「$t \to \infty$」で「$\widetilde{\boldsymbol{\xi}}(t) \to \boldsymbol{0}$（$\widetilde{\boldsymbol{x}}(t) \to \boldsymbol{0}$，$\widetilde{w}(t) \to 0$）」とすることができる．ここで，(9.78) 式より $r_{\mathrm{c}} = \boldsymbol{C}\boldsymbol{x}_{\infty}$ なので，偏差 $e(t)$ は「$t \to \infty$」で

$$e(t) = r(t) - y(t) = r_{\mathrm{c}} - \boldsymbol{C}\boldsymbol{x}(t) = \boldsymbol{C}\boldsymbol{x}_{\infty} - \boldsymbol{C}\boldsymbol{x}(t) = -\boldsymbol{C}\widetilde{\boldsymbol{x}}(t) \to 0 \tag{9.81}$$

となり，定常偏差 e_{∞} を 0 にすることができることがわかる．

　最後に，コントローラ (9.80) 式と積分型コントローラ (9.74) 式の関係を説明する．定常値 $\boldsymbol{x}_{\infty}, u_{\infty}$ は (9.78) 式より

$$\begin{bmatrix} \boldsymbol{x}_{\infty} \\ u_{\infty} \end{bmatrix} = \begin{bmatrix} \boldsymbol{A} & \boldsymbol{B} \\ \boldsymbol{C} & 0 \end{bmatrix}^{-1} \begin{bmatrix} \boldsymbol{B}d_{\mathrm{c}} \\ r_{\mathrm{c}} \end{bmatrix} \tag{9.82}$$

のように定まるが，定常値 w_{∞} は (9.78) 式と無関係であり，選び方に自由度がある．そこで，コントローラ (9.80) 式が積分型コントローラ (9.74) 式と一致するように定常値 w_{∞} を定める．具体的には，$\boldsymbol{K}_{\mathrm{e}} = \begin{bmatrix} \boldsymbol{K} & G \end{bmatrix}$ として (9.80) 式を書き換えると，

$$u(t) - u_{\infty} = \begin{bmatrix} \boldsymbol{K} & G \end{bmatrix} \begin{bmatrix} \boldsymbol{x}(t) - \boldsymbol{x}_{\infty} \\ w(t) - w_{\infty} \end{bmatrix}$$

$$\implies \quad u(t) = \boldsymbol{K}\boldsymbol{x}(t) + Gw(t) + u_{\infty} - \left(\boldsymbol{K}\boldsymbol{x}_{\infty} + Gw_{\infty} \right) \tag{9.83}$$

となるので，$w_{\infty} = G^{-1}\left(u_{\infty} - \boldsymbol{K}\boldsymbol{x}_{\infty} \right)$ と選ぶ．

　なお，実際の設計では，定常値 $\boldsymbol{x}_{\infty}, u_{\infty}, w_{\infty}$ を具体的に求める必要はなく，偏差拡大系 (9.79) 式に対してコントローラ (9.80) 式のゲイン $\boldsymbol{K}_{\mathrm{e}} = \begin{bmatrix} \boldsymbol{K} & G \end{bmatrix}$ を設計し，積分型コントローラ (9.74) 式のゲイン $\boldsymbol{K}, G$ とすれば良い．

例 9.12 ‥‥‥‥‥‥‥‥‥‥‥‥‥‥‥‥‥‥‥‥ 鉛直面を回転するアーム系の積分型サーボ制御

　鉛直面を回転するアーム系に対し，偏差拡大系 (9.79) 式を構成し，評価関数

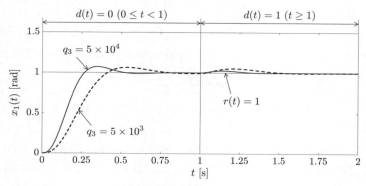

図 9.13　積分型サーボ制御

$$J = \int_0^\infty (\widetilde{\boldsymbol{\xi}}(t)^\top \boldsymbol{Q}\widetilde{\boldsymbol{\xi}}(t) + R\widetilde{u}(t)^2)dt \tag{9.84}$$

を最小化するような積分型コントローラ (9.74) 式のゲイン $\boldsymbol{K}_\mathrm{e} = \begin{bmatrix} \boldsymbol{K} & G \end{bmatrix}$ を設計した. ただし, 重みを $\boldsymbol{Q} = \mathrm{diag}\{ 10^{-3}, \ 10^{-3}, \ q_3 \}$ $(q_3 = 5 \times 10^3, \ 5 \times 10^4)$ および $R = 1$ とした.

初期状態を $\boldsymbol{x}(0) = \boldsymbol{0}$ とした図 9.13 のシミュレーション結果からわかるように, 定値の外乱が加わったときであっても $y(t)$ は定常偏差なくその目標値 $r(t) = 1$ に追従している. また, $q_3 > 0$ を大きくするにしたがって速応性が向上している.

9.6 MATLAB/Simulink を利用した演習

ここでは, 例 9.1 (p. 191) で示した鉛直面を回転するアーム系の角度制御を行う. ただし, 表 1.4 (p. 25) に示す物理パラメータの値とする.

9.6.1 状態空間表現 (ss) と零入力応答 (initial)

MATLAB によりシステムを状態空間表現で定義するためには, 関数 "ss" を用いれば良い. 鉛直面を回転するアーム系の状態空間表現 (9.8) 式 (p. 191) を定義するための M ファイルを以下に示す.

```
M ファイル "arm_ss.m" (状態空間表現の定義)
1    arm_para    ……  "arm_para.m" (p.25) の実行
2
3    A = [     0      1      …… A の定義
4         -M*g*l/J  -c/J ];
5    B = [ 0                 …… B の定義
6          1/J ];
7    C = [ 1   0 ];          …… C の定義
8    D = 0;                  …… D の定義
9
10   sys = ss(A,B,C,D)       …… 状態空間表現の定義
```

ただし, p. 25 に示した M ファイル "arm_para.m" は M ファイル "arm_ss.m" と同じフォルダに保存されているものとする. M ファイル "arm_ss.m" を実行すると,

```
M ファイル "arm_ss.m" の実行結果
>> arm_ss ↵

sys =

  A =            …… A
          x1     x2
    x1     0      1
    x2  -10.96  -9.761

  B =            …… B
          u1
    x1     0
    x2  14.04

  C =            …… C
          x1   x2
    y1    1    0

  D =            …… D
          u1
    y1    0

連続時間状態空間モデル。
```

という結果が得られる. 係数行列は, [A B C D] = ssdata(sys) と入力することにより得ることができる. また, 関数 "ss" により定義された状態空間表現は, 関数 "tf"

や "zpk" により

関数 "tf" の使用例 (伝達関数表現への変換)
>> sysP = tf(sys) ↵
sysP = ……… 伝達関数 $P(s)$
14.04
----
s^2 + 9.761 s + 10.96
連続時間の伝達関数です.

関数 "zpk" の使用例 (伝達関数表現への変換)
>> sysP = zpk(sys) ↵
sysP = ……… 伝達関数 $P(s)$
14.045

(s+1.295) (s+8.467)
連続時間零点/極/ゲイン モデルです.

のように伝達関数表現に変換する ($u(s)$ から $y(s)$ への伝達関数 $P(s)$ を得る) ことができる. 逆に, $u(s)$ から $y(s)$ への伝達関数 $P(s)$ が与えられたとき, sys = ss(sysP) とすることで状態空間表現に変換することもできる.

また, 関数 "ss" により零入力系 (9.27) 式を定義すると, 関数 "initial" により零入力応答を描画することができる. M ファイル

```
M ファイル "arm_initial.m" (零入力応答)
1   arm_para  …… "arm_para.m" (p. 25) の実行
2
3   A = [   0       1      …… A の定義
4        -M*g*l/J  -c/J ];
5   C = [ 1  0 ];          …… C の定義
6   sys0 = ss(A,[],C,[]);
7                          …… 零入力系の定義
8   x0 = [ 1  0 ]';  …… x0 の定義
9
10  figure(1)        …… Figure 1 を指定
11  initial(sys0,x0) …… 零入力応答 y(t) を描画
```

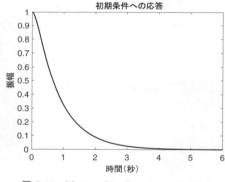

図 9.14　M ファイル "arm_initial.m" の実行結果

を実行すると, 図 9.14 が描画される. 関数 "initial" のほかの使用方法は p. 238 を参照されたい.

9.6.2　安定性 (pole, eig) と可制御性 (ctrb), 可観測性 (obsv)

安定性を判別するには, システムの極を求める関数 "pole" や A の固有値を求める関数 "eig" を利用する. M ファイル "arm_ss.m" を実行した後,

関数 "pole" の使用例 (システムの極)
>> pole(sys) ↵
ans = ……… システムの極
-1.2947
-8.4665

関数 "eig" の使用例 (固有値)
>> eig(A) ↵
ans = ……… A の固有値
-1.2947
-8.4665

のいずれかを入力すれば, システムの極 (A の固有値) を求めることができる. したがって, システムの極の実部がすべては負なので, (9.8) 式が漸近安定であることがわかる.
(9.42) 式 (p. 198) の可制御性行列 V_c や (9.47) 式 (p. 199) の可観測性行列 V_o は,

それぞれ関数 "ctrb"，"obsv" により求めることができる．したがって，M ファイル "arm_ss.m" を実行した後,

```
関数 "ctrb" の使用例 (可制御性行列)
>> Vc = ctrb(A,B) ↵
Vc =  ┈┈┈┈┈┈ 可制御性行列 Vc
          0    14.0449
     14.0449 -137.0960
>> det(Vc) ↵
ans =  ┈┈┈┈┈ |Vc| ≠ 0 なので可制御
  -197.2604
>> rank(Vc) ↵
ans =  ┈┈┈┈┈ rankVc = 2 (= n) なので可制御
     2
```

```
関数 "obsv" の使用例 (可観測性行列)
>> Vo = obsv(A,C) ↵
Vo =  ┈┈┈┈┈┈ 可観測性行列 Vo
     1    0
     0    1
>> det(Vo) ↵
ans =  ┈┈┈┈┈ |Vo| ≠ 0 なので可観測
     1
>> rank(Vo) ↵
ans =  ┈┈┈┈┈ rankVo = 2 (= n) なので可観測
     2
```

と入力することで，(9.8) 式が可制御かつ可観測であることが確認できる．

9.6.3 極配置 (acker, place)

MATLAB では，関数 "acker" や "place" を利用することで，極配置法により設計されたコントローラ (9.52) 式 (p. 200) の状態フィードバックゲイン K を得ることができる[注13]．ただし，関数 "acker" は 1 入力の場合にのみ利用可能である．また，関数 "place" は多入力の場合でも利用可能であるが，指定する極の重複が限定される[注14]．関数 "acker" により K を設計し，Simulink によりシミュレーションを行うための M ファイルを以下に示す．

```
M ファイル "arm_acker.m" (極配置法)
 1  arm_para  ┈┈┈ "arm_para.m" (p.25) の実行
 2
 3  A = [    0      1     ┈┈┈ A の定義
 4         -M*g*l/J  -c/J ];
 5  B = [ 0              ┈┈┈ B の定義
 6         1/J ];
 7
 8  p = [ -10+10j        ┈┈┈ p₁* = −10 + 10j
 9        -10-10j ];     ┈┈┈ p₂* = −10 − 10j
10  K = - acker(A,B,p)
11          ┈┈┈ 極配置法による K の設計
12  eig(A + B*K)   ┈┈┈ A + BK の固有値
13
14  x0 = [ 1  0 ]';  ┈┈┈ x0 の定義
15  sim('sim_arm_sfbk')
16          ┈┈┈ "arm_sim_sfbk.slx" の実行
17  figure(1)   ┈┈┈ Figure 1 に x1(t) を描画
18  plot(t,x1)
19  xlabel('t [s]')
20  ylabel('{x}_{1} [rad]')
21  grid on
22
23  figure(2)   ┈┈┈ Figure 2 に u(t) を描画
24  plot(t,u)
25  xlabel('t [s]')
26  ylabel('u(t) [Nm]')
27  grid on
```

M ファイル "arm_acker.m" で利用している Simulink モデル "sim_arm_sfbk.slx" を図 9.15 に，そのパラメータ設定を表 9.1, 9.2 に示す．M ファイル "arm_acker.m" を実行すると，以下の結果が得られ，図 9.16 のシミュレーション結果が描画される．

[注13] 関数 "acker"，"place" や後述の関数 "lqr" では，$u(t) = -Fx(t)$ という形式のコントローラを設計する．したがって，コントローラ (9.52) 式とは $K = -F$ という関係にあり，F = acker(A,B,p); K = - F のように記述されるので，これらをまとめて K = - acker(A,B,p) と記述している．

[注14] 関数 "place" では，入力数を超えて極を重複させることができない．たとえば，1 入力のシステム ($u(t)$ が 1 次元) の場合，二つ以上の極を同じ値に設定することができず，すべて異なる値に設定する必要がある．

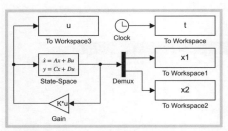

図 9.15　Simulink モデル "sim_arm
　　　　　_sfbk.slx"

表 9.1　図 9.15 における Simulink ブロックのパラ
　　　　メータ設定

Simulink ブロック	変更するパラメータ
State-Space	A：A, B：B, C：eye(2), D：zeros(2,1), 初期条件：x0
Gain	ゲイン：K, 乗算：行列 (K*u)
To Workspace	変数名：t, 保存形式：配列
To Workspace1	変数名：x1, 保存形式：配列
To Workspace2	変数名：x2, 保存形式：配列
To Workspace3	変数名：u, 保存形式：配列

表 9.2　図 9.15 におけるモデルコンフィギュレーションパラメータの設定

ソルバ/シミュレーション時間	開始時間	0	終了時間	1
ソルバ/ソルバの選択	タイプ	固定ステップ	ソルバ	ode4 (Runge-Kutta)
ソルバ/ソルバの詳細	固定ステップサイズ	0.001		
データのインポート/エクスポート	ワークスペースまたはファイルに保存		「単一のシミュレーション出力」のチェックを外す	

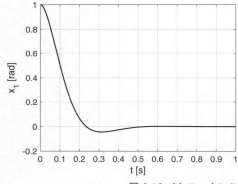

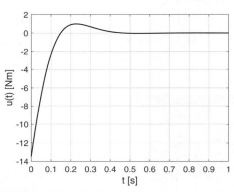

図 9.16　M ファイル "arm_acker.m" の実行結果

```
M ファイル "arm_acker.m" の実行結果
>> arm_acker ↵
K = ················ K
 -13.4595   -0.7290
```

```
ans = ············· A + BK の固有値
 -10.0000 +10.0000i
 -10.0000 -10.0000i
```

9.6.4　最適レギュレータ (lqr, care)

MATLAB では，関数 "lqr" を利用することで，最適レギュレータによる (9.62) 式 (p. 203) の状態フィードバックゲイン K が直接的に得られる[注15]．関数 "lqr" により K を設計し，Simulink によりシミュレーションを行うための M ファイル

[注15] [F P] = lqr(A,B,Q,R) とすることで，最適レギュレータによる状態フィードバックゲイン $K = -F$ だけでなく，リカッチ方程式 (9.63) 式の解 $P = P^\top > 0$ を得ることもできる．

M ファイル "arm_lqr.m" (最適レギュレータ)

⋮ "arm_acker.m" (p. 211) の 1～7 行目

```
8   q1 = 80;          …… q1 = 80
9   q2 = 0.001;       …… q2 = 0.001
10  Q = diag([q1 q2]); …… Q = diag{q1, q2}
```

```
11  R = 1;            …… R = 1
12  K = - lqr(A,B,Q,R)
13        …… 最適レギュレータによる K の設計
```

⋮ "arm_acker.m" (p. 211) の 12～27 行目

を実行すると,

M ファイル "arm_lqr.m" の実行結果

```
>> arm_lqr ↵
K = ………………… K
   -8.1978   -0.5901
```

```
ans = …………… A + BK の固有値
   -9.0243 + 6.6829i
   -9.0243 - 6.6829i
```

という結果が得られ, 図 9.17 のシミュレーション結果が描画される.

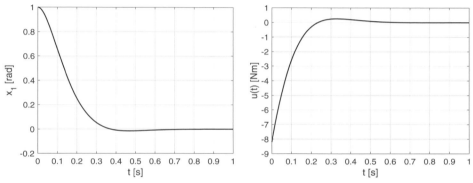

図 9.17 M ファイル "arm_lqr.m", "arm_lqr_care.m" の実行結果

また, 関数 "care" を利用するとリカッチ方程式 (9.63) 式 (p. 203) の解 $P = P^\top > 0$ を求めることができる. そのため, (9.62) 式にしたがって状態フィードバックゲイン K を得ることができる. 関数 "care" を利用した M ファイルを以下に示す.

M ファイル "arm_lqr_care.m" (最適レギュレータ)

⋮ "arm_acker.m" (p. 211) の 1～7 行目

```
8   q1 = 80;          …… q1 = 80
9   q2 = 0.001;       …… q2 = 0.001
10  Q = diag([q1 q2]); …… Q = diag{q1, q2}
```

```
11  R = 1;            …… R = 1
12  P = care(A,B,Q,R) …… (9.63) 式の解 P
13  K = - inv(R)*B'*P  …… K = -R⁻¹BᵀP
14
```

⋮ "arm_acker.m" (p. 211) の 12～27 行目

M ファイル "arm_lqr_care.m" を実行すると,

M ファイル "arm_lqr_care.m" の実行結果

```
>> arm_lqr_care ↵
P = ………………… P
   10.9952   0.5837
    0.5837   0.0420
```

```
K = ………………… K
   -8.1978   -0.5901
ans = …………… A + BK の固有値
   -9.0243 + 6.6829i
   -9.0243 - 6.6829i
```

という結果が得られ, 図 9.17 のシミュレーション結果が描画される.

付録 **A**

補足説明

A.1　数学の基礎

▶ **積の微分と部分積分**

関数 $f(x)$, $g(x)$ の積 $f(x) = f(x)g(x)$ の微分は

$$(f_1(x)f_2(x))' = f_1'(x)f_2(x) + f_1(x)f_2'(x) \tag{A.1}$$

となる．(A.1) 式を書き換えた

$$f_1'(x)f_2(x) = (f_1(x)f_2(x))' - f_1(x)f_2'(x) \tag{A.2}$$

$$f_1(x)f_2'(x) = (f_1(x)f_2(x))' - f_1'(x)f_2(x) \tag{A.3}$$

を積分区間 $a \le x \le b$ で積分すると，

$$\int_a^b f_1'(x)f_2(x)\mathrm{d}x = \left[f_1(x)f_2(x)\right]_a^b - \int_a^b f_1(x)f_2'(x)\mathrm{d}x \tag{A.4}$$

$$\int_a^b f_1(x)f_2'(x)\mathrm{d}x = \left[f_1(x)f_2(x)\right]_a^b - \int_a^b f_1'(x)f_2(x)\mathrm{d}x \tag{A.5}$$

となる．(A.4) 式もしくは (A.5) 式を部分積分の公式と呼ぶ．

▶ **ロピタルの定理**

$x = c$ を含む区間で微分可能である関数 $f(x)$, $g(x)$ が以下の条件を満足するときを考える．

(i)　$\displaystyle\lim_{x \to c} \frac{g(x)}{f(x)}$ が $\dfrac{0}{0}$ または $\dfrac{\infty}{\infty}$ という不定形となる．

(ii)　$\displaystyle\lim_{x \to c} \frac{g'(x)}{f'(x)} = a$ が存在する．

このとき，

$$\lim_{x \to c} \frac{g(x)}{f(x)} = \lim_{x \to c} \frac{g'(x)}{f'(x)} = a \tag{A.6}$$

となる．これをロピタル（l'Hospital）の定理と呼ぶ．

たとえば，$f(x) = e^{2x}$, $g(x) = x$, $c = \infty$ のとき，上記の条件 (i), (ii) を満足するので，

$$\lim_{x \to \infty} \frac{x}{e^{2x}} = \lim_{x \to \infty} \frac{x'}{(e^{2x})'} = \lim_{x \to \infty} \frac{1}{2e^{2x}} = 0 \tag{A.7}$$

となる．

▶ **テイラー展開とオイラーの公式**

$x = a$ を含む区間で無限回微分可能な関数 $f(x)$ が与えられ，剰余項 R_n の極限が

$$\lim_{n \to \infty} R_n = \lim_{n \to \infty} \frac{f^{(n)}(c)}{n!}(x-a)^n = 0 \ (a < c < x) \tag{A.8}$$

であるとき，$f(x)$ は無限級数

$$f(x) = \sum_{k=0}^{\infty} \frac{f^{(k)}(a)}{k!}(x-a)^k = f(a) + \frac{f'(a)}{1!}(x-a) + \frac{f''(a)}{2!}(x-a)^2 + \cdots \tag{A.9}$$

で表せる．(A.9) 式を $f(x)$ の $x = a$ まわりでの**テイラー展開**(Taylor)という．また，(A.9) 式において $a = 0$ とした

$$f(x) = \sum_{k=0}^{\infty} \frac{f^{(k)}(0)}{k!}x^k = f(0) + \frac{f'(0)}{1!}x + \frac{f''(0)}{2!}x^2 + \cdots \tag{A.10}$$

を $f(x)$ の**マクローリン展開**(Maclaurin)という．

たとえば，$e^x, \cos x, \sin x$ のマクローリン展開はそれぞれ

$$e^x = 1 + \frac{1}{1!}x + \frac{1}{2!}x^2 + \frac{1}{3!}x^3 + \frac{1}{4!}x^4 + \frac{1}{5!}x^5 + \cdots \tag{A.11}$$

$$\cos x = 1 - \frac{1}{2!}x^2 + \frac{1}{4!}x^4 - \cdots \tag{A.12}$$

$$\sin x = \frac{1}{1!}x - \frac{1}{3!}x^3 + \frac{1}{5!}x^5 - \cdots \tag{A.13}$$

となる．(A.11) 式において $x = j\theta$ とし，(A.12), (A.13) 式の関係式を利用して書き換えると，

$$\begin{aligned}
e^{j\theta} &= 1 + \frac{1}{1!}j\theta - \frac{1}{2!}\theta^2 - \frac{1}{3!}j\theta^3 + \frac{1}{4!}\theta^4 + \frac{1}{5!}j\theta^5 + \cdots \\
&= 1 - \frac{1}{2!}\theta^2 + \frac{1}{4!}\theta^4 - \cdots + j\left(\frac{1}{1!}\theta - \frac{1}{3!}\theta^3 + \frac{1}{5!}\theta^5 - \cdots\right) \\
&= \cos\theta + j\sin\theta
\end{aligned} \tag{A.14}$$

が得られる．ただし，j は虚数単位である．(A.14) 式に付随する関係式をまとめると，

オイラーの公式

$$\begin{cases} e^{j\theta} = \cos\theta + j\sin\theta \\ e^{-j\theta} = \cos\theta - j\sin\theta \end{cases} \iff \begin{cases} \cos\theta = \dfrac{e^{j\theta} + e^{-j\theta}}{2} \\ \sin\theta = \dfrac{e^{j\theta} - e^{-j\theta}}{2j} \end{cases} \tag{A.15}$$

となり，(A.15) 式を**オイラーの公式**(Euler)と呼ぶ．

▶ **複素平面における直交座標と極座標**

横軸を実軸，縦軸を虚軸とした複素平面上では，複素数

$$z = \alpha + j\beta \tag{A.16}$$

を，図 A.1 のように視覚的に表現することができる．(A.16) 式のように，実部 $\mathrm{Re}[z] = \alpha$ と虚部 $\mathrm{Im}[z] = \beta$ で複素数 z を表現したものを，**直交座標形式**という．

一方，複素数 z の大きさを r，偏角 (実軸となす角) を θ とすると，

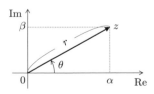

図 A.1 複素数と複素平面

$$\begin{cases} \alpha = r\cos\theta \\ \beta = r\sin\theta \end{cases} \iff \begin{cases} r = \sqrt{\alpha^2 + \beta^2} \\ \theta = \tan^{-1}\dfrac{\beta}{\alpha} \end{cases} \tag{A.17}$$

という関係式が得られる.(A.17) 式を (A.16) 式に代入し,オイラーの公式 (A.14) 式により書き換えると,複素数 z を次式のように**極座標形式**で記述することができる.

$$z = r(\cos\theta + j\sin\theta) = re^{j\theta} \tag{A.18}$$

A.2 ラプラス変換の性質

▶ 時間微分のラプラス変換

(1.4) 式 (p. 8) に示したラプラス変換の定義式より,1 回時間微分 $\dot{f}(t)$ のラプラス変換は

$$\mathcal{L}\big[\dot{f}(t)\big] = \int_0^\infty \dot{f}(t)e^{-st}\mathrm{d}t \tag{A.19}$$

である.ここで,$f_1(t) = f(t)$, $f_2(t) = e^{-st}$ とおくと,部分積分の公式より (A.19) 式は

$$\mathcal{L}\big[\dot{f}(t)\big] = \int_0^\infty \dot{f}_1(t)f_2(t)\mathrm{d}t = \big[f_1(t)f_2(t)\big]_0^\infty - \int_0^\infty f_1(t)\dot{f}_2(t)\mathrm{d}t$$

$$= \big[f(t)e^{-st}\big]_0^\infty + s\underbrace{\int_0^\infty f(t)e^{-st}\mathrm{d}t}_{f(t)\text{ のラプラス変換 }F(s)\text{ の定義式}} = \big[f(t)e^{-st}\big]_0^\infty + sF(s) \tag{A.20}$$

となる.また,

$$\lim_{t\to\infty} f(t)e^{-st} = 0 \tag{A.21}$$

であるような s を考えると,(A.20) 式の右辺第 1 項は

$$\big[f(t)e^{-st}\big]_0^\infty = 0 - f(0)e^0 = -f(0) \tag{A.22}$$

なので,$\dot{f}(t)$ のラプラス変換は

$$\mathcal{L}\big[\dot{f}(t)\big] = -f(0) + sF(s) = sF(s) - f(0) \tag{A.23}$$

となり,時間微分のラプラス変換 (1.5) 式 (p. 8) において $n = 1$ とした結果と一致する.

同様に,ラプラス変換の定義式より,2 回時間微分 $\ddot{f}(t)$ のラプラス変換は

$$\mathcal{L}\big[\ddot{f}(t)\big] = \int_0^\infty \ddot{f}(t)e^{-st}\mathrm{d}t = \big[\dot{f}(t)e^{-st}\big]_0^\infty + s\int_0^\infty \dot{f}(t)e^{-st}\mathrm{d}t \tag{A.24}$$

である.ここで,(A.24) 式の右辺第 2 項は $\dot{f}(t)$ のラプラス変換 (A.23) 式により書き換えることができる.また,

$$\lim_{t\to\infty} \dot{f}(t)e^{-st} = 0 \tag{A.25}$$

であるような s を考えると,(A.24) 式の右辺第 1 項は

$$\big[\dot{f}(t)e^{-st}\big]_0^\infty = 0 - \dot{f}(0)e^0 = -\dot{f}(0) \tag{A.26}$$

である.したがって,$\ddot{f}(t)$ のラプラス変換は

$$\mathcal{L}\big[\ddot{f}(t)\big] = -\dot{f}(0) + s\big(sF(s) - f(0)\big) = s^2 F(s) - \big(sf(0) + \dot{f}(0)\big) \tag{A.27}$$

となり,時間微分のラプラス変換 (1.5) 式 (p. 8) において $n = 2$ とした結果と一致する.

▶ **時間積分のラプラス変換**

$f(t)$ の時間積分 $g(t) = \displaystyle\int_0^t f(t)\mathrm{d}t$ のラプラス変換 $G(s)$ を求める．$\dot{g}(t) = f(t)$ のラプラス変換は

$$\mathcal{L}\big[\dot{g}(t)\big] = sG(s) - g(0) = sG(s) - \int_0^0 f(t)\mathrm{d}t = sG(s) \tag{A.28}$$

となるから，

$$\mathcal{L}\left[\int_0^t f(t)\mathrm{d}t\right] = \mathcal{L}\big[g(t)\big] = G(s) = \frac{1}{s}\mathcal{L}\big[\dot{g}(t)\big]$$
$$= \frac{1}{s}\mathcal{L}\big[f(t)\big] = \frac{1}{s}F(s) \tag{A.29}$$

となり，時間積分のラプラス変換 (1.7) 式 (p. 9) の結果が得られる．

▶ **最終値の定理**

初期値 $f(0)$ が 0 とは限らない $f(t)$ の時間微分のラプラス変換は

$$\mathcal{L}\big[\dot{f}(t)\big] = \int_0^\infty \dot{f}(t)e^{-st}\mathrm{d}t = sF(s) - f(0) \tag{A.30}$$

となる．ここで，(A.30) 式において $s \to 0$ とすると，

$$中辺 = \lim_{s\to 0}\int_0^\infty \dot{f}(t)e^{-st}\mathrm{d}t = \int_0^\infty \dot{f}(t)\mathrm{d}t = \big[f(t)\big]_0^\infty = \lim_{t\to\infty}f(t) - f(0) \tag{A.31}$$
$$右辺 = \lim_{s\to 0}sF(s) - f(0) \tag{A.32}$$

となる．(A.31) 式と (A.32) 式は等しいので，

$$\lim_{t\to\infty}f(t) - f(0) = \lim_{s\to 0}sF(s) - f(0) \quad\Longrightarrow\quad \lim_{t\to\infty}f(t) = \lim_{s\to 0}sF(s) \tag{A.33}$$

という関係式が成立する．(A.33) 式が成立することを**最終値の定理**という．

A.3　周波数伝達関数とゲイン，位相差の関係

簡単のため，安定なシステム (7.1) 式 (p. 136) の伝達関数が

$$P(s) = \frac{b_m s^m + \cdots + b_1 s + b_0}{(s - p_1)(s - p_2)\cdots(s - p_n)} \tag{A.34}$$

のように，n 個の互いに異なる極 p_i $(i = 1, 2, \ldots, n)$ を持つ場合を考える．このとき，正弦波入力 (7.2) 式 (p. 136) を加えると，出力のラプラス変換 $y(s)$ は，ヘビサイドの公式により

$$y(s) = P(s)u(s) = \frac{b_m s^m + \cdots + b_1 s + b_0}{(s - p_1)(s - p_2)\cdots(s - p_n)}\frac{A\omega}{s^2 + \omega^2}$$
$$= \frac{k_1}{s - j\omega} + \frac{k_2}{s + j\omega} + \sum_{i=1}^n \frac{h_i}{s - p_i}, \quad \mathrm{Re}[p_i] < 0 \tag{A.35}$$

$$k_1 = (s - j\omega)y(s)\big|_{s=j\omega} = P(s)\frac{A\omega}{s + j\omega}\bigg|_{s=j\omega} = \frac{AP(j\omega)}{2j}$$

$$k_2 = (s + j\omega)y(s)\big|_{s=-j\omega} = P(s)\frac{A\omega}{s - j\omega}\bigg|_{s=-j\omega} = -\frac{AP(-j\omega)}{2j}$$

という形式に部分分数分解でき，これを逆ラプラス変換すると，

$$y(t) = k_1 e^{j\omega t} + k_2 e^{-j\omega t} + \sum_{i=1}^{n} h_i e^{p_i t}$$

$$= \frac{A}{2j} \left(P(j\omega) e^{j\omega t} - P(-j\omega) e^{-j\omega t} \right) + \sum_{i=1}^{n} h_i e^{p_i t} \tag{A.36}$$

が得られる．$\mathrm{Re}[p_i] < 0$（安定）であることを考慮すると，$t \to \infty$ で $e^{p_i t} \to 0$ なので，周波数応答は

$$y(t) \simeq y_{\mathrm{app}}(t) = \frac{A}{2j} \left(P(j\omega) e^{j\omega t} - P(-j\omega) e^{-j\omega t} \right) \tag{A.37}$$

となる．ここで，周波数伝達関数 $P(j\omega)$ は複素数であり，その実部と虚部をそれぞれ $\mathrm{Re}[P(j\omega)]$，$\mathrm{Im}[P(j\omega)]$ と記述すると，

$$P(j\omega) = \mathrm{Re}[P(j\omega)] + j\,\mathrm{Im}[P(j\omega)] \quad \text{(直交座標形式)} \tag{A.38}$$

である．また，$P(j\omega)$ を複素平面上に記述すると，**図 7.3** (p. 138) のようになるので，実部 $\mathrm{Re}[P(j\omega)]$，虚部 $\mathrm{Im}[P(j\omega)]$ と大きさ $|P(j\omega)|$，偏角 $\angle P(j\omega)$ の関係は

$$\mathrm{Re}[P(j\omega)] = |P(j\omega)| \cos\angle P(j\omega), \quad \mathrm{Im}[P(j\omega)] = |P(j\omega)| \sin\angle P(j\omega) \tag{A.39}$$

となる．この関係を利用し，(A.38) 式を書き換えると，

$$P(j\omega) = \overbrace{|P(j\omega)| \cos\angle P(j\omega)}^{\mathrm{Re}[P(j\omega)]} + j\,\overbrace{|P(j\omega)| \sin\angle P(j\omega)}^{\mathrm{Im}[P(j\omega)]}$$

$$= |P(j\omega)| \left(\cos\angle P(j\omega) + j \sin\angle P(j\omega) \right)$$

$$= |P(j\omega)| e^{j\angle P(j\omega)} \quad \text{(極座標形式)} \tag{A.40}$$

のように極座標で表すことができる．また，$P(j\omega)$ と $P(-j\omega)$ が複素共役の関係であることから，

$$P(-j\omega) = |P(j\omega)| e^{-j\angle P(j\omega)} \tag{A.41}$$

となる．したがって，周波数応答 (A.37) 式は

$$y(t) \simeq y_{\mathrm{app}}(t) = \frac{A}{2j} \left(|P(j\omega)| e^{j\angle P(j\omega)} e^{j\omega t} - |P(j\omega)| e^{-j\angle P(j\omega)} e^{-j\omega t} \right)$$

$$= \frac{A}{2j} |P(j\omega)| \left\{ e^{j(\omega t + \angle P(j\omega))} - e^{-j(\omega t + \angle P(j\omega))} \right\}$$

$$= \frac{A}{2j} |P(j\omega)| \left[\left\{ \cos(\omega t + \angle P(j\omega)) + j \sin(\omega t + \angle P(j\omega)) \right\} \right.$$

$$\left. - \left\{ \cos(\omega t + \angle P(j\omega)) - j \sin(\omega t + \angle P(j\omega)) \right\} \right]$$

$$= A|P(j\omega)| \sin(\omega t + \angle P(j\omega)) \tag{A.42}$$

となる．(7.3) 式 (p. 136) と (A.42) 式を比較すると，

$$B(\omega) = A|P(j\omega)|, \quad \phi(\omega) = \angle P(j\omega) \tag{A.43}$$

なので，ゲイン $G_{\mathrm{g}}(\omega) := B(\omega)/A$ や位相差 $G_{\mathrm{p}}(j\omega) := \phi(\omega)$ は，

$$G_{\mathrm{g}}(\omega) = |P(j\omega)|, \quad G_{\mathrm{p}}(\omega) = \angle P(j\omega) \tag{A.44}$$

のように，周波数伝達関数 $P(j\omega)$ の大きさ $|P(j\omega)|$ や偏角 $\angle P(j\omega)$ に等しいことがわかる．

A.4 ナイキストの安定判別法

(a) 開ループ伝達関数 $L(s)$ が虚軸上に極を持たない場合

開ループ伝達関数を

$$L(s) := P(s)C(s) = \frac{K'(s - z_1')\cdots(s - z_m')}{(s - p_1)\cdots(s - p_n)} \quad (K' > 0, \ n \geq m) \tag{A.45}$$

と定義すると,図 8.1 (p. 163) のフィードバック制御系に対する特性多項式は

$$1 + L(s) = 1 + \frac{K'(s - z_1')\cdots(s - z_m')}{(s - p_1)\cdots(s - p_n)} = \frac{K(s - z_1)\cdots(s - z_n)}{(s - p_1)\cdots(s - p_n)} \tag{A.46}$$

という形式で記述できる.

いま,図 A.2 (a) に示すように,右半平面すべてを囲む閉曲線 $\mathcal{D}$ (中心を原点,半径を ∞ とした半円) 上の点 $s = \sigma + j\omega$ を考える.この点を C → O → A → B → C のように変化させたときに $1 + L(s)$ が複素平面上でどのような軌跡となるかを調べる.

(i) $s = \sigma + j\omega$ を C → O ($\sigma = 0$, $\omega = -\infty \to 0$) および O → A ($\sigma = 0$, $\omega = 0 \to \infty$) のように極軸上に変化させたとき,図 A.2 (b) に示すように,$1 + L(s)$ のナイキスト軌跡 ($\omega = -\infty \to \infty$ としたときの $1 + L(j\omega)$ の軌跡) が描画される.なお,

$$\lim_{\omega \to \pm\infty} (1 + L(j\omega)) = \begin{cases} 1 + j \cdot 0 & (n > m) \\ 1 + K' + j \cdot 0 & (n = m) \end{cases} \tag{A.47}$$

である.

(ii) $s = \sigma + j\omega$ を A → B → C のように半径が ∞ の右半円上に変化させたときを考える.$s = \sigma + j\omega = re^{j\psi}$ のように極座標で表すと,

$$\begin{aligned} 1 + L(s) = 1 + L(re^{j\psi}) &= 1 + \frac{K'(re^{j\psi} - z_1')\cdots(re^{j\psi} - z_m')}{(re^{j\psi} - p_1)\cdots(re^{j\psi} - p_n)} \\ &= \frac{K(re^{j\psi} - z_1)\cdots(re^{j\psi} - z_n)}{(re^{j\psi} - p_1)\cdots(re^{j\psi} - p_n)} \end{aligned} \tag{A.48}$$

なので,半径を $r \to \infty$ としたとき,

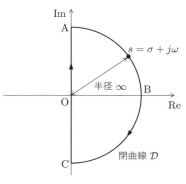

(a) $s = \sigma + j\omega$ と閉曲線 $\mathcal{D}$

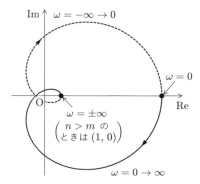

(b) s を閉曲線 $\mathcal{D}$ 上で時計回りに 1 回転させたときの $1 + L(s)$ の軌跡 (ナイキスト軌跡 $1 + L(j\omega)$ と一致)

図 A.2 右半平面すべてを囲む閉曲線 $\mathcal{D}$ とその写像 ($1 + L(s)$ の軌跡)

$$\lim_{r \to \infty} \left(1 + L(re^{j\psi})\right) = \begin{cases} 1 + j \cdot 0 & (n > m) \\ 1 + K' + j \cdot 0 & (n = m) \end{cases} \tag{A.49}$$

となり，(A.47) 式と一致する．したがって，A $\to$ B $\to$ C としたとき，$1 + L(s)$ はナイキスト軌跡 $1 + L(j\omega)$ において $\omega = \pm\infty$ とした点 $(1, 0)$（もしくは $(1 + K', 0)$）に留まる.

(i), (ii) より，$s = \sigma + j\omega$ を C $\to$ O $\to$ A $\to$ B $\to$ C と変化させたときの $1 + L(s)$ の軌跡は，ナイキスト軌跡 $1 + L(j\omega)$ と一致することがわかる.

つぎに，複素数 $s = \sigma + j\omega$ と $1 + L(s)$ の極 p_i，零点 z_i との差を

$$\begin{cases} v_i := s - p_i = |s - p_i|e^{j\theta_i} \\ w_i := s - z_i = |s - z_i|e^{j\phi_i} \end{cases} \tag{A.50}$$

と定義する．このとき，s を閉曲線 $\mathcal{D}$ 上で時計回りに 1 回転させると，

- p_i が安定極　（左半平面に存在）：v_i は回転しない（$\theta_i = 0$） .... 図 A.3 (a)
- z_i が安定零点（左半平面に存在）：w_i は回転しない（$\phi_i = 0$） .... 図 A.3 (a)
- p_i が不安定極　（右半平面に存在）：v_i は時計回りに 1 回転（$\theta_i = 2\pi$） .... 図 A.3 (b)
- z_i が不安定零点（右半平面に存在）：w_i は時計回りに 1 回転（$\phi_i = 2\pi$） .... 図 A.3 (b)

となる．ここで，

$$1 + L(s) = \frac{K|s - z_1| \cdots |s - z_n|}{|s - p_1| \cdots |s - p_n|} e^{j\{\phi_1 + \cdots + \phi_n - (\theta_1 + \cdots + \theta_n)\}} \tag{A.51}$$

であるから，$1 + L(s)$ が右半平面に n_p 個の極（不安定極）と n_z 個の零点（不安定零点）を持つとき，$1 + L(j\omega)$ が原点を周回する回数は時計回りに $n_z - n_p$ 回（すなわち，反時計回りに $n_p - n_z$ 回）である．一方，フィードバック制御系が安定であるということは，$1 + L(s) = 0$ の解（$1 + L(s)$ の零点 z_i）が右半平面にないことを意味するから，$n_z = 0$ でなければならない．したがって，以下の結果が得られる.

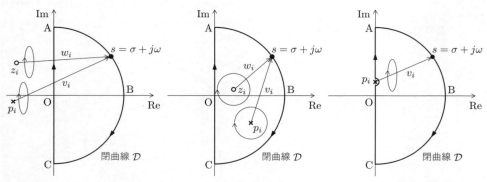

(a) $1 + L(s)$ の安定極 p_i と安定零点 z_i

(b) $1 + L(s)$ の不安定極 p_i と不安定零点 z_i

(c) $1 + L(s)$ の虚軸上の極 p_i（$\mathcal{D}$ は虚軸上の極 p_i を囲まないようにする）

図 A.3　$v_i := s - p_i$ および $w_i := s - z_i$

> フィードバック制御系が安定であるための必要十分条件は，**ナイキスト軌跡 $1 + L(j\omega)$ が原点 $(0, 0)$** を周回する回数 N が反時計回りに n_p 回となることである $(n_\mathrm{p} = N)$．

ここで，$1 + L(s)$ の極と $L(s)$ の極は同一である．さらに，$1 + L(j\omega)$ を実軸方向に -1 移動させると $L(j\omega)$ となるので，以下のようにいい換えることができる．

> フィードバック制御系が安定であるための必要十分条件は，**ナイキスト軌跡 $L(j\omega)$ が $(-1, 0)$** を周回する回数 N が反時計回りに n_p 回となることである $(n_\mathrm{p} = N)$．

この結果がナイキストの安定判別法である．

(b)　開ループ伝達関数 $L(s)$ が虚軸上に極を持つ場合

ここでは，$1 + L(s)$（すなわち，$L(s)$）が虚軸上に極を持つ場合の取り扱いについて説明する．このとき，図 A.3 (c) に示すように，虚軸上の極 p_i を囲まないように閉曲線 $\mathcal{D}$ を構成し，s を閉曲線 $\mathcal{D}$ 上で時計回りに 1 回転させると，

- p_i が虚軸上の極：v_i は回転しない $(\theta_i = 0)$ ･････････････････････････････ 図 A.3 (c)

となる．

簡単のため，虚軸上の極が原点 $(p_1 = 0)$ である場合を考えると，

$$1 + L(s) = 1 + \frac{K'(s - z_1')\cdots(s - z_m')}{s(s - p_2)\cdots(s - p_n)} = \frac{K(s - z_1)\cdots(s - z_n)}{s(s - p_2)\cdots(s - p_n)} \tag{A.52}$$

なので，ナイキスト軌跡 $1 + L(j\omega)$（すなわち，$L(j\omega)$）は $\omega = 0$ で不連続となる．たとえば，例 8.3 (p. 166) で示した

$$L(s) = \frac{1}{s(s + 1)(2s + 1)} \tag{A.53}$$

を考えると，図 A.4 (a) のように $\omega = 0$ で不連続でとなる．曲線（図 A.4 (b) の点線に示す微小な半径 ε の半円）① $\to$ ② $\to$ ③ 上の点 $s = \sigma + j\omega$ を極座標 $s = \varepsilon e^{j\psi}$（$-\pi/2 \leq \psi \leq \pi/2$）で表す．このとき，

$$\lim_{\varepsilon \to +0} L(\varepsilon e^{j\psi}) = \lim_{\varepsilon \to +0} \frac{1}{\varepsilon e^{j\psi}(\varepsilon e^{j\psi} + 1)(2\varepsilon e^{j\psi} + 1)} = \lim_{\varepsilon \to +0} \frac{1}{\varepsilon} e^{j(-\psi)} \tag{A.54}$$

なので，$\varepsilon \to +0$ としたときの $L(s)$ は，図 A.4 (a) の点線のように，半径 $1/\varepsilon$ が ∞ の右半円を時計回りに半周する（$\psi = -\pi/2 \to 0 \to \pi/2$ のように変化させると $-\psi = \pi/2 \to 0 \to -\pi/2$）．したがって，ナイキスト軌跡 $L(j\omega)$ は図 A.4 (a) の実線，破線および点線を合わせたものであり，$(-1, 0)$ の右側で実軸と交わるので，$(-1, 0)$ を周回しない．つまり，$L(s)$ は不安定極を持たないので $n_\mathrm{p} = 0$ であるが，これと $(-1, 0)$ の反時計回り周回回数 $N = 0$ が等しいため，フィードバック制御系は安定であることがいえる．

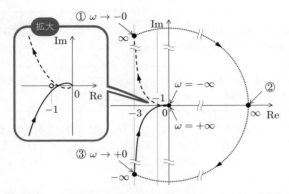

(a) s を閉曲線 $\mathcal{D}$ 上で時計回りに 1 回転させたときのナイキスト軌跡 $L(j\omega)$

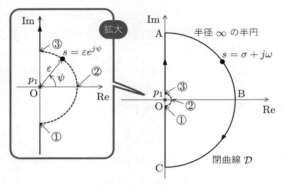

(b) 原点以外の右半平面すべてを囲む閉曲線 $\mathcal{D}$

図 A.4　閉曲線 $\mathcal{D}$ とナイキスト軌跡

付録 B

MATLAB の基本的な操作

B.1 基本操作

■ カレントディレクトリ

MATLAB を起動後, 図 B.1 のコマンドウィンドウに

```
>> cd ↵
```
```
>> pwd ↵
```

と入力すると, 現在の作業フォルダ (カレントディレクトリ) が表示される. カレントディレクトリは, MATLAB のアドレスバーで確認することもできる.

カレントディレクトリを D ドライブのフォルダ usr に変更したい場合,

```
>> cd d:¥usr ↵
```

のように入力する. フォルダ名が usr␣files のようにスペースを含む場合は,

```
>> cd 'd:¥usr files' ↵
```

のように, ' で囲む必要がある. また, MATLAB のアドレスバーに直接, d:¥usr␣files と入力し, カレントディレクトリを移動させることもできる.

一つ上の層にカレントディレクトリを移動させるには,

```
>> cd .. ↵
```

と入力する. カレントディレクトリ内にあるファイルやフォルダを調べるためには,

```
>> dir ↵
```
```
>> ls ↵
```

のいずれかを入力すれば良い. また, "dir␣*.m" や "ls␣*.m" のように表示するファイルの拡

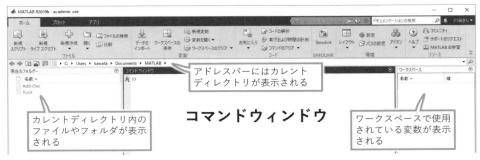

図 B.1 MATLAB

張子を指定することもできる.

■ コマンドウィンドウの表示形式

コマンドウィンドウの標準の表示形式は

```
>> pi ↵   ……… 円周率 π の値の表示

ans =

    3.1416
```

のように 5 桁の固定小数で行間に余分な改行が入る. この表示形式を変更したい場合には, 関数
"`format`"(p. 232) を利用する. 関数 "`format`" の使用例を以下に示す.

```
>> format compact ↵
>> format short ↵
>> pi ↵
ans =
    3.1416
```

```
>> format compact ↵
>> format short e ↵
>> pi ↵
ans =
    3.1416e+00
```

```
>> format compact ↵
>> format long ↵
>> pi ↵
ans =
    3.141592653589793
```

```
>> format compact ↵
>> format long e ↵
>> pi ↵
ans =
    3.141592653589793e+00
```

■ ヒストリー機能

MATLAB ではコマンドウィンドウに命令文を入力して様々なことを行うが, 以前入力したも
のを再入力したいときがある. このような場合を考慮し, MATLAB にはヒストリー機能がある.
キーボードの ↑ キーや ↓ キーを押すと, 以前入力したコマンドが現れるので, 適時使用すれ
ば効率が良い.

■ ヘルプ機能

調べたい関数名がわかっているのであれば,

```
>> doc tf ↵
```

のように "`doc␣関数名`" と入力することによって, 図 B.2 のヘルプブラウザに説明が表示され
る. また,

図 B.2　ヘルプブラウザ

```
>> doc  ↵
```

と入力するか，MATLAB の「ホーム」タブの「ヘルプ」を選択することで，ヘルプブラウザを起動することができる．ヘルプブラウザの右上の検索ボックスにキーワードを入力することで，キーワードに関係するドキュメントを検索することができる．

B.2 変数，データ列，行列 (ベクトル) の操作

■ スカラー変数の操作

MATLAB ではコマンドウィンドウで

```
>> a = 5  ↵  ……  実数 a = 5 の定義
a =
     5
```

```
>> b = 2 + 3i  ↵  ……  複素数 b = 2 + 3j の定義
b =                     (i の代わりに j を用いても良い)
     2.0000 + 3.0000i
```

と入力することでスカラー変数を定義できる．また，コマンドウィンドウに値を表示させたくない場合，

```
>> a = 5;  ↵  ……  実数 a = 5 の定義
```

```
>> b = 2 + 3i;  ↵  ……  複素数 b = 2 + 3j の定義
```

のように，末尾に "`;`" を記述する．このように定義された変数はコマンドウィンドウで

```
>> who  ↵  ………  ワークスペース内の変数リストを表示

変数:

a  b
```

```
>> a  ↵  …………  a の値の確認
a =
     5
>> b  ↵  …………  b の値の確認
b =
     2.0000 + 3.0000i
```

と入力することによって値を確認できる．

なお，MATLAB では円周率 π などの定数があらかじめ用意されている (表 B.1)．また，変数の四則演算を行うには，以下のように，表 B.2 に示す操作を行えば良い．

```
>> 4*a + b  ↵  ……  4a + b
ans =
    22.0000 + 3.0000i
```

```
>> b^2/a  ↵  …………  b²/a
ans =
     -1.0000 + 2.4000i
```

表 B.1 特殊定数

定数	説明	定数	説明	定数	説明	定数	説明
pi	円周率 π	Inf	無限大 ∞	NaN	不定値	i, j	虚数単位 i, j

表 B.2 スカラー変数の演算

演算子	使用例	説明	演算子	使用例	説明	演算子	使用例	説明
+	a + b	加算 $a + b$	-	a - b	減算 $a - b$	^	a^k	べき乗 a^k
*	a*b	乗算 ab	/	a/b	除算 a/b			

■ データ列の操作

MATLAB でグラフを描きたいような場合，データ列を生成する必要がある．たとえば，2 次関数 $y = x^2 + 2x - 3$ のグラフを $-2 \leq x \leq 2$ の範囲で描画したい場合を考える．このとき，ま

ず, x のデータ列 x を

```
>> x = -2:0.1:2; ↵
```

```
>> x = linspace(-2,2,41); ↵
```

のように定義する. これらの操作はいずれも最小値が -2, 最大値が 2, 間隔が 0.1 であるような 41 個の $x = -2, -1.9, -1.8, \ldots, 2$ をデータ列 x として定義しており, x を表示させると,

```
>> x ↵
x =
  1 列から 9 列
  -2.0000   -1.9000   -1.8000   -1.7000   -1.6000   -1.5000   -1.4000   -1.3000   -1.2000
 10 列から 18 列
  -1.1000   -1.0000   -0.9000   -0.8000   -0.7000   -0.6000   -0.5000   -0.4000   -0.3000
 ··········································《省略》··········································
 37 列から 41 列
   1.6000    1.7000    1.8000    1.9000    2.0000
```

となる. $y = x^2 + 2x - 3$ を計算するため, y = x^2 + 2*x - 3 を入力すると,

```
>> y = x^2 + 2*x - 3 ↵
エラー: ^
行列をべき乗にするには次元が正しくありません。行列が正方行列で、べき指数がスカラーであることを確認してくださ
い。行列を要素ごとにべき乗するには、'.^' を使用してください。
```

のように, x^2 の部分がエラーとなる. データ列 a のべき乗や, 複数のデータ列 a, b の乗算や除算は演算子の前に "." が必要であり, a.^2, a.*b, a./b のようにする (表 B.3). したがって, $y = x^2 + 2x - 3$ を計算するには

```
>> y = x.^2 + 2*x - 3 ↵
y =
  1 列から 9 列
  -3.0000   -3.1900   -3.3600   -3.5100   -3.6400   -3.7500   -3.8400   -3.9100   -3.9600
 10 列から 18 列
  -3.9900   -4.0000   -3.9900   -3.9600   -3.9100   -3.8400   -3.7500   -3.6400   -3.5100
 ··········································《省略》··········································
 37 列から 41 列
   2.7600    3.2900    3.8400    4.4100    5.0000
```

とすれば良い. グラフの描画については, **付録 B.4** (p. 229) で説明する.

表 B.3　データ列の演算

演算子	使用例	説明
+	a + k	要素の加算 [a1+k ··· an+k] ····················· $\begin{bmatrix} a_1 + k & \cdots & a_n + k \end{bmatrix}$
−	a − k	要素の減算 [a1-k ··· an-k] ····················· $\begin{bmatrix} a_1 - k & \cdots & a_n - k \end{bmatrix}$
*	k*a	要素の乗算 (定数倍) [k*a1 ··· k*an] ······· $\begin{bmatrix} ka_1 & \cdots & ka_n \end{bmatrix}$
/	a/k	要素の除算 [a1/k ··· an/k] ····················· $\begin{bmatrix} a_1/k & \cdots & a_n/k \end{bmatrix}$
.^	a.^k	要素のべき乗 [a1^k ··· an^k] ··············· $\begin{bmatrix} a_1^k & \cdots & a_n^k \end{bmatrix}$
+	a + b	要素どうしの加算 [a1+b1 ··· an+bn] ······· $\begin{bmatrix} a_1 + b_1 & \cdots & a_n + b_n \end{bmatrix}$
−	a − b	要素どうしの減算 [a1-b1 ··· an-bn] ······· $\begin{bmatrix} a_1 - b_1 & \cdots & a_n - b_n \end{bmatrix}$
.*	a.*b	要素どうしの乗算 [a1*b1 ··· an*bn] ······· $\begin{bmatrix} a_1 b_1 & \cdots & a_n b_n \end{bmatrix}$
./	a./b	要素どうしの除算 [a1/b1 ··· an/bn] ······· $\begin{bmatrix} a_1/b_1 & \cdots & a_n/b_n \end{bmatrix}$

定数 k, データ列: a = [a1 a2 ··· an], b = [b1 b2 ··· bn]

■ 行列 (ベクトル) の操作

MATLAB での行列の記述は，

- 行列のはじめと終わりを " [" と "] " とで囲む
- 各要素はスペース " ␣ " またはカンマ " , " で区切る
- 各行の終わりはセミコロン " ; " またはエンターキー (リターンキー) ⏎ で定義する

という決まりに注意すれば良い．行列やベクトル

$$A = \begin{bmatrix} 1 & 2 \\ 3 & 4 \end{bmatrix}, \ b = \begin{bmatrix} 1 \\ 2 \end{bmatrix}, \ c = \begin{bmatrix} 1 & 2 \end{bmatrix}$$

を MATLAB で記述した例を以下に示す．

```
>> A = [1 2; 3 4] ⏎   ……… 行列 A の定義
A =
     1     2
     3     4
>> A = [1,2; 3,4] ⏎   ……… 行列 A の定義
A =
     1     2
     3     4
>> A = [1 2 ⏎   ……………… 行列 A の定義
3 4] ⏎
A =
     1     2
     3     4
```

```
>> b = [1; 2] ⏎   ………………… 縦ベクトル b の定義
b =
     1
     2
>> b = [1 ⏎   ………………… 縦ベクトル b の定義
2] ⏎
b =
     1
     2
>> c = [1 2] ⏎   ……………… 横ベクトル c の定義
c =
     1     2
```

このようにして定義された行列やベクトルの各要素は

```
>> A(2,1) ⏎
ans =
     3
>> A(1:end,1) ⏎
ans =
     1
     3
>> A(1:2,1) ⏎
ans =
     1
     3
```

```
>> A(2,1:end) ⏎
ans =
     3     4
>> A(2,1:2) ⏎
ans =
     3     4
>> b(2) ⏎
ans =
     2
>> c(1) ⏎
ans =
     1
```

のようにして抜き出すこともできる．なお，行列 (ベクトル) の演算を行う例を **表 B.4** に示す．

表 B.4　行列の演算

演算子	使用例	説明	演算子	使用例	説明
+	A + B	加算 $A+B$	-	A - B	減算 $A-B$
*	A*B	乗算 AB	¥, \	A¥b, A\B	$Ax = b$ となる x
.'	A.'	転置行列 $A^\top$	'	A'	共役転置行列 A^* (A が実行列の場合は転置行列 $A^\top$ となる)
^	A^k	べき乗 A^k			

B.3　M ファイル

MATLAB を用いて 2 次関数 $y = x^2 + 2x - 3$ $(-2 \leq x \leq 2)$ のグラフ (図 B.3) を描画するには，コマンドウィンドウで以下のように入力すれば良い．

```
>> x = -2:0.1:2; ↵      ················ xの生成：−2から2まで0.1刻みのデータをxに格納
>> y = x.^2 + 2*x - 3; ↵ ················ yの計算
>> figure(1); plot(x,y) ↵ ················ 横軸をx，縦軸をyとしたグラフの描画
```

このように，簡単な作業であれば，直接，コマンドウィンドウに入力すれば良いが，行数が多い場合，使い勝手が悪い．また，せっかく入力した命令文を次回の起動時に使用することができない．そこで，MATLAB では，多くのプログラミング言語と同様，ファイルに命令文を記述し，まとめて実行することができる．実行したいファイルの拡張子は "*.m" であり，このファイルを**スクリプト M ファイル**という．なお，本書ではスクリプト M ファイルを単に M ファイルと記述する[注B.1]．

M ファイルを作成するために，MATLAB の「ホーム」タブの「新規スクリプト」を選択する．このとき，エディタのウィンドウが起動

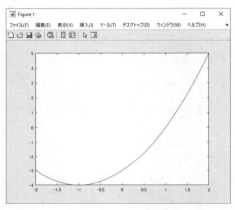

図 B.3　グラフの描画

するので，図 B.4 のように入力する．このファイルに名前 (たとえば sample.m という名前) をつけて適当なフォルダに保存した後，「エディタ」タブの「実行」を選択する．そして，「フォルダの変更」か「パスの追加」のいずれかを要求されるので，「フォルダの変更」を選択する (カレントディレクトリを sample.m が保存されているフォルダに変更する)．その結果，図 B.3 のグラフ

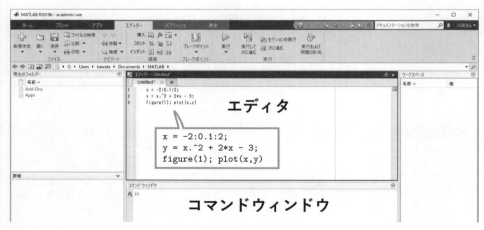

```
x = -2:0.1:2;
y = x.^2 + 2*x - 3;
figure(1); plot(x,y)
```

図 B.4　MATLAB のエディタ

[注B.1] M ファイルは "スクリプト M ファイル" と "ファンクション M ファイル" に分類される．

が描画される．また，カレントディレクトリを `sample.m` が保存されているフォルダとした後，

```
>> sample ↵ ·················································· M ファイル "sample.m" の実行
```

と入力すると，`sample.m` をコマンドウィンドウから実行することもできる．

B.4　グラフの描画

■ グラフの描画とカスタマイズ

二つの 2 次関数

$$y = f(x) := (x + 3)(x - 1), \quad y = g(x) := -2(x + 2)(x - 3)$$

のグラフを描画してみよう．以下の M ファイルを実行すると，図 B.5 (a) のグラフが描画される．

```
M ファイル "sample_plot1.m"
 1  clear                        ········ ワークスペースの変数をすべて消去
 2  format compact               ········ 余分な空白を抑制して表示
 3
 4  x = -4:0.001:4;              ········ x のデータ列：−4 から 4 まで 0.001 刻み
 5  y1 = (x + 3).*(x - 1);       ········ y = f(x) の計算
 6  y2 = - 2*(x + 2).*(x - 3);   ········ y = g(x) の計算
 7
 8  figure(1)                    ········ 1 番目のフィギュアウィンドウ (Figure 1) を指定
 9  plot(x,y1)                   ········ 横軸を x，縦軸を y = f(x) としたグラフを描画
10  hold on                      ········ グラフの保持 (グラフの重ね描きを許可)
11  plot(x,y2,'--')              ········ 横軸を x，縦軸を y = g(x) としたグラフを破線で描画
12  plot([-3 1],[0 0],'o')       ········ 点 (−3, 0), (1, 0) を丸印 (O) で描画
13  plot([-2 3],[0 0],'o')       ········ 点 (−2, 0), (3, 0) を丸印 (O) で描画
14  hold off                     ········ グラフの解放 (グラフの重ね描きを不許可)
15
16  xlabel('x')                  ········ 横軸にラベルを表示
17  ylabel('y')                  ········ 縦軸にラベルを表示
18
19  legend('f(x)','g(x)')        ········ y = f(x), y = g(x) の凡例を表示
```

関数 "`plot`" では線やマーカーの種類を指定するために，`plot(x,y,'***')` の `***` の部分を

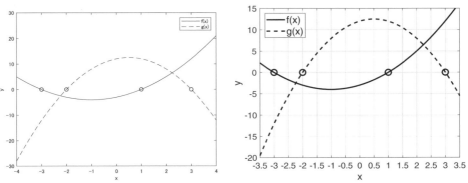

(a) M ファイル "`sample_plot.m`" の実行結果　　(b) M ファイル "`sample_plot2.m`" の実行結果

図 B.5　描画されたグラフ

表 B.5　グラフの線やマーカーの種類，色

–	実線	--	破線	:	点線	-.	一点鎖線	o	丸印
+	プラス	*	アスタリスク	.	点	x	×字	s	正方形
d	菱形	^	上向き三角形	v	下向き三角形	>	右向き三角形	<	左向き三角形
p	星形五角形	h	星形六角形	y	黄色	m	紫色	c	水色
r	赤	g	緑	b	青	w	白	k	黒

-- (破線)，o (丸印) としている．*** には線やマーカーの種類，色が指定され，たとえば，b とすれば「青の実線」，r-- とすれば「赤の破線」，g-o とすれば「緑の実線と円の重ね合わせ」となる．表 B.5 に指定可能な線やマーカーの種類，色を示す．

　M ファイル "sample_plot1.m" のように標準設定のままとすると，グラフの線が細い (0.5 pt)，文字のフォントサイズが小さい (9 pt)，フォントが日本語フォントである (MS UI Gothic)，マーカーサイズが小さい (6 pt)，などといった理由で見栄えが良くない．また，グラフの線の色や凡例の位置を変更したいときもある．そこで，関数のオプションを加筆し，M ファイル "sample_plot1.m" を

```
Mファイル "sample_plot2.m"

    "sample_plot1.m" (p. 229) の 1〜8 行目

 9   plot(x,y1,     'LineWidth',2,'Color',[192  80  77]/255)
10   hold on
11   plot(x,y2,'--','LineWidth',2,'Color',[ 79 129 189]/255)
12   plot([-3 1],[0 0],'o','LineWidth',2,'MarkerSize',10,'Color',[192  80  77]/255)
13   plot([-2 3],[0 0],'o','LineWidth',2,'MarkerSize',10,'Color',[ 79 129 189]/255)
14   hold off
15   set(gca,'FontSize',14,'FontName','Arial')        ……… グラフ全体のフォントサイズ，フォント名の変更
16
17   xlim([-3.5 3.5])              ……… 横軸の範囲指定 (−3.5 ≤ x ≤ 3.5)
18   ylim([-20 15])               ……… 縦軸の範囲指定 (−20 ≤ x ≤ 15)
19   set(gca,'XTick',-3.5:0.5:3.5)   ……… 横軸の目盛り指定 (−3.5 から 3.5 まで 0.5 刻み)
20   set(gca,'YTick',-20:5:15)       ……… 縦軸の目盛り指定 (−20 から 15 まで 5 刻み)
21
22   xlabel('x','FontSize',16,'FontName','Arial')
23   ylabel('y','FontSize',16,'FontName','Arial')
24
25   legend('f(x)','g(x)')                    …… 凡例を表示
26   legend('Location','NorthWest')            ……… 凡例を左上に移動
27   set(legend,'FontSize',16,'FontName','Arial')  ……… 凡例のフォントサイズ，フォント名の変更
28
29   grid on                              ……… 補助線の表示
```

のように修正する．そして，M ファイル "sample_plot2.m" を実行すると，図 B.5 (b) のグラフが描画される．各関数のオプションは以下の通りである．

▶ 線の太さ，マーカのサイズ

　　関数 "plot" や "semilogx" などにおいては，オプション LineWidth により線の太さを，MarkerSize によりマーカーのサイズをそれぞれ pt (ポイント) で指定することができる．

▶ 線やマーカーの色

　　関数 "plot" や "semilogx" などにおいては，オプション Color により線やマーカーの色を指定することができる．色は 256 階調 (0〜255 の整数値) の RGB (赤緑青) を 0〜1 の

表 B.6　オプション 'Color' の設定値の例

赤	[255　　0　　0]/255 もしくは [1 0 0]	白	[255 255 255]/255 もしくは [1 1 1]
緑	[　0 255　　0]/255 もしくは [0 1 0]	黄	[255 255　　0]/255 もしくは [1 1 0]
青	[　0　　0 255]/255 もしくは [0 0 1]	水色	[　0 255 255]/255 もしくは [0 1 1]
黒	[255 255 255]/255 もしくは [0 0 0]	紫色	[255　　0 255]/255 もしくは [1 0 1]

実数値に変換して指定する．たとえば，

- [192 80 77]/255：淡い赤色
- [79 129 189]/255：淡い青色

である．表 B.6 に標準的な設定値を示す．

▶ フォントサイズ，フォント名

関数 "xlabel"，"ylabel"，"title" などにおいて，オプション FontSize によりフォントサイズを pt (ポイント) で指定でき，オプション FontName によりフォント名を指定できる．フォント名としては，英語フォント Arial, Times がよく使用される．

▶ 凡例の位置

関数 "legend" のオプション Location により方角で位置を指定できる．方角としては NorthEast (標準の設定), NorthWest, SouthEast, SouthWest, North, South, East, West や NorthEastOutside, NorthOutside などを使用する．

■ グラフの保存

MATLAB で作成したグラフは，関数 "savefig" により MATLAB の Fig ファイルとして保存できる．たとえば，以下のように入力することで，1 番目のフィギュアウィンドウのグラフが graph.fig という名前で保存される．

```
>> figure(1); savefig graph ↵        >> figure(1); savefig('graph') ↵
```

また，MATLAB で作成したグラフは関数 "print" により様々な形式の図として保存することができる．たとえば，1 番目のフィギュアウィンドウのグラフを graph.jpg という名前の JPEG 画像としてカレントディレクトリに保存するためには，

```
>> figure(1); print -djpeg graph ↵   ·········· 1 番目のフィギュアウィンドウのグラフを graph.jpg という名前の JPEG 画像として保存
```

と入力する．保存可能な形式の一部を表 B.7 に示す(注B.2)．

表 B.7　保存するファイルの形式 (抜粋)

-djpeg	JPEG 形式 (***.jpg)	-dpng	PNG 形式 (***.png)
-dbmpmono	モノクロ BMP 形式 (***.bmp)	-dbmp	BMP 形式 (***.bmp)
-dtiff	TIFF 形式 (***.tif)	-dpdf	PDF ファイル (***.pdf)
-dmeta	拡張メタファイル (***.emf)	-dsvg	SVG 形式 (***.svg)
-deps	モノクロ EPS 形式 (***.eps)	-depsc	EPS 形式 (***.eps)

(注B.2) TEX では PDF ファイルを図として取り込むが，関数 "print" を利用して生成された PDF ファイルには余白が含まれる．この余白を取り除くには，たとえば，https://github.com/aminophen/bcpdfcrop からダウンロードした bcpdfcrop-master.zip に含まれるバッチファイル bcpdfcrop-multi.bat を利用する (余白を取り除きたい PDF ファイルを bcpdfcrop-multi.bat にドラッグ & ドロップする)．ただし，TeX Live などにより TEX がインストールされているものとする．

B.5　主要な MATLAB 関数

B.5.1　一般的な MATLAB 関数

■ コマンドウィンドウの表示形式

関数名	使用例	説明
clc	clc	コマンドウィンドウの表示をクリア
format	format loose	空行を追加して表示 (標準の設定)
	format compact	余分な空行を抑制して表示
	format short	小数点以下 4 桁の short 型固定小数点で表示 (標準の設定)
	format short e	short 型の指数表記で表示
	format long	double 値の場合は小数点以下 15 桁, single 値の場合は小数点以下 7 桁の long 型固定小数点で表示
	format long e	long 型の指数表記で表示

■ ワークスペース変数の保存と読み込み

関数名	使用例	説明
who	who	ワークスペースの変数を表示
whos	whos	ワークスペースの変数の名前, サイズ, 型を表示
clear	clear	ワークスペースの変数すべてを消去
	clear x y	ワークスペースの変数のうち x, y のみを消去
save	save filename save('filename')	ワークスペースの変数すべてをバイナリファイル filename.mat に保存
	save filename x y save('filename','x','y')	ワークスペースの変数のうち x, y のみをバイナリファイル filename.mat に保存
load	load filename load('filename')	バイナリファイル filename.mat に保存されている変数すべてをワークスペースに読み込み
	load filename x y load('filename','x','y')	バイナリファイル filename.mat に保存されている変数のうち x, y のみをワークスペースに読み込み

■ 会話形式

関数名	使用例	説明
disp	disp('text')	コマンドウィンドウに text を表示
pause	pause	キーボードから何か入力されるまで停止
input	y = input('text')	コマンドウィンドウに text を表示し, キーボードから入力された値を y に代入
fprintf	fprintf('text: %5.3f¥n',x)	コマンドウィンドウに表示 (C 言語の関数 "printf" と同様の使い方) ● %d, %5d：整数 ● %f, %5.3f：実数 ● %e, %5.3e：指数表記の実数 ● ¥n：改行 ● ¥t：タブ

■ 基本的な数学関数

関数名	使用例	説明
sin	sin(x)	正弦関数 $\sin x$ (x [rad])
cos	cos(x)	余弦関数 $\cos x$ (x [rad])
tan	tan(x)	正接関数 $\tan x$ (x [rad])
asin	asin(x)	逆正弦関数 $\sin^{-1} x$ [rad]
acos	acos(x)	逆余弦関数 $\cos^{-1} x$ [rad]
atan	atan(x)	逆正接関数 $\theta = \tan^{-1} x$ [rad] ($-\pi/2 \leq \theta \leq \pi/2$)
atan2	atan2(y,x)	$\tan\theta = y/x$ となる θ [rad] ($-\pi \leq \theta \leq \pi$)
exp	exp(x)	指数関数 e^x
log	log(x)	自然対数関数 $\log_e x,\ \ln x$
log10	log10(x)	常用対数関数 $\log_{10} x$
sqrt	sqrt(x)	平方根 $\sqrt{x}$
real	real(x)	複素数 $x = a + jb$ の実部 $a = \mathrm{Re}[x]$
imag	imag(x)	複素数 $x = a + jb$ の虚部 $b = \mathrm{Im}[x]$
abs	abs(x)	実数 x の絶対値 $|x|$, 複素数 $x = a + jb$ の大きさ $|x| = \sqrt{a^2 + b^2}$
angle	angle(x)	複素数 $x = a + jb$ の偏角 $\theta = \tan^{-1}(b/a)$ [rad] ($-\pi \leq \theta \leq \pi$)
mod	mod(m,n)	整数 m を整数 n で割ったときの余り

■ 等間隔のデータ列の生成

関数名	使用例	説明
linspace	x = linspace(xmin,xmax,n)	$x_{\min} \leq x \leq x_{\max}$ の範囲で等間隔に n 個のデータ x を生成
logspace	w = logspace(dmin,dmax,n)	$10^{d_{\min}} \leq \omega = 10^d \leq 10^{d_{\max}}$ の範囲で対数スケールで等間隔に n 個のデータ ω を生成 ($d_{\min} \leq d \leq d_{\max}$ の範囲で等間隔に n 個のデータ d を生成)

■ 基本的な行列 (ベクトル) の生成

関数名	使用例	説明
eye	eye(n)	$n \times n$ の単位行列 $\boldsymbol{I}$
zeros	zeros(m,n)	$m \times n$ の零行列 $\boldsymbol{O}$
diag	D = diag([d1 d2 d3])	対角行列 $$\boldsymbol{D} = \mathrm{diag}\{d_1, d_2, \cdots, d_n\} := \begin{bmatrix} d_1 & & 0 \\ & d_2 & \ddots \\ 0 & & d_n \end{bmatrix}$$
blkdiag	D = blkdiag(D1,D2,D3)	ブロック対角行列 $$\boldsymbol{D} = \text{block-diag}\{\boldsymbol{D}_1, \boldsymbol{D}_2, \cdots, \boldsymbol{D}_n\}$$ $$:= \begin{bmatrix} \boldsymbol{D}_1 & & 0 \\ & \boldsymbol{D}_2 & \ddots \\ 0 & & \boldsymbol{D}_n \end{bmatrix}$$

■ 基本的な行列 (ベクトル) の解析・操作

関数名	使用例	説明
size	[m n] = size(A)	$m \times n$ 行列 $\boldsymbol{A}$ のサイズ m, n
length	n = length(x)	ベクトル $\boldsymbol{x}$ の次元 n
	N = length(A)	$m \times n$ 行列 $\boldsymbol{A}$ の最大次元 $N = \begin{cases} n & (n \geq m) \\ m & (n \leq m) \end{cases}$
inv	inv(A)	正方行列 $\boldsymbol{A}$ の逆行列 $\boldsymbol{A}^{-1}$
pinv	pinv(A)	$m \times n$ 行列 $\boldsymbol{A}$ の疑似逆行列 $\boldsymbol{A}^{+} := (\boldsymbol{A}^{\top}\boldsymbol{A})^{-1}\boldsymbol{A}^{\top}$ $(m \geq n)$ もしくは $\boldsymbol{A}^{+} := \boldsymbol{A}^{\top}(\boldsymbol{A}\boldsymbol{A}^{\top})^{-1}$ $(m \leq n)$
eig	p = eig(A)	$n \times n$ 行列 $\boldsymbol{A}$ の固有値 p_i $(i = 1, 2, \ldots, n)$ を集約した縦ベクトル $\boldsymbol{p} = \begin{bmatrix} p_1 & p_2 & \cdots & p_n \end{bmatrix}^{\top}$
	[V P] = eig(A)	$n \times n$ 行列 $\boldsymbol{A}$ の固有値 p_i, 固有ベクトル $\boldsymbol{v}_i$ からなる $n \times n$ 行列 $\boldsymbol{P} = \mathrm{diag}\{p_1, p_2, \cdots, p_n\}$, $\boldsymbol{V} = \begin{bmatrix} \boldsymbol{v}_1 & \boldsymbol{v}_2 & \cdots & \boldsymbol{v}_n \end{bmatrix}$
rank	rank(A)	行列 $\boldsymbol{A}$ のランク (階数) $\mathrm{rank}\boldsymbol{A}$
det	det(A)	$n \times n$ 行列 $\boldsymbol{A}$ の行列式 $\det\boldsymbol{A}$ (もしくは $\lvert\boldsymbol{A}\rvert$)
poly	c = poly(A)	$n \times n$ 行列 $\boldsymbol{A}$ の特性多項式 $$\lvert p\boldsymbol{I} - \boldsymbol{A}\rvert = a_n p^n + \cdots + a_1 p + a_0$$ の係数を集約した横ベクトル $\boldsymbol{c} = \begin{bmatrix} a_n & \cdots & a_1 & a_0 \end{bmatrix}$
roots	p = roots(c)	横ベクトル $\boldsymbol{c} = \begin{bmatrix} a_n & \cdots & a_1 & a_0 \end{bmatrix}$ の要素を係数とした n 次方程式 $$a_n p^n + \cdots + a_1 p + a_0 = 0$$ の解 $p = p_i$ を集約した縦ベクトル $\boldsymbol{p} = \begin{bmatrix} p_1 & p_2 & \cdots & p_n \end{bmatrix}^{\top}$
max	xmax = max(x)	n 次元ベクトル $\boldsymbol{x}$ の最大要素 $x_{\max}$
	[xmax imax] = max(x)	n 次元ベクトル $\boldsymbol{x}$ の最大要素 $x_{\max}$ ($\boldsymbol{x}$ の $i_{\max}$ 番目の要素)
min	xmin = min(x)	n 次元ベクトル $\boldsymbol{x}$ の最小要素 $x_{\min}$
	[xmin imin] = min(x)	n 次元ベクトル $\boldsymbol{x}$ の最小要素 $x_{\min}$ ($\boldsymbol{x}$ の $i_{\min}$ 番目の要素)

■ グラフの描画・操作

関数名	使用例	説明
figure	figure(i)	i 番目のフィギュアウィンドウを作成または指定
subplot	subplot(m,n,i)	フィギュアウィンドウを $m \times n$ に分割し, i 番目の場所を指定
close	close(i)	i 番目のフィギュアウィンドウを閉じる
	close all	すべてのフィギュアウィンドウを閉じる
plot	plot(x,y)	横軸を x, 縦軸を y としたグラフの描画
	plot(x1,y1,x2,y2)	複数のグラフを描画
plot3	plot3(x,y,z)	3 次元グラフの描画
	plot3(x1,y1,z1,x2,y2,z2)	複数の 3 次元グラフを描画
semilogx	semilogx(x,y)	横軸を $\log_{10} x$, 縦軸を y としたグラフの描画
	semilogx(x1,y1,x2,y2)	複数のグラフを描画
semilogy	semilogy(x,y)	横軸を x, 縦軸を $\log_{10} y$ としたグラフの描画
	semilogy(x1,y1,x2,y2)	複数のグラフを描画

関数名	使用例	説明
loglog	loglog(x,y)	横軸を $\log_{10} x$，縦軸を $\log_{10} y$ としたグラフの描画
	loglog(x1,y1,x2,y2)	複数のグラフを描画
title	title('text')	グラフの描画枠の上方にタイトル text を表示
xlabel	xlabel('text')	横軸にラベル text を表示
ylabel	ylabel('text')	縦軸にラベル text を表示
legend	legend('text')	凡例の表示
	legend('text1','text1')	複数のグラフの凡例を表示
xlim	xlim([xmin xmax])	横軸の範囲を $x_{min} \le x \le x_{max}$ に設定
ylim	ylim([ymin ymax])	縦軸の範囲を $y_{min} \le y \le y_{max}$ に設定
axis	axis([xmin xmax ymin ymax])	横軸の範囲を $x_{min} \le x \le x_{max}$，縦軸の範囲を $y_{min} \le y \le y_{max}$ に設定
	axis normal	枠を長方形にする (標準の設定)
	axis square	枠を正方形にする
	axis on	枠を表示 (標準の設定)
	axis off	枠を非表示 (グラフのみを表示)
grid	grid on	補助線の表示
	grid off	補助線の非表示
hold	hold on	グラフの保持 (グラフの重ね描きを許可)
	hold off	グラフの解放 (グラフの重ね描きを不許可)
clf	clf(i)	i 番目のフィギュアウィンドウのグラフを消去

■ 制御文

関数名	使用例	説明

if	`if i > 0`
	`    fprintf('positive number\n')`
	`elseif i < 0`
	`    fprintf('negative number\n')`
	`else`
	`    fprintf('zero\n')`
	`end`
		分岐処理

for	`for i = 1:10`
	`    fprintf('i = %d\n')`
	`end`
		指定した回数の反復処理

while	`i = 1;`
	`while i <= 10`
	`    fprintf('i = %d\n')`
	`    i = i + 1;`
	`end`
		条件が true (真) の場合に反復

break	`i = 1;`
	`while true`
	`    if i > 5`
	`        fprintf('i = %d\n')`
	`        break`
	`    end`
	`    i = i + 1;`
	`end`
		反復処理を強制終了

B.5.2　数式処理における MATLAB 関数

関数名	使用例	説明
syms	syms x y	x, y を複素数のシンボリック変数として定義
	syms x y real	x, y を実数のシンボリック変数として定義
	syms x y positive	x, y を正数のシンボリック変数として定義
	syms x y integer	x, y を整数のシンボリック変数として定義
simplify	simplify(fx)	$f(x)$ を単純化
collect	collect(fx)	$f(x)$ をべき乗でまとめる
	collect(fx,x)	$f(x)$ を x に関するべき乗でまとめる
factor	factor(fx)	$f(x)$ を因数分解したときの因数
	prod(factor(fx))	$f(x)$ を因数分解
expand	expand(fx)	$f(x)$ の展開
subs	subs(fx,x,a)	$f(x)$ の x に a を代入 $(f(x)|_{x=a})$
limit	limit(fx,x,a)	極限 $\lim_{x \to a} f(x)$
fplot	fplot(fx)	グラフの描画
	fplot(fx,[xmin xmax])	グラフの描画 (横軸の範囲を指定)
laplace	Fs = laplace(ft)	$f(t)$ のラプラス変換 $F(s) = \mathcal{L}[f(t)]$
ilaplace	ft = ilaplace(Fs)	$F(s)$ の逆ラプラス変換 $f(t) = \mathcal{L}^{-1}[F(s)]$
taylor	taylor(fx)	$f(x)$ の 5 次までのマクローリン展開
	taylor(fx,x,'Order',n)	$f(x)$ の n 次までのマクローリン展開
	taylor(fx,x,a)	$f(x)$ の $x = a$ における 5 次までのテイラー展開
	taylor(fx,x,a,'Order',n)	$f(x)$ の $x = a$ における n 次までのテイラー展開

B.5.3　制御工学に関連した MATLAB 関数

■ モデルの定義

関数名	使用例	説明
tf	sys = tf(num,den)	(B.1) 式の形式の伝達関数 $P(s)$ を定義
	sys = tf(sys)	(B.1) 式の形式の伝達関数 $P(s)$ に変換
	s = tf('s')	ラプラス演算子 s の定義
zpk	sys = zpk(z,p,K)	(B.2) 式の形式の伝達関数 $P(s)$ の定義
	sys = zpk(sys)	(B.2) 式の形式の伝達関数 $P(s)$ に変換
ss	sys = ss(A,B,C,D)	状態空間表現 (B.3) 式の定義
	sys = ss(sys)	状態空間表現 (B.3) 式に変換

$$P(s) = \frac{N(s)}{D(s)}, \quad \begin{cases} N(s) = b_m s^m + \cdots + b_1 s + b_0 \\ D(s) = a_n s^n + \cdots + a_1 s + a_0 \end{cases} \implies \begin{cases} \text{num} = [\text{bm} \ \cdots \ \text{b1 b0}] \\ \text{den} = [\text{an} \ \cdots \ \text{a1 a0}] \end{cases} \quad (B.1)$$

$$P(s) = \frac{k(s - z_1)(s - z_2) \cdots (s - z_m)}{(s - p_1)(s - p_2) \cdots (s - p_n)} \implies \begin{cases} \text{z} = [\text{z1 z2} \ \cdots \ \text{zm}] \\ \text{p} = [\text{p1 p2} \ \cdots \ \text{pn}] \end{cases} \quad (B.2)$$

$$\begin{cases} \dot{\boldsymbol{x}}(t) = \boldsymbol{A}\boldsymbol{x}(t) + \boldsymbol{B}\boldsymbol{u}(t) \\ \boldsymbol{y}(t) = \boldsymbol{C}\boldsymbol{x}(t) + \boldsymbol{D}\boldsymbol{u}(t) \end{cases} \quad (B.3)$$

■ モデルの解析

関数名	使用例	説明
tfdata	[num den] = tfdata(sys,'v')	伝達関数 $P(s)$ の分子 $N(s)$, 分母 $D(s)$ を抽出
zpkdata	[z p k] = zpkdata(sys,'v')	伝達関数 $P(s)$ の零点 z_i, 極 p_i, ゲイン k を抽出
pole	pole(sys)	伝達関数 $P(s)$ の極 p_i を抽出
zero	zero(sys)	伝達関数 $P(s)$ の零点 z_i を抽出
tzero	tzero(sys)	伝達関数 $P(s)$ の (不変) 零点 z_i を抽出 (多入力多出力系にも対応)
rlocus	rlocus	$1 + kP(s)$ の根軌跡

■ モデルの結合

関数名	使用例	説明
*	sys = sys1*sys2	直列結合 $P(s) = P_1(s)P_2(s)$
+, -	sys = sys1 + sys2 - sys3	並列結合 $P(s) = P_1(s) + P_2(s) - P_3(s)$
feedback	sys = feedback(sys1,sys2)	フィードバック結合 $P(s) = \dfrac{P_1(s)}{1 + P_1(s)P_2(s)}$
minreal	sys = minreal(sys)	伝達関数 $P(s)$ の極零相殺 (分母と分子の約分)

■ 時間応答

関数名	使用例	説明
residue	[k p] = residue(num,den)	部分分数分解 (B.4) 式
impulse	impulse(sys)	インパルス応答 $y(t)$ の描画 (時間指定なし)
	impulse(sys,t)	インパルス応答 $y(t)$ の描画 (時間指定あり)
	y = impulse(sys,t);	インパルス応答 $y(t)$ の計算
step	step(sys)	単位ステップ応答 $y(t)$ の描画 (時間指定なし)
	step(sys,t)	単位ステップ応答 $y(t)$ の描画 (時間指定あり)
	y = step(sys,t);	単位ステップ応答 $y(t)$ の計算
stepinfo	S = stepinfo(sys)	単位ステップ応答 $y(t)$ の特性
	y = step(sys,t); S = stepinfo(y,t,yinf)	単位ステップ応答 $y(t)$ の特性 (yinf : $y_\infty = P(0)$)
lsim	lsim(sys,u,t)	入力 $u(t)$ に対する時間応答 $y(t)$ の描画
	y = impulse(sys,u,t);	入力 $u(t)$ に対する時間応答 $y(t)$ の計算

$$f(s) = \frac{N(s)}{D(s)} = \frac{k_1}{s - p_1} + \cdots + \frac{k_n}{s - p_n}, \quad \begin{cases} N(s) = b_m s^m + \cdots + b_1 s + b_0 \\ D(s) = a_n s^n + \cdots + a_1 s + a_0 \end{cases} (n > m) \quad \text{(B.4)}$$

■ 周波数特性

関数名	使用例	説明
nyquist	nyquist(sys)	ナイキスト軌跡の描画
bode	bode(sys)	ボード線図の描画 (周波数指定なし)
	bode(sys,w)	ボード線図の描画 (周波数指定あり)
	[Gg Gp] = bode(sys,w);	ゲイン, 位相差の計算
getPeakGain	[Mp wp] = getPeakGain(sys)	ピーク角周波数 ω_{p}, 共振ピーク M_{p} の計算

関数名	使用例	説明
margin	margin(sys)	ボード線図の描画と安定余裕の表示
	[invL Pm wpc wgc] = margin(sys) Gm = 20*log10(invL)	ゲイン余裕 G_{m}，位相余裕 P_{m}，位相交差角周波数 ω_{pc}，ゲイン交差角周波数 ω_{gc} の計算

■ PID コントローラの設計

関数名	使用例	説明
pidtune	sysC = pidtune(sysP,type)	制御対象のモデル sysP に対し，形式を type とした PID コントローラの設計
	sysC = pidtune(sysP,type,wgc)	開ループ伝達関数のゲイン交差角周波数 ω_{gc} を指定
	sysC = pidtune(sysP,type,opts)	"pidtuneOptions" により位相余裕や，目標値追従と外乱抑制のバランスを設定
pidTuner	pidTuner(sysP)	制御対象のモデル sysP に対し，PID コントローラを視覚的に設計

■ 状態空間表現に基づく解析

関数名	使用例	説明
initial	initial(sys,x0)	$\boldsymbol{x}(0) = \boldsymbol{x}_0$ に対する零入力応答 $y(t)$ の描画 (時間指定なし)
	initial(sys,x0,t)	$\boldsymbol{x}(0) = \boldsymbol{x}_0$ に対する零入力応答 $y(t)$ の描画 (時間指定あり)
	y = initial(sys,x0,t);	$\boldsymbol{x}(0) = \boldsymbol{x}_0$ に対する零入力応答 $y(t)$ の計算
ctrb	Vc = ctrb(A,B)	可制御性行列 $\boldsymbol{V}_{\mathrm{c}} = \begin{bmatrix} \boldsymbol{B} & \boldsymbol{AB} & \cdots & \boldsymbol{A}^{n-1}\boldsymbol{B} \end{bmatrix}$ の計算
obsv	Vo = obsv(A,C)	可制御性行列 $\boldsymbol{V}_{\mathrm{o}} = \begin{bmatrix} \boldsymbol{C} \\ \boldsymbol{CA} \\ \vdots \\ \boldsymbol{CA}^{n-1} \end{bmatrix}$ の計算

$$\begin{cases} \dot{\boldsymbol{x}}(t) = \boldsymbol{A}\boldsymbol{x}(t) \\ \boldsymbol{y}(t) = \boldsymbol{C}\boldsymbol{x}(t) \end{cases} \implies \text{sys = ss(A,[],C,[]);}$$

■ 状態空間表現に基づくコントローラ設計

関数名	使用例	説明
acker	K = - acker(A,B,p)	極配置法：1 入力 n 次系の制御対象に対し，$\boldsymbol{A} + \boldsymbol{BK}$ の固有値を $\boldsymbol{p} = \begin{bmatrix} p_1 & p_2 & \cdots & p_n \end{bmatrix}$ とする $u(t) = \boldsymbol{Kx}(t)$ を設計
place	K = - place(A,B,p)	極配置法：m 入力 n 次系の制御対象に対し，$\boldsymbol{A} + \boldsymbol{BK}$ の固有値を $\boldsymbol{p} = \begin{bmatrix} p_1 & p_2 & \cdots & p_n \end{bmatrix}$ とする $\boldsymbol{u}(t) = \boldsymbol{Kx}(t)$ を設計 (p_i の重複は m を超えてはならない)
lqr	K = - lqr(A,B,Q,R)	最適レギュレータ：評価関数 $$J = \int_0^{\infty} (\boldsymbol{x}(t)^{\top}\boldsymbol{Q}\boldsymbol{x}(t) + \boldsymbol{u}(t)^{\top}\boldsymbol{R}\boldsymbol{u}(t))\mathrm{d}t$$ を最小化する $u(t) = \boldsymbol{Kx}(t)$ を設計
care	P = care(A,B,Q,R)	リカッチ方程式 $$\boldsymbol{PA} + \boldsymbol{A}^{\top}\boldsymbol{P} - \boldsymbol{PBR}^{-1}\boldsymbol{B}^{\top}\boldsymbol{P} + \boldsymbol{Q} = \boldsymbol{O}$$ の解 $\boldsymbol{P} = \boldsymbol{P}^{\top} > 0$ を求める

付録 C

Simulink の基本的な操作

C.1 Simulink の起動

■ Simulink の起動

MATLAB の「ホーム」タブの ⬛Simulink を選択するか，もしくはコマンドウィンドウで

```
>> simulink ↵
```

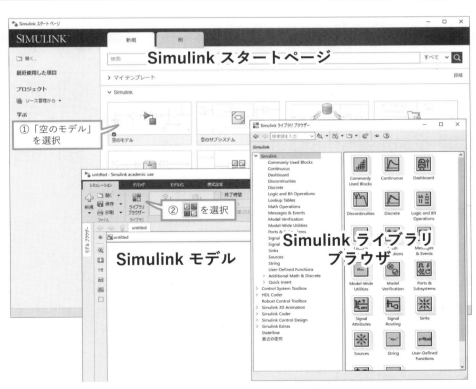

① 「空のモデル」を選択

② ⬛ を選択

Simulink モデル

Simulink スタートページ

Simulink ライブラリブラウザ

図 C.1 Simulink スタートページ

と入力すると，図 C.1 の Simulink スタートペー
ジが起動する．そこで，Simulink スタートページ
で「空のモデル」を選択すると，新しい Simulink
モデルのウィンドウが現れる．Simulink モデルで
使用するブロックが含まれる「Simulink ライブラ
リブラウザ」を表示させるには，Simulink モデル
で ▦ を選択する．それぞれのライブラリに含ま
れるブロックは，ライブラリのアイコンを選択す
ることで，Simulink ライブラリブラウザの右側に
表示される．また，それぞれのライブラリを別ウィ
ンドウで開くには，Simulink ライブラリブラウザ
の左側に表示されているライブラリのアイコンを
選択して右クリックし，「*** ライブラリを開く」
を選択する．たとえば，図 C.2 のように操作すると，図 C.3 の「Simulink ブロックライブラリ」
が別ウィンドウで開く．

図 C.2　「Simulink ブロックライブラリ」を
別ウィンドウで開く

■ Simulink ブロックライブラリ

図 C.3 の Simulink ブロッ
クライブラリには，以下の
ライブラリが含まれている
（図 C.4〜C.6）．

`Sources` ステップ関数，
　正弦波などの信号を生
　成するブロック群

`Sinks` 信号を表示したり，
　ファイルやワークスペー
　スに信号をデータとして
　受け渡すブロック群

`Continuous` 連続時間の
　伝達関数表現や状態空
　間表現，微分要素，積
　分要素などが含まれるブロック群

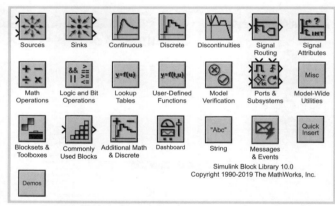

図 C.3　Simulink ブロックライブラリ

`Discrete` 離散時間の伝達関数表現や状態空間表現，微分要素，積分要素などが含まれるブロッ
　ク群

`Discontinuities` 飽和関数，不感帯などの不連続関数が含まれるブロック群

`Signal Routing` 複数信号のベクトル化，ベクトル信号の要素化，信号の分岐などのように信
　号の経路を指定するブロック群

`Signal Attributes` 型変換など信号属性を変更するブロック群

`Math Operations` 加減算器，比例要素，ゲインなどが含まれるブロック群

`Logic and Bit Operations` 論理演算やビット演算を行うブロック群

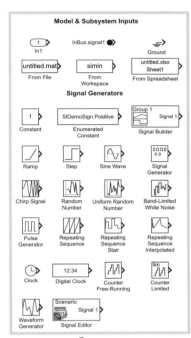

Sources

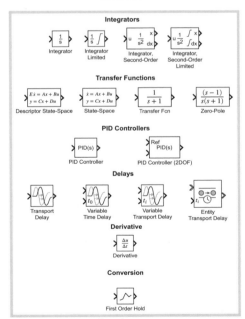

Continuous

Sinks

Discrete

図 C.4 Simulink ライブラリに含まれるライブラリ (抜粋)

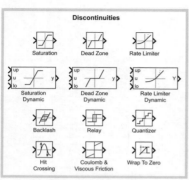

Discontinuities

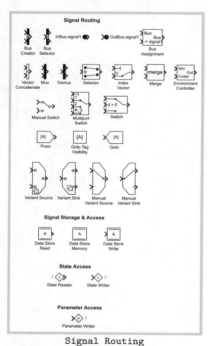

Signal Routing

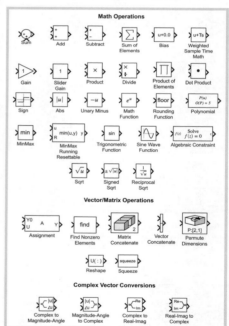

Signal Attributes

Math Operations

図 C.5 Simulink ライブラリに含まれるライブラリ (抜粋)

User-Defined Functions　カスタム関数のブロック群
Ports and Subsystems　サブシステムに関連するブロック群
Commonly Used Blocks　一般的によく使用されるブロック群

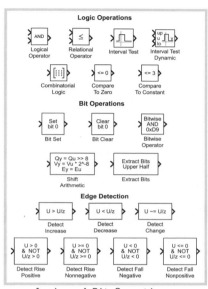

Logic and Bit Operations

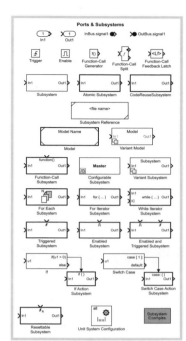

Ports and Subsystems

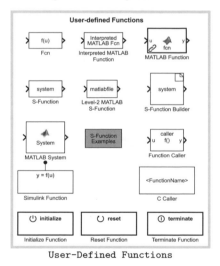

User-Defined Functions

Commonly Used Blocks

図 C.6　Simulink ライブラリに含まれるライブラリ (抜粋)

■ Simulink ブロックのヘルプ機能

　Simulink ブロックをダブルクリックしたときに現れるウィンドウの ヘルプ(H) を選択すると，図 C.7 のように，ヘルプブラウザに Simulink ブロックの使用方法の説明が表示される.

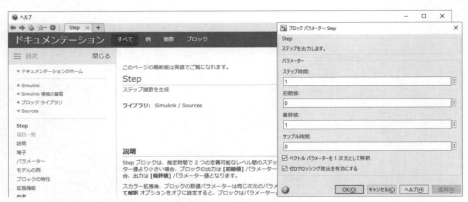

図 C.7 Simulink ブロックのヘルプ

C.2 Simulink モデルの作成

■ Simulink ブロックの移動

Simulink ライブラリブラウザや Simulink ライブラリにある Simulink ブロックを Simulink モデルに移動するには，Simulink ブロックを Simulink モデルにドラッグすれば良い (図 C.8)．バージョン R2018a 以降のデフォルトの設定では，移動した Simulink ブロックの名前が非表示となっているが，本書では，Simulink ブロックの名前を表示させている [注C.1]．

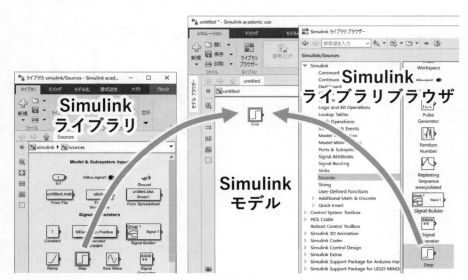

図 C.8 Simulink ブロックの移動

[注C.1] R2019b の場合，Simulink モデルに配置した Simulink ブロックを選択した後，タグ「書式設定」から「名前の自動表示」を選択する．そして，「自動生成名の非表示」のチェックを外す．
R2018a の場合，Simulink モデルのメニューで「情報表示/自動生成名の非表示」のチェックを外す．

■ Simulink モデルの作成

作成する Simulink モデルのモデルコンフィギュレーションパラメータ[注C.2] を選択し，図 C.9 のように設定する．この例では，4 次のルンゲ・クッタ法により微分方程式を固定ステップサイズの刻み幅 (サンプリング周期) 0.001 秒で 5 秒間，数値的に解くように指定している．また，

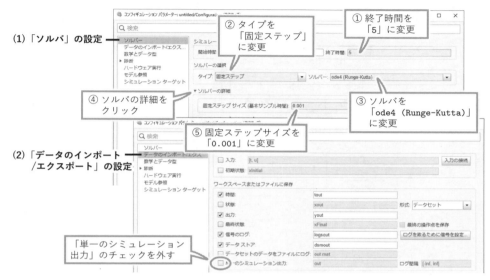

図 C.9　モデルコンフィギュレーションパラメータの設定

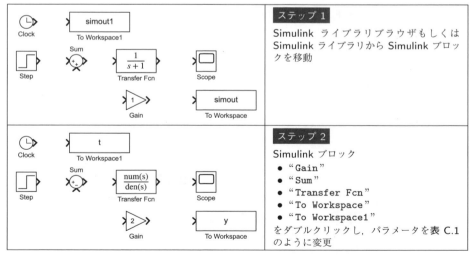

図 C.10　Simulink モデル "`sample.slx`" の作成 (1)

[注C.2] R2019b の場合，Simulink モデルのタグ「モデル化」から「モデル設定」を選択する．
R2018a の場合，Simulink モデルのメニューから「シミュレーション/モデルコンフィギュレーションパラメータ」を選択する．

R2019a 以降では，デフォルトの設定ですべての信号が構造体にまとめられる[(注C.3)]．これを解除するため，「単一のシミュレーション出力」のチェックを外している．
　シミュレーションを行う Simulink モデル "sample.slx" の作成例を図 C.10, C.11 および

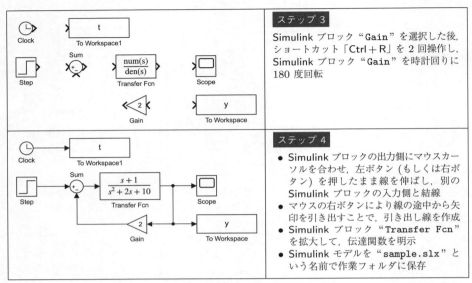

ステップ 3

Simulink ブロック "Gain" を選択した後，ショートカット「Ctrl＋R」を 2 回操作し，Simulink ブロック "Gain" を時計回りに 180 度回転

ステップ 4

- Simulink ブロックの出力側にマウスカーソルを合わせ，左ボタン（もしくは右ボタン）を押したまま線を伸ばし，別の Simulink ブロックの入力側と結線
- マウスの右ボタンにより線の途中から矢印を引き出すことで，引き出し線を作成
- Simulink ブロック "Transfer Fcn" を拡大して，伝達関数を明示
- Simulink モデルを "sample.slx" という名前で作業フォルダに保存

図 C.11　Simulink モデル "sample.slx" の作成 (2)

表 C.1　図 C.10 における Simulink ブロックのパラメータ設定

Simulink ブロック	変更するパラメータ
Gain	ゲイン：2
Sum	符号リスト：|+-
Transfer Fcn	分子係数：[1 1]，分母係数：[1 2 10]
To Workspace	変数名：y，保存形式：配列
To Workspace1	変数名：t，保存形式：配列

表 C.2　Simulink ブロック "Sum" のパラメータ設定

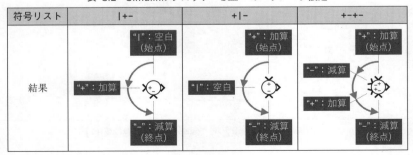

[(注C.3)] R2019a 以降のデフォルトの設定では，たとえば，"To Workspace" で変数 t, y の保存形式を配列に設定したとき，out.t, out.y にシミュレーション結果のデータが格納される．

表 C.1 に示す．なお，Simulink ブロック "Sum" のパラメータである符号リストの設定方法を表 C.2 に示す．

■ Simulink モデルの実行

作成された Simulink モデル "sample.slx" を実行する方法を以下に示す．

【方法 1】 Simulink モデルの ⊙ をクリックする．

【方法 2】 Simulink モデル "sample.slx" が保存されているフォルダをカレントディレクトリとし，コマンドウィンドウで

```
>> sim('sample') ↵
```

と入力する．

いずれかの方法で Simulink モデルを実行した後，Simulink ブロック "Scope" をダブルクリックすると，図 C.12 (a) のようにシミュレーション結果が表示される．また，ワークスペースに t, y という名前でデータが保存されているので，コマンドウィンドウで

```
>> figure(1); plot(t,y,'LineWidth',2) ↵
```

と入力すると，図 C.12 (b) のシミュレーション結果がフィギュアウィンドウに表示される．

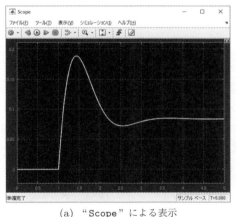

(a) "Scope" による表示

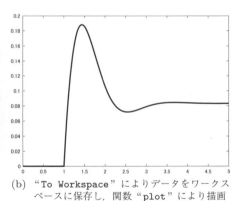

(b) "To Workspace" によりデータをワークスペースに保存し，関数 "plot" により描画

図 C.12　Simulink モデルの実行結果の表示

■ Simulink モデルの図としての保存

グラフと同様，関数 "print" により Simulink モデルを様々な形式の図として保存することができる．たとえば，Simulink モデル "sample.slx" を model.jpg という名前の JPEG 画像で保存したいのであれば，Simulink モデル "sample.slx" が保存されているフォルダをカレントディレクトリとした後，コマンドウィンドウで

```
>> sample; print -s -djpeg model ↵ ·············· Simulink モデル "sample.slx" を開いた後，これ
                                                 を model.jpg という名前の JPEG 画像として保存
```

と入力すれば良い（オプション -s が付加されていることに注意）．保存できる形式は表 B.7 (p. 231) に示したグラフの場合とほぼ同じであるが，EPS 形式はサポートされていない．

参考文献

【古典制御全般】　古典制御の全般については，以下の文献が参考になる．

1)　吉川恒夫：古典制御論，コロナ社 (2014)

2)　杉江俊治，藤田政之：フィードバック制御入門，コロナ社 (1999)

3)　佐藤和也，平元和彦，平田研二：はじめての制御工学 改訂第 2 版，講談社 (2018)

4)　得丸英勝，田中輝夫，村井良太加，屋敷泰次郎，雨宮　孝：自動制御，森北出版 (1981)

5)　今井弘之，竹口知男，能勢和夫：新版 やさしく学べる制御工学，森北出版 (2014)

6)　岩井善太，石飛光章，川崎義則：制御工学，朝倉書店 (1999)

【PID 制御】　PID 制御については，以下の文献が参考になる．

7)　須田信英ほか：PID 制御，朝倉書店 (1992)

8)　熊谷英樹 編著，日野満司，村上俊之，桂誠一郎 著：基礎からの自動制御と実装テクニック，技術評論社 (2011)

【MATLAB/Simulink】　MATLAB/Simulink の利用については，以下の文献が参考になる．

9)　足立修一：MATLAB による制御工学，東京電機大学出版局 (1999)

10)　野波健蔵，西村秀和：MATLAB による制御理論の基礎，東京電機大学出版局 (1998)

11)　野波健蔵，西村秀和，平田光男：MATLAB による制御系設計，東京電機大学出版局 (1998)

12)　川田昌克：MATLAB/Simulink による現代制御入門，森北出版 (2011)

13)　上坂吉則：MATLAB プログラミング入門 (改訂版)，牧野書店 (2011)

【Scilab/Xcos, Phython】　フリーウェアの Scilab や Python を利用した制御工学の学習については，以下の文献が参考になる．

14)　川谷亮治：フリーソフトで学ぶ線形制御 —— Maxima/Scilab 活用法，森北出版 (2008)

15)　川谷亮治：「Maxima」と「Scilab」で学ぶ古典制御 (改訂版)，工学社 (2014)

16)　南　裕樹：Python による制御工学入門 ，オーム社 (2019)

【現代制御全般】　現代制御の全般については，文献 12) や以下の文献が参考になる．

17)　小郷　寛，美多　勉：システム制御理論入門，実教出版 (1979)

18)　梶原宏之：線形システム制御入門，コロナ社 (2000)

19)　池田雅夫，藤崎泰正：多変数システム制御，コロナ社 (2010)

20)　浜田　望，松本直樹，高橋　徹：現代制御理論入門，コロナ社 (1997)

問題の解答

問題 1.1 (1) $P(s) = \dfrac{1}{s+2}$, 極：-2, 零点：なし, ゲイン：1

(2) $P(s) = \dfrac{2s+1}{3s^2+2s+1}$, 極：$\dfrac{-1\pm\sqrt{2}j}{3}$, 零点：$-\dfrac{1}{2}$, ゲイン：$\dfrac{2}{3}$

問題 1.2 (1) $\ddot{y}(t)+2\dot{y}(t)+10y(t)=10u(t)$ (2) $2\dot{y}(t)+y(t)=\dot{u}(t)+2u(t)$

問題 1.3 $P(s) = \dfrac{C}{LCs^2+RCs+1}$

問題 1.4 (1) $P(s) = \dfrac{Cs}{RCs+1}$ (2) $P(s) = \dfrac{1}{RCs+1}$

問題 1.5 (a) R (b) $\dfrac{1}{Cs}$ (c) Ls $P(s) = \dfrac{Ls}{RLCs^2+Ls+R}$

問題 1.6 (1) $P(s) = \dfrac{1}{Js^2+cs}$ (2) $P(s) = \dfrac{1}{Js+c}$

問題 1.7 (1) $F_1(t) = f_{\mathrm{s}}(t)+f_{\mathrm{d}}(t)$, $F_2(t) = f_2(t)-f_{\mathrm{s}}(t)-f_{\mathrm{d}}(t)$

(2) $P(s) = \dfrac{M_1 s^2+cs+k}{s^2\{M_1 M_2 s^2+(M_1+M_2)(cs+k)\}}$

問題 1.8 一般化座標を $q(t)=z(t)$, 一般化力を $u(t)=f(t)$ とし, 各エネルギー $W(t)=\dfrac{1}{2}M\dot{z}(t)^2$, $V(t)=\dfrac{1}{2}kz(t)^2$, $D(t)=\dfrac{1}{2}c\dot{z}(t)^2$ をラグランジュの運動方程式 (1.50) 式 (p. 19) に代入すると, 微分方程式 (1.36) 式 (p. 15) が得られる.

問題 1.9 $\omega_{\mathrm{n}} = \dfrac{1}{\sqrt{LC}}$, $\zeta = \dfrac{R}{2}\sqrt{\dfrac{C}{L}}$, $K=1$

問題 2.1 $f_1(t)=t$, $f_2(t)=-\dfrac{1}{s+a}e^{-(s+a)t}$ として, 例 2.4 (p. 29) と同様に導出できる.

問題 2.2 $\sin\omega t = \dfrac{e^{-(-j\omega t)}-e^{-j\omega t}}{2j}$ なので, 例 2.3 (p. 28) と同様に導出できる.

問題 2.3 (1) $f(s) = \dfrac{5s+8}{(s+1)(s+2)}$ (2) $f(s) = \dfrac{6s+5}{s(s^2+4s+5)}$

(3) $f(s) = \dfrac{s+4}{s(s+2)^2}$

問題 2.4 $f(t) = 3e^{-t}+2e^{-2t}$ **問題 2.5** $f(t) = 1-e^{-2t}(\cos t-4\sin t)$

問題 2.6 $f(t) = 1-e^{-2t}(t+1)$ **問題 2.7** $y(t) = \dfrac{3}{2}e^{-t}-\dfrac{3}{2}e^{-3t}$

問題 2.8 $y(t) = 1-\dfrac{3}{2}e^{-t}+\dfrac{1}{2}e^{-3t}$ **問題 2.9** $y(t) = t-\dfrac{4}{3}+\dfrac{3}{2}e^{-t}-\dfrac{1}{6}e^{-3t}$

第 3 章の解答

問題 3.1　(1) 極は $s = -1, -2$ なので安定であり，$y_\infty = \dfrac{1}{2}$

(2) 極は $s = 1, -2$ なので不安定　　　(3) 極は $s = 1 \pm j$ なので不安定

(4) 極は $s = -1, -1 \pm j$ なので安定であり，$y_\infty = 1$

問題 3.2　$\zeta > 0$

問題 3.3　(1) 条件 A は満足するが，条件 B″ を満足しない（$H_2 = -26 < 0$ となる）ので不安定

(2) 条件 A を満足し，条件 B″ も満足する（$H_3 = 260 > 0$ となる）ので安定

問題 3.4　$y(t) = 1 - e^{-2t}\left(\cos 3t + \dfrac{2}{3}\sin 3t\right)$, $T_\mathrm{p} = \dfrac{1}{3}\pi$, $A_\mathrm{max} = e^{-\frac{2}{3}\pi}$, $T = \dfrac{2}{3}\pi$, $\lambda = e^{-\frac{4}{3}\pi}$

問題 3.5　$y(t) = 1 + \dfrac{3}{2}e^{-t} - \dfrac{5}{2}e^{-3t}$, $T_\mathrm{p} = \dfrac{1}{2}\log_e 5$, $A_\mathrm{max} = \dfrac{1}{\sqrt{5}}$

第 4 章の解答

問題 4.1　(1) $T = \dfrac{L}{R}$, $K = \dfrac{1}{R}$

(2) $i(t) = KE_0\left(1 - e^{-\frac{1}{T}t}\right) = \dfrac{E_0}{R}\left(1 - e^{-\frac{R}{L}t}\right)$, $i_\infty = \dfrac{E_0}{R}$

(3) 「$R \to$ 大」とすると「$T \to 0$」となるので，速応性が向上する（反応がはやくなる）．一方，「$L \to$ 大」とすると「$T \to$ 大」となるので，速応性が悪化する（反応が遅くなる）．

問題 4.2　$R = 50\ [\Omega]$, $L = 0.2\ [\mathrm{H}]$　　　　**問題 4.3**　$0 < R < 2\sqrt{\dfrac{L}{C}}$

問題 4.4　(1) $K = y_\infty = 0.5$, $\xi = -\dfrac{1}{T_\mathrm{p}}\log_e \dfrac{A_\mathrm{max}}{y_\infty} \simeq 0.80472$, $\omega_\mathrm{n} = \sqrt{\xi^2 + \left(\dfrac{\pi}{T_\mathrm{p}}\right)^2} \simeq$ 1.7649, $\zeta = \dfrac{\xi}{\omega_\mathrm{n}} \simeq 0.45595$

(2) $k = \dfrac{1}{K} = 2$, $M = \dfrac{k}{\omega_\mathrm{n}^2} \simeq 0.64206$, $c = 2\zeta\omega_\mathrm{n}M \simeq 1.0334$

第 5 章の解答

問題 5.1　$G_{yr}(s) = \dfrac{P(s)(C_1(s) + C_2(s))}{1 + P(s)C_2(s)}$, $G_{er}(s) = 1 - G_{yr}(s) = \dfrac{1 - P(s)C_1(s)}{1 + P(s)C_2(s)}$

問題 5.2　$G_{vw}(s) = \dfrac{P_2(s)C_2(s)}{1 + P_2(s)C_2(s)}$, $G_{yr}(s) = \dfrac{P_1(s)C_1(s)P_2(s)C_2(s)}{1 + P_2(s)C_2(s)(1 + P_1(s)C_1(s))}$

問題 5.3　(1) 特性方程式の解は $s = \dfrac{-1 \pm \sqrt{5}}{2}$ であり，正の実数を含むので内部安定ではない．

(2) 特性方程式の解は $s = -1, \dfrac{-5 \pm \sqrt{3}j}{2}$ であり，実部がすべて負なので内部安定である．

(3) 特性方程式の解は $s = \pm 1, -2$ であり，正の実数を含むので内部安定ではない．

問題 5.4　(1) $\dfrac{1}{2} < k_\mathrm{P} < \dfrac{21}{2}$　　　　(2) $0 < k_\mathrm{I} < \dfrac{91}{32}$

問題 5.5　(1) $e_\mathrm{p} = -\dfrac{1}{7}$　　　　(2) $e_\mathrm{p} = 0$

問題 5.6　(1) $y_\mathrm{s} = \dfrac{2}{7}$　　　　(2) $y_\mathrm{s} = 0$

第 6 章の解答

問題 6.1　(6.13), (6.14) 式の導出については省略. $k_{\mathrm{P}} = \dfrac{1}{b_0}\left(\dfrac{a_1}{4\zeta_{\mathrm{m}}^2} - a_0\right)$

問題 6.2　省略　　　　　　　　　　　　　**問題 6.3**　省略

問題 6.4　(1) $G_{yr}(s)$ の極は $s = \dfrac{-3 \pm \sqrt{9 - 4k_{\mathrm{I}}}}{2}$ なので,これが複素数となるのは $k_{\mathrm{I}} > \dfrac{9}{4}$

のときである.このとき,「$k_{\mathrm{I}} \to$ 大」とすると,極の虚部の絶対値 $\dfrac{\sqrt{4k_{\mathrm{I}} - 9}}{2}$ が大きくなることがわかる.

(2) $G_{yr}(s) = \dfrac{2(2s+1)}{(s+1)(s+2)}$ なので,極 : $-1, -2$,零点 : $-\dfrac{1}{2}$ となる.

(3) $y(t)$ の導出については省略.$\dot{y}(t) = -2e^{-t} + 6e^{-2t} = 0$ となるような $t = T_{\mathrm{p}}$ を求めると,$T_{\mathrm{p}} = \log_e 3$, $A_{\max} = \dfrac{1}{3}$ となる.

問題 6.5　$k_{\mathrm{I}} = \dfrac{6}{5}$, $k_{\mathrm{P}} = \dfrac{36}{5}$, $k_{\mathrm{D}} = \dfrac{61}{30}$ となる.このとき,
$$G_{yr}(s) = \frac{6(6s+1)}{6s^3 + 73s^2 + 228s + 36} = \frac{6(6s+1)}{(6s+1)(s+6)^2} = \frac{6}{(s+6)^2}$$
となり,$G_{\mathrm{m2}}(s)$ と一致する.

問題 6.6　(1) $\delta_0 = 1$, $\delta_1 = -2$, $\delta_2 = 3$

(2) PI–D コントローラのゲインは $k_{\mathrm{I}} = 1$, $k_{\mathrm{P}} = \dfrac{23}{4}$, $k_{\mathrm{D}} = \dfrac{33}{4}$ であり,I–PD コントローラのゲインは $k_{\mathrm{I}} = 24$, $k_{\mathrm{P}} = 23$, $k_{\mathrm{D}} = 14$ となる.

第 7 章の解答

問題 7.1　$y(t) = \dfrac{A\omega}{1+\omega^2}e^t - \dfrac{A}{1+\omega^2}(\sin\omega t + \omega\cos\omega t)$ となるので,$t \to \infty$ とすると $y(t)$ が発散してしまう.そのため,$y(t)$ は (7.3) 式で近似できない.

問題 7.2　(1) $G_{\mathrm{g}}(\omega) = \dfrac{1}{\sqrt{1 + 100\omega^2}}$, $G_{\mathrm{p}}(\omega) = -\tan^{-1}10\omega$

(2) $G_{\mathrm{g}}(\omega) = \dfrac{1}{\sqrt{1 + 101\omega^2 + 100\omega^4}}$, $G_{\mathrm{p}}(\omega) = -\tan^{-1}\dfrac{11\omega}{1 - 10\omega^2}$

(3) $G_{\mathrm{g}}(\omega) = \dfrac{\sqrt{100 + 101\omega^2 + \omega^4}}{1 + \omega^2}$, $G_{\mathrm{p}}(\omega) = -\tan^{-1}\dfrac{9\omega}{10 + \omega^2}$

問題 7.3　$y_{\mathrm{app}}(t) = \sin(t + \phi)$, $\phi = -\tan^{-1}\dfrac{3}{4}$

問題 7.4　(1) $G_{\mathrm{g}}(\omega) = \dfrac{1}{\sqrt{1 + 100\omega^2}}$, $G_{\mathrm{p}}(\omega) = -\tan^{-1}10\omega$

(2) $G_{\mathrm{g}}(\omega) = \dfrac{1}{\sqrt{(1 + \omega^2)(1 + 100\omega^2)}}$, $G_{\mathrm{p}}(\omega) = -(\tan^{-1}\omega + \tan^{-1}10\omega)$

(3) $G_{\mathrm{g}}(\omega) = \sqrt{\dfrac{100 + \omega^2}{1 + \omega^2}}$, $G_{\mathrm{p}}(\omega) = \tan^{-1}\dfrac{\omega}{10} - \tan^{-1}\omega$

問題 7.5　(1) $P(j\omega) = e^{-j\omega L} = \cos\omega L - j\sin\omega L$ なので,$|P(j\omega)| = 1$, $\angle P(j\omega) = -\omega L$ である.したがって,ベクトル軌跡は**解答図 7.1** のようになり,始点 $(-1, 0)$ から半径 1 の円上を無限回,回転する.

(2) $P(j\omega) = \dfrac{e^{-j\omega}}{1 + j\omega} = \dfrac{\cos\omega - j\sin\omega}{1 + j\omega}$ なので,$|P(j\omega)| = \dfrac{1}{\sqrt{1 + \omega^2}}$, $\angle P(j\omega) = -\omega - \tan^{-1}\omega$ である.したがって,ベクトル軌跡は**解答図 7.2** のようになり,始点 $(-1, 0)$ から渦巻き状に無限回,回転して,$(0, 0)$ に収束する.

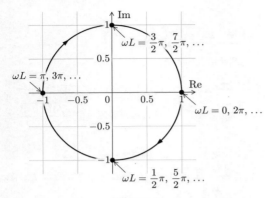

解答図 7.1　　　　　　　　　　　　　解答図 7.2

問題 7.6　$\omega = \omega_1$：10 倍，　$\omega = \omega_2$：1 倍，　$\omega = \omega_3$：1/10 倍，　$\omega = \omega_4$：1/100 倍

問題 7.7　解答図 7.3

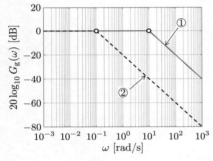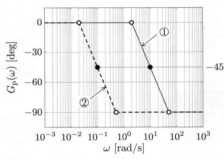

解答図 7.3　①：$P(s) = \dfrac{1}{1+0.1s}$，　②：$P(s) = \dfrac{1}{1+10s}$

問題 7.8　省略

問題 7.9　(1)　解答図 7.4
　　　　　　(2)　解答図 7.5
　　　　　　(3)　解答図 7.6

問題 7.10　(1)　$R \geq 200\ [\Omega]$

　　　　　　(2)　$\omega_{\mathrm{p}} = \dfrac{\sqrt{3}}{2\sqrt{2}} \times 10^3 \simeq 612.37$,

　　　　　　$M_{\mathrm{p}} = \dfrac{4}{\sqrt{7}} \simeq 1.5119$

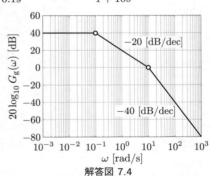

解答図 7.4

第 8 章の解答

問題 8.1　(1)　$0 < k_{\mathrm{P}} < 18\ (\omega_{\mathrm{pc}} = \sqrt{5})$　　　　　(2)　$0 < k_{\mathrm{P}} < 6\ (\omega_{\mathrm{pc}} = \sqrt{2})$

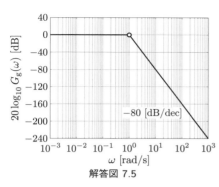

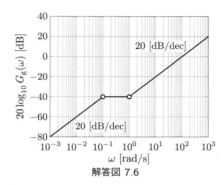

解答図 7.5　　　　　　　　　　　　解答図 7.6

問題 8.2　$\omega_{\mathrm{pc}} = 1$ [rad/s], $G_{\mathrm{m}} = -20 \log_{10} \dfrac{k_{\mathrm{P}}}{4}$ [dB], $\omega_{\mathrm{gc}} = \sqrt{\sqrt{k_{\mathrm{P}}} - 1}$ [rad/s], $P_{\mathrm{m}} = 180 - 4 \tan^{-1} \sqrt{\sqrt{k_{\mathrm{P}}} - 1}$ [deg] である．また，$P_{\mathrm{m}} = 60$ [deg] となるのは $k_{\mathrm{P}} = \dfrac{16}{9} \simeq 1.7778$ である．

問題 8.3　$\omega_{\mathrm{pc}} = 1$ [rad/s] である．また，$|L(j\omega_{\mathrm{gc}})| = 1$ より $K = \omega_{\mathrm{gc}}(1 + \omega_{\mathrm{gc}}^2)$ が得られる．したがって，$\omega_{\mathrm{gc}} = \dfrac{1}{2} = 0.5$ [rad/s] となるのは $K = \dfrac{5}{8} = 0.625$ である．一方，$P_{\mathrm{m}} = 180 + \angle L(j\omega_{\mathrm{gc}}) = 60$ [deg] となるのは $\omega_{\mathrm{gc}} = \tan 15° = 2 - \sqrt{3} \simeq 0.2679$ [rad/s] のときなので，$K = 4(7 - 4\sqrt{3}) \simeq 0.2872$ である．

第 9 章の解答

問題 9.1　$\boldsymbol{A} = \begin{bmatrix} 0 & 1 \\ -\dfrac{k}{M} & -\dfrac{c}{M} \end{bmatrix}$, $\boldsymbol{B} = \begin{bmatrix} 0 \\ \dfrac{1}{M} \end{bmatrix}$, $\boldsymbol{C} = \begin{bmatrix} 1 & 0 \end{bmatrix}$, $D = 0$

$P(s) = \boldsymbol{C}(s\boldsymbol{I} - \boldsymbol{A})^{-1}\boldsymbol{B} + D = \dfrac{1}{Ms^2 + cs + k}$

問題 9.2　可制御標準形：$\boldsymbol{A} = \begin{bmatrix} 0 & 1 & 0 \\ 0 & 0 & 1 \\ -4 & -3 & -2 \end{bmatrix}$, $\boldsymbol{B} = \begin{bmatrix} 0 \\ 0 \\ 1 \end{bmatrix}$, $\boldsymbol{C} = \begin{bmatrix} 6 & 5 & 0 \end{bmatrix}$, $D = 0$

可観測標準形：$\boldsymbol{A} = \begin{bmatrix} 0 & 0 & -4 \\ 1 & 0 & -3 \\ 0 & 1 & -2 \end{bmatrix}$, $\boldsymbol{B} = \begin{bmatrix} 6 \\ 5 \\ 0 \end{bmatrix}$, $\boldsymbol{C} = \begin{bmatrix} 0 & 0 & 1 \end{bmatrix}$, $D = 0$

問題 9.3　$e^{\boldsymbol{A}t} = e^{-2t} \begin{bmatrix} 3 & 1 \\ -6 & -2 \end{bmatrix} + e^{-3t} \begin{bmatrix} -2 & -1 \\ 6 & 3 \end{bmatrix}$

問題 9.4　$\boldsymbol{V}_{\mathrm{c}} = \begin{bmatrix} \boldsymbol{B} & \boldsymbol{A}\boldsymbol{B} \end{bmatrix} = \begin{bmatrix} 0 & 1 \\ 1 & -5 \end{bmatrix}$ より $|\boldsymbol{V}_{\mathrm{c}}| = -1 \neq 0$ なので可制御である．一方，

$\boldsymbol{V}_{\mathrm{o}} = \begin{bmatrix} \boldsymbol{C} \\ \boldsymbol{C}\boldsymbol{A} \end{bmatrix} = \begin{bmatrix} 1 & 0 \\ 0 & 1 \end{bmatrix}$ より $|\boldsymbol{V}_{\mathrm{o}}| = 1 \neq 0$ なので可観測である．

問題 9.5　$\boldsymbol{K} = \begin{bmatrix} -\dfrac{7}{2} & -\dfrac{21}{2} \end{bmatrix}$

索　引

著 者 略 歴

川田　昌克（かわた・まさかつ）
　1988 年　山口県立豊浦高等学校卒業
　1992 年　立命館大学理工学部情報工学科卒業
　1994 年　立命館大学大学院理工学研究科情報工学専攻修士課程修了
　1997 年　立命館大学大学院理工学研究科情報工学専攻博士課程後期課程修了
　　　　　（博士（工学）取得）
　1997 年　立命館大学理工学部電気電子系助手（任期制）
　1998 年　舞鶴工業高等専門学校電子制御工学科助手
　2000 年　舞鶴工業高等専門学校電子制御工学科講師
　2006 年　舞鶴工業高等専門学校電子制御工学科助教授
　2007 年　舞鶴工業高等専門学校電子制御工学科准教授
　2010 年　舞鶴工業高等専門学校電子制御工学科教授
　　　　　現在に至る

著　書

MATLAB/Simulink によるわかりやすい制御工学（森北出版）
Scilab で学ぶわかりやすい数値計算法（森北出版）
MATLAB/Simulink による現代制御入門（森北出版）
MATLAB/Simulink と実機で学ぶ制御工学—PID 制御から現代制御ま
で—（TechShare）
倒立振子で学ぶ制御工学（森北出版）

　編集担当　富井　晃（森北出版）
　編集責任　藤原祐介（森北出版）
　組　　版　ブレイン
　印　　刷　エーヴィスシステムズ
　製　　本　ブックアート

MATLAB/Simulink による制御工学入門　　　ⓒ 川田昌克　*2020*

2020 年 2 月 10 日　第 1 版第 1 刷発行　【本書の無断転載を禁ず】
2023 年 2 月 10 日　第 1 版第 4 刷発行

著　　者　川田昌克
発 行 者　森北博巳
発 行 所　森北出版株式会社
　　　　　東京都千代田区富士見 1-4-11（〒102-0071）
　　　　　電話 03-3265-8341 ／ FAX 03-3264-8709
　　　　　https://www.morikita.co.jp/
　　　　　日本書籍出版協会・自然科学書協会　会員
　　　　　JCOPY ＜（一社）出版者著作権管理機構　委託出版物＞
　　　　　落丁・乱丁本はお取替えいたします.

Printed in Japan ／ ISBN978-4-627-78701-8